发射场特种操作安全防护技术导论

吴　枫　胡振鑫　崔展鹏　著

北京航空航天大学出版社

内 容 简 介

本书重点阐述了发射场同位素核源辐射安全防护分析、爆炸分析和泄漏分析的基本方法,并完成了重要设施、设备和产品的安全防护理论分析与数值计算,对发射场特种操作安全防护具有一定的参考作用。本书共分 3 章:第 1 章介绍了探测器用同位素核源的基本情况、探测器用同位素核源辐射剂量率估算、探测器用同位素核源辐射剂量分布计算、RHU 操作人员管理要求、RHU 贮存、测试厂房及保障条件技术方案和应急搜索总体方案等;第 2 章介绍了爆炸事故、爆炸事故仿真方法、爆炸事故仿真分析等;第 3 章介绍了泄漏事故、泄漏事故仿真方法、泄漏事故仿真分析等。

本书适用于从事航天发射场总体设计、指挥操作和技术保障的相关人员。

图书在版编目(CIP)数据

发射场特种操作安全防护技术导论 / 吴枫,胡振鑫,崔展鹏著. -- 北京 : 北京航空航天大学出版社,2023.5

ISBN 978 - 7 - 5124 - 4098 - 2

Ⅰ. ①发… Ⅱ. ①吴… ②胡… ③崔… Ⅲ. ①航天器发射场—安全防护 Ⅳ. ①V555

中国国家版本馆 CIP 数据核字(2023)第 084998 号

发射场特种操作安全防护技术导论
吴 枫 胡振鑫 崔展鹏 著
策划编辑 刘 扬 责任编辑 孙玉杰
*
北京航空航天大学出版社出版发行

北京市海淀区学院路 37 号(邮编 100191) http://www.buaapress.com.cn
发行部电话:(010)82317024 传真:(010)82328026
读者信箱: qdpress@buaacm.com.cn 邮购电话:(010)82316936
北京九州迅驰传媒文化有限公司印装 各地书店经销
*
开本:710×1 000 1/16 印张:14 字数:315 千字
2023 年 5 月第 1 版 2023 年 5 月第 1 次印刷
ISBN 978 - 7 - 5124 - 4098 - 2 定价:79.00 元

编 委 会

前　言

为了安全度过月夜,探测器配置了不同类别的放射性同位素装置。为满足放射性同位素装置在发射场的贮存、测试要求,确保测试发射过程中人员和设备安全,需要开展核辐射安全防护分析,作为在发射场操作、贮存、测试放射性同位素装置和安全防范的基本依据。航天器在发射场测试准备的后期需要进行燃料加注,而燃料具有较高的爆炸危险性和毒性,因此,发射场各类设施是重大危险源。为了保障人员、航天器、航天运载器及地面设施、设备的安全,需要对发射场可能发生的爆炸事故和泄漏事故进行分析。

本书重点阐述核辐射安全防护分析、爆炸分析和泄漏分析的基本方法,并完成对重要设施、设备和产品的安全防护理论分析与数值计算,对发射场特种操作安全防护具有一定的参考作用。

本书共分为 3 章:第 1 章介绍探测器用同位素核源的基本情况,探测器用同位素核源辐射剂量率估算,RHU 贮存、测试厂房及保障条件技术方案和应急搜索总体方案;第 2 章介绍爆炸事故、爆炸事故仿真方法、爆炸事故仿真分析;第 3 章介绍泄漏事故、泄漏事故仿真方法、泄漏事故仿真分析。

由于作者的学识和能力有限,书中不当之处在所难免,敬请读者批评指正。

作　者
2022 年 1 月

目　　录

第1章 核辐射安全防护分析

1.1 引 言

嫦娥三号任务是我国探月工程"绕、落、回"三步走中的第二步,起到承前启后的作用,技术创新多、难度高,它的成功实施意义重大。为了安全度过月夜,探测器配置了放射性同位素热源(RHU)、粒子激发生存装置、紫外敏感器和伽马关机敏感器发射器等不同类别的放射性同位素装置。其中,RHU采用同位素Pu-238,属一类放射源,具有放射性和毒性。

为满足放射性同位素装置在发射场的贮存、测试要求,确保测试发射过程中人员和设备安全,根据相关涉核标准、规范,需要开展核辐射安全防护分析,作为探月工程二期RHU等放射性同位素装置在发射场操作、贮存、测试和安全防范的基本依据。

1.2 探测器上的同位素核源的基本情况

1.2.1 探测器上同位素核源配置情况

探测器上的同位素核源配置基本情况见表1-1所列。

表1-1 探测器上的同位素核源配置基本情况

序 号	设备名称	所属器别	安全类别	热功率/W
1	着陆器＋Y同位素热源(带RHU)	着陆器	1	120
2	着陆器－Y同位素热源(带RHU)		1	120
3	极紫外相机(带RHU)		2	8
4	伽马关机敏感器发射器(带γ源)	着陆器	4	可忽略

序　号	设备名称	所属器别	安全类别	热功率/W
5	巡视器同位素热源（带 RHU）	巡视器	1	120
6	粒子激发生存装置（带 RHU）		2	4
7	伽马关机敏感器接收器（带 γ 源）	着陆器	5	可忽略
8	粒子激发 X 射线谱仪探头（内部的激发源带 8 枚锯源）	巡视器	5	可忽略

1.2.2　探测器上同位素核源的分布情况

探测器上同位素核源的分布情况如图 1-1～图 1-7 所示。

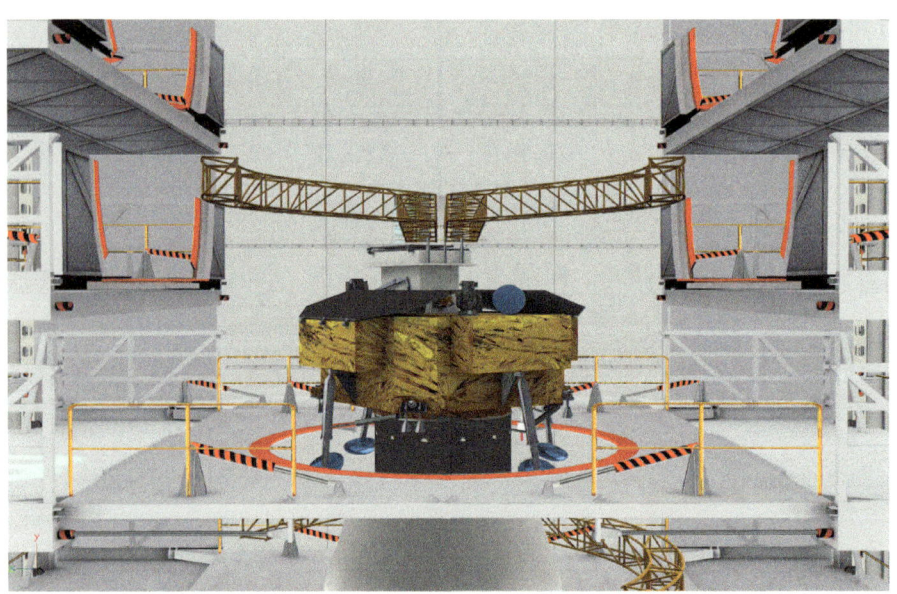

图 1-1　总体布局

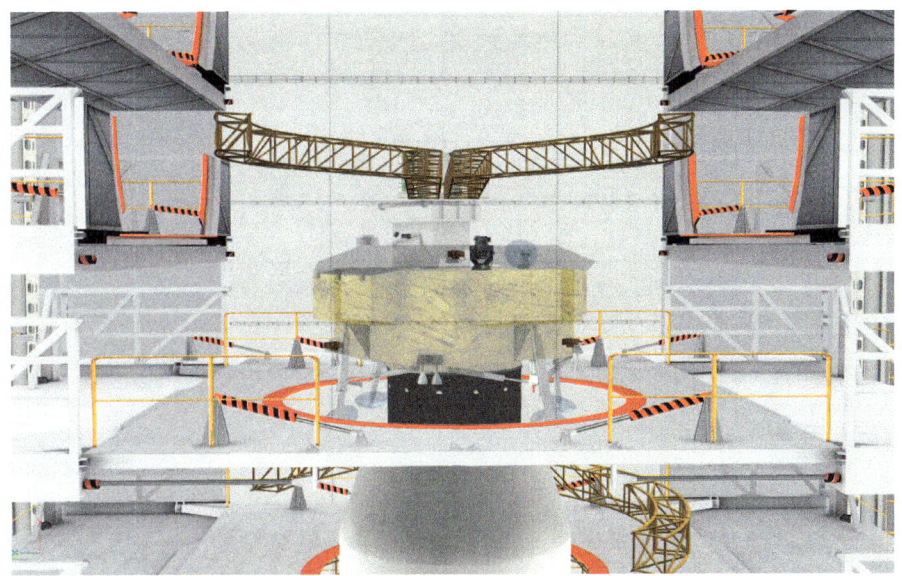

图 1-2　同位素核源分布

图 1-3　巡视器同位素热源和极紫外相机

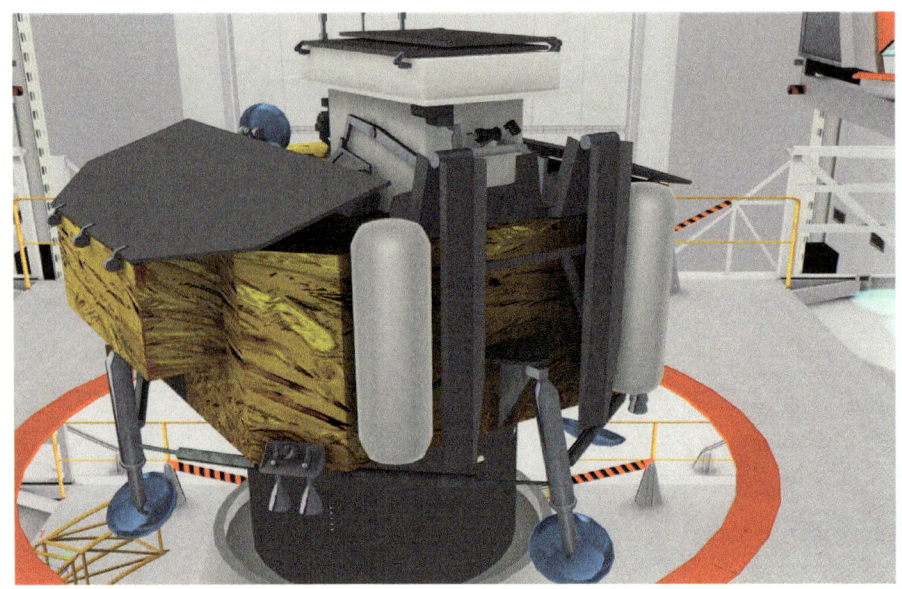

图 1-4　粒子激发生存装置与粒子激发 X 射线谱仪探头

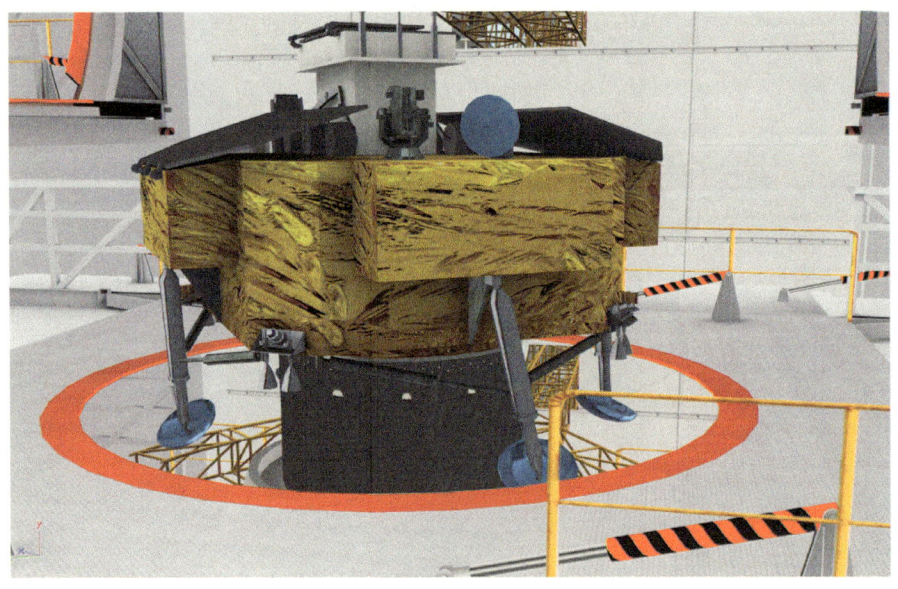

图 1-5　着陆器+Y 同位素热源

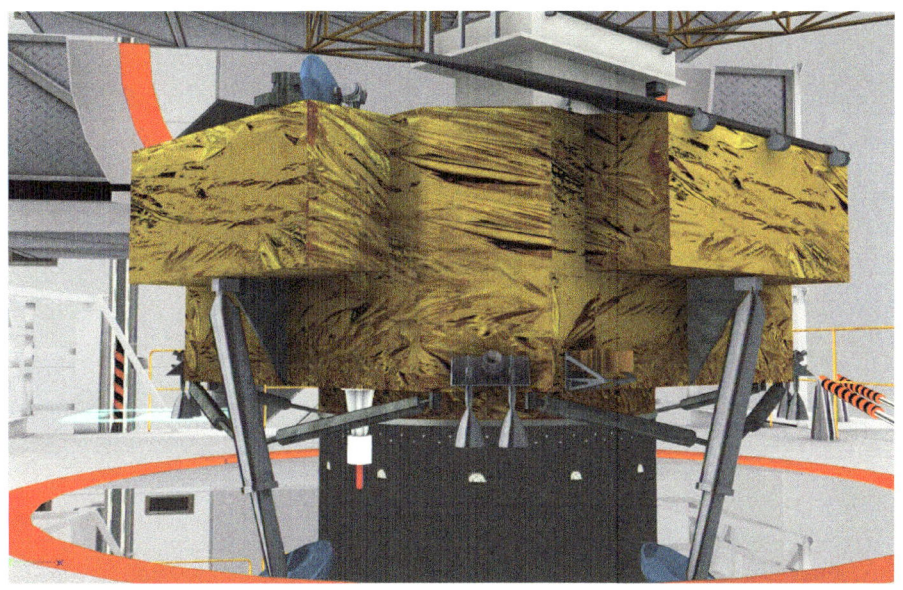

图 1 - 6　着陆器＋Y 同位素热源、伽马关机敏感器发射器和伽马关机敏感器接收器

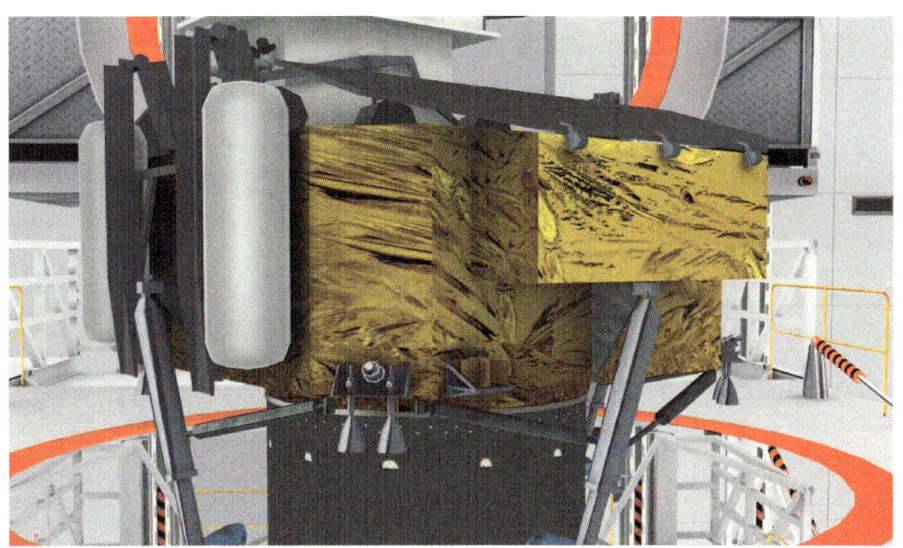

图 1 - 7　着陆器—Y 同位素热源

1.3 探测器上同位素核源辐射剂量率估算

1.3.1 辐射影响工作面

主要的操作平台为 54.7 m 平台、52.3 m 平台、49.7 m 平台。

人员站立时受辐射影响较大的高度(以人体躯干部位为主计算)为 55.5~56 m、53.1~53.6 m、50.5~51 m。

1.3.2 辐射估算方法

各特征点总辐射剂量计算方法可概括为:

$$F = \Sigma \left(\frac{f_i}{d_i^2} \right)$$

其中,F 为某特征点总辐射剂量;f_i 为距离各 RHU 外 1 m 处位置的辐射剂量设计指标;d_i 为各 RHU 到达特征点的距离,由各 RHU 的分布位置决定;i 为各 RHU 的序号。

1.3.3 估算假设条件

RHU 辐射是以 RHU 中心为中心向周围呈 360° 的球面辐射。不考虑空气及整流罩材料对射线的屏蔽和衰减作用。部分核源的辐射剂量率与本底水平相当时在计算中忽略,这部分设备包括辐射剂量率小于 10 μSv/h 的设备。因此,参与计算的设备是着陆器 RHU、巡视器 RHU、极紫外相机 RHU、粒子激发生存装置 RHU。

1.3.4 辐射剂量分布计算

将辐射剂量率取值划分为若干区间,每个区间用数字表示:

$[0.3, +\infty)$ 0.3 mSv/h;

$(0.002\,5, 0.3)$ F;

$[0, 0.002\,5]$ -0.1 mSv/h。

图 1-8~图 1-11 中底部为 Y 轴,右侧为 Z 轴。

1. 当核源为 4 W、8 W、120 W 时

当 $X=-4(49)$、$-3.3(49.7)$、$-3(50)$、$-2.5(50.5)$、$-2(51)$、$-1.5(51.5)$、$-1(52)$、$-0.7(52.3)$、$0(53)$、$0.5(53.5)$、$1(54)$、$1.7(54.7)$、$2(55)$、$2.5(55.5)$、$3(56)$、$3.5(56.5)$、$4(57)$、$4.5(57.5)$、$5(58)$,$Y=[-8,8]$,$Z=[-8,8]$时,辐射剂量分布如图 1-8 所示。

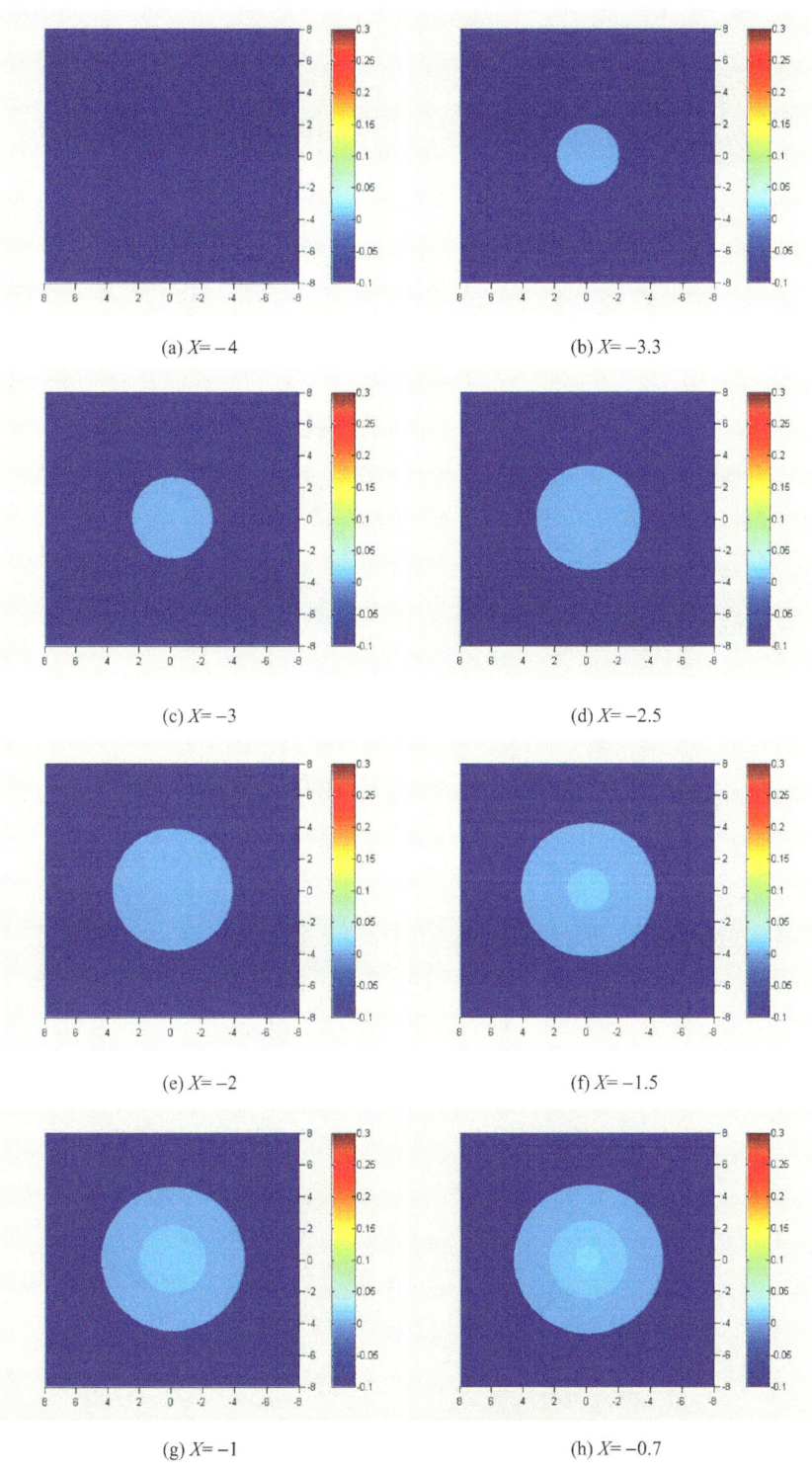

(a) $X=-4$

(b) $X=-3.3$

(c) $X=-3$

(d) $X=-2.5$

(e) $X=-2$

(f) $X=-1.5$

(g) $X=-1$

(h) $X=-0.7$

图 1-8　当核源为 4 W、8 W、120 W 时的辐射剂量分布

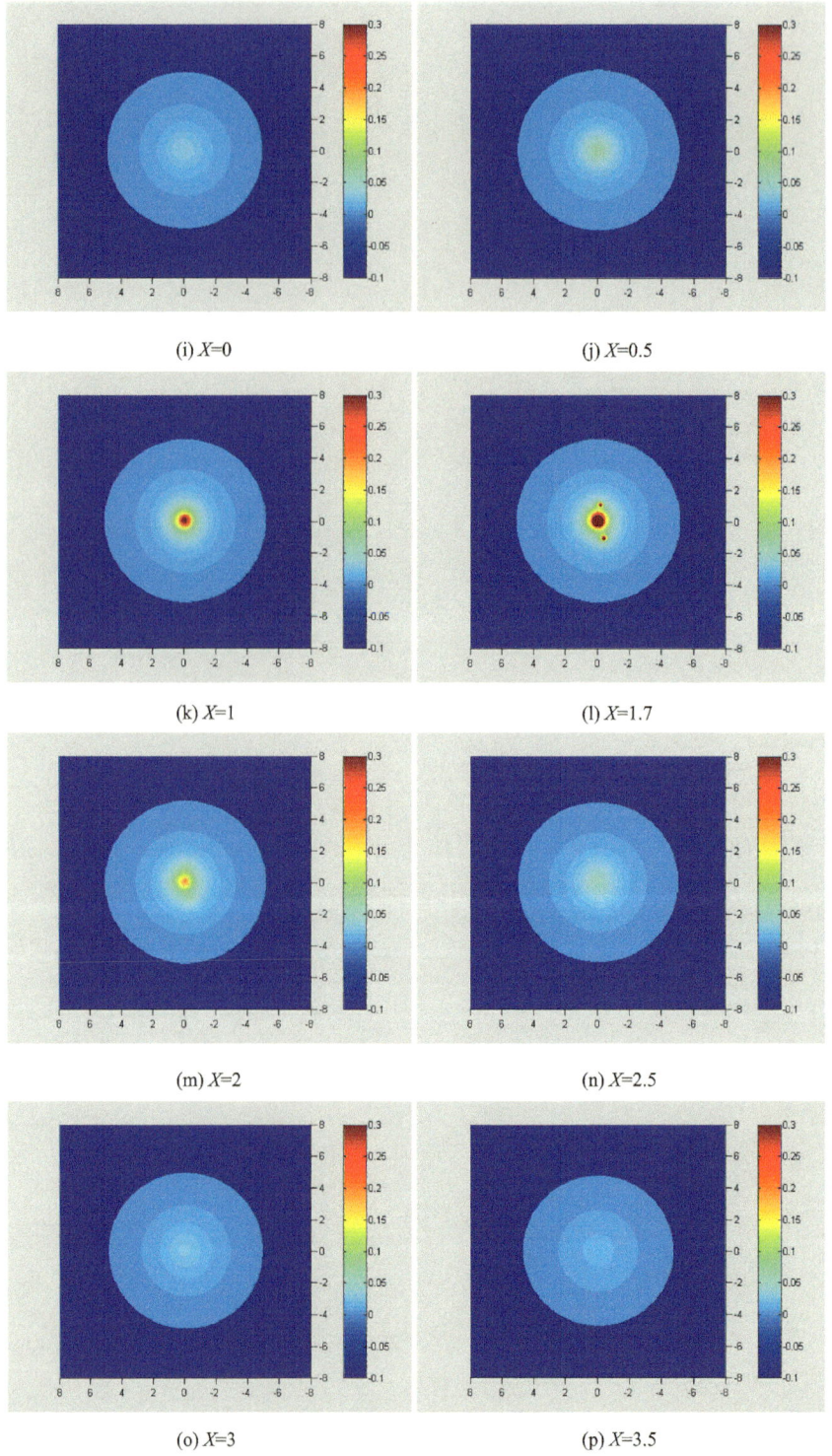

(i) X=0 (j) X=0.5

(k) X=1 (l) X=1.7

(m) X=2 (n) X=2.5

(o) X=3 (p) X=3.5

图 1-8 当核源为 4 W、8 W、120 W 时的辐射剂量分布(续)

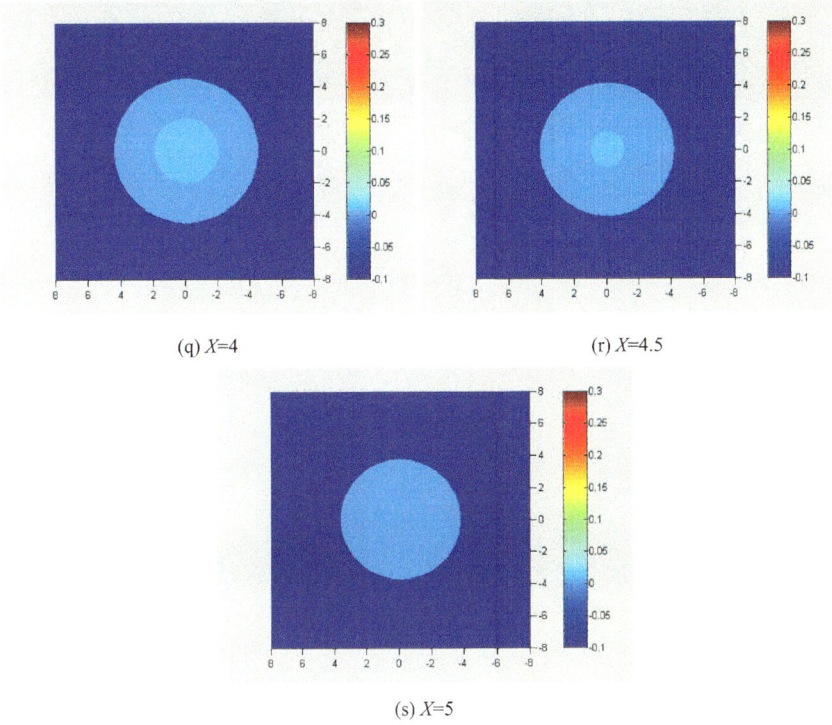

(q) $X=4$ (r) $X=4.5$

(s) $X=5$

图 1-8　当核源为 4 W、8 W、120 W 时的辐射剂量分布(续)

2. 当核源为 4 W、8 W、120 W、－YRHU 时

当 $X=-4(49)、-3.3(49.7)、-3(50)、-2.5(50.5)、-2(51)、-1.5(51.5)、-1$ $(52)、-0.7(52.3)、0(53)、0.5(53.5)、1(54)、1.7(54.7)、2(55)、2.5(55.5)、3(56)、3.5$ $(56.5)、4(57)、4.5(57.5)、5(58)、Y=[-8,8]、Z=[-8,8]$时,辐射剂量分布如图 1-9 所示。

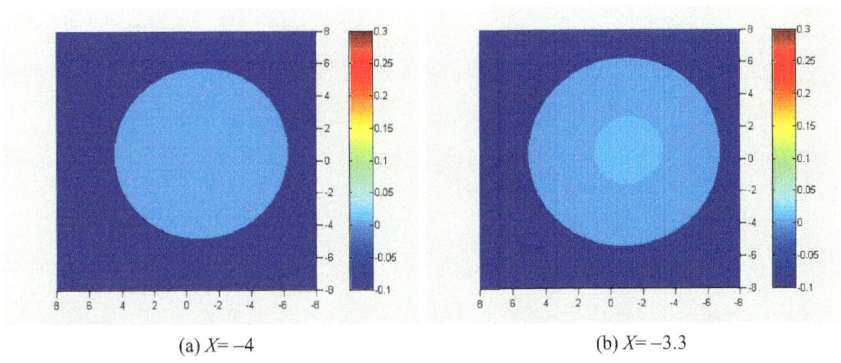

(a) $X=-4$ (b) $X=-3.3$

图 1-9　当核源为 4 W、8 W、120 W、－YRHU 时的辐射剂量分布

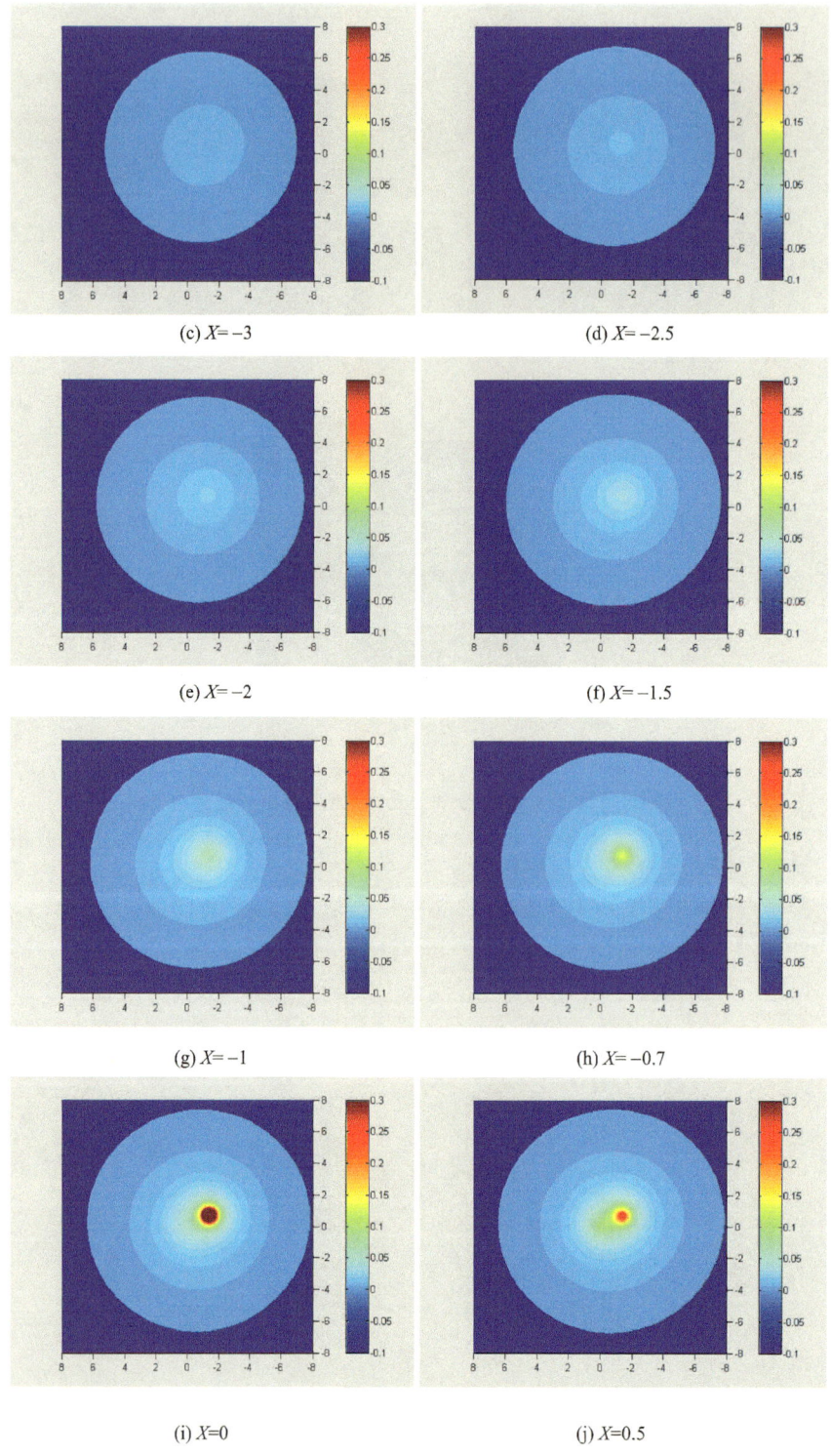

(c) $X=-3$ (d) $X=-2.5$

(e) $X=-2$ (f) $X=-1.5$

(g) $X=-1$ (h) $X=-0.7$

(i) $X=0$ (j) $X=0.5$

图 1 - 9 当核源为 4 W、8 W、120 W、一 YRHU 时的辐射剂量分布(续)

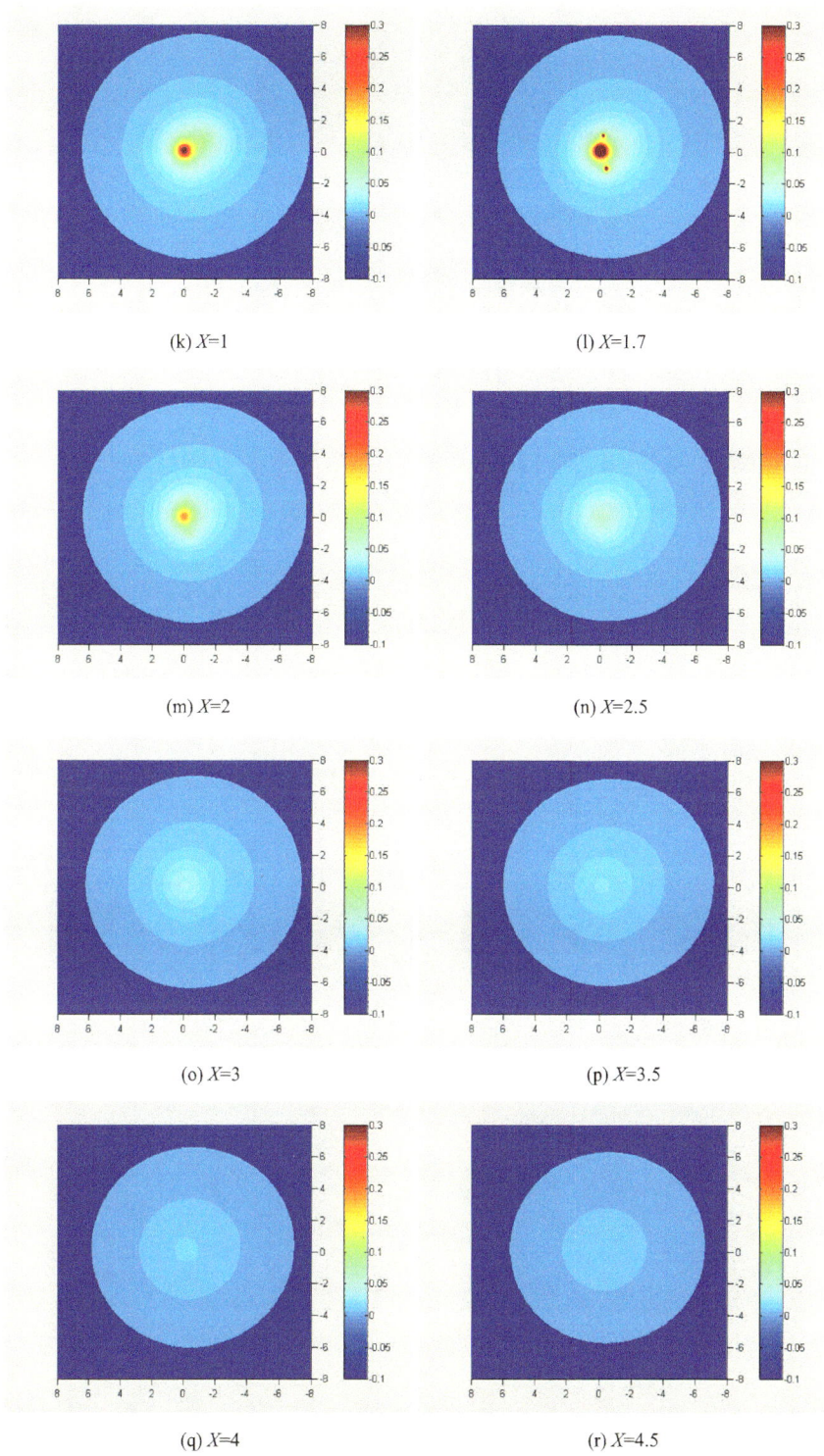

(k) $X=1$

(l) $X=1.7$

(m) $X=2$

(n) $X=2.5$

(o) $X=3$

(p) $X=3.5$

(q) $X=4$

(r) $X=4.5$

图 1-9 当核源为 4 W、8 W、120 W、-YRHU 时的辐射剂量分布(续)

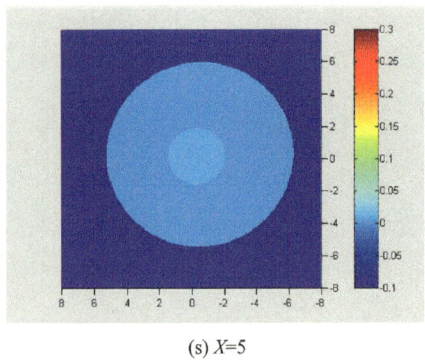

(s) *X*=5

图 1-9　当核源为 4 W、8 W、120 W、－YRHU 时的辐射剂量分布(续)

3. 当核源为 4 W、8 W、120 W、＋YRHU 时

当 $X=-4(49)$、$-3.3(49.7)$、$-3(50)$、$-2.5(50.5)$、$-2(51)$、$-1.5(51.5)$、-1 (52)、$-0.7(52.3)$、$0(53)$、$0.5(53.5)$、$1(54)$、$1.7(54.7)$、$2(55)$、$2.5(55.5)$、$3(56)$、3.5 (56.5)、$4(57)$、$4.5(57.5)$、$5(58)$，$Y=[-8,8]$，$Z=[-8,8]$时，辐射剂量分布如图 1-10 所示。

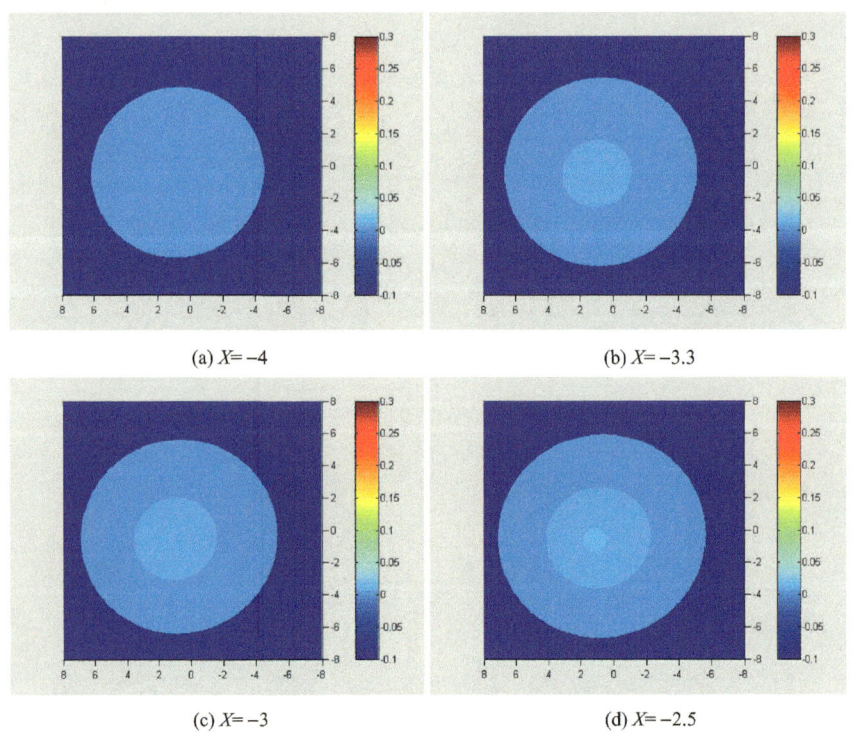

(a) *X*=-4　　　　　　　(b) *X*=-3.3

(c) *X*=-3　　　　　　　(d) *X*=-2.5

图 1-10　当核源为 4 W、8 W、120 W、＋YRHU 时的辐射剂量分布

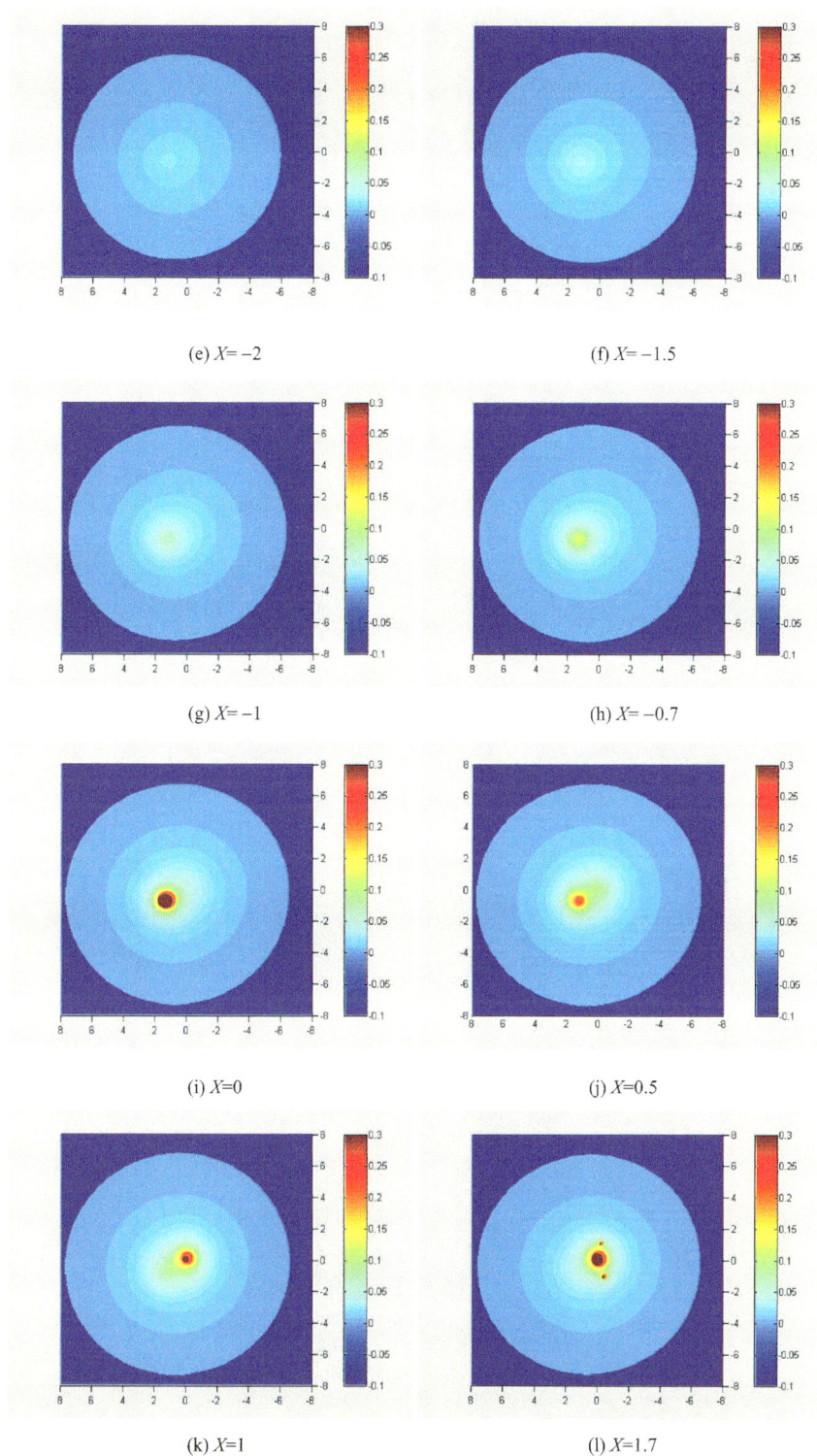

(e) X = -2

(f) X = -1.5

(g) X = -1

(h) X = -0.7

(i) X = 0

(j) X = 0.5

(k) X = 1

(l) X = 1.7

图 1 - 10   当核源为 4 W、8 W、120 W、+ YRHU 时的辐射剂量分布(续)

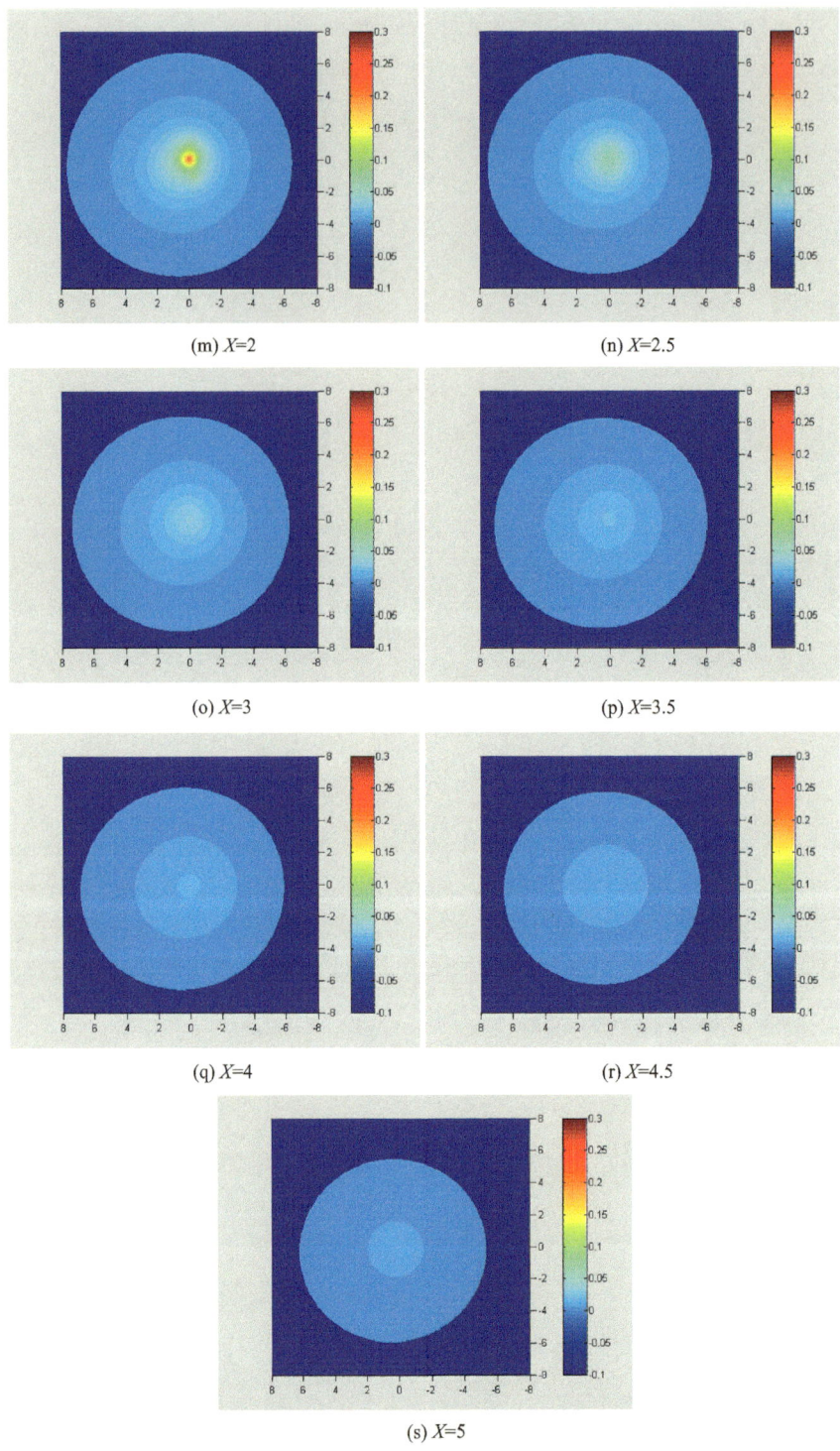

(m) $X=2$

(n) $X=2.5$

(o) $X=3$

(p) $X=3.5$

(q) $X=4$

(r) $X=4.5$

(s) $X=5$

图 1-10　当核源为 4 W、8 W、120 W、+YRHU 时的辐射剂量分布(续)

4. 当核源为 4 W、8 W、120 W、＋YRHU、－YRHU 时

当 $X=-4(49)$、$-3.3(49.7)$、$-3(50)$、$-2.5(50.5)$、$-2(51)$、$-1.5(51.5)$、-1 (52)、$-0.7(52.3)$、$0(53)$、$0.5(53.5)$、$1(54)$、$1.7(54.7)$、$2(55)$、$2.5(55.5)$、$3(56)$、3.5 (56.5)、$4(57)$、$4.5(57.5)$、$5(58)$，$Y=[-8,8]$，$Z=[-8,8]$时，辐射剂量分布如图 $1-11$ 所示。

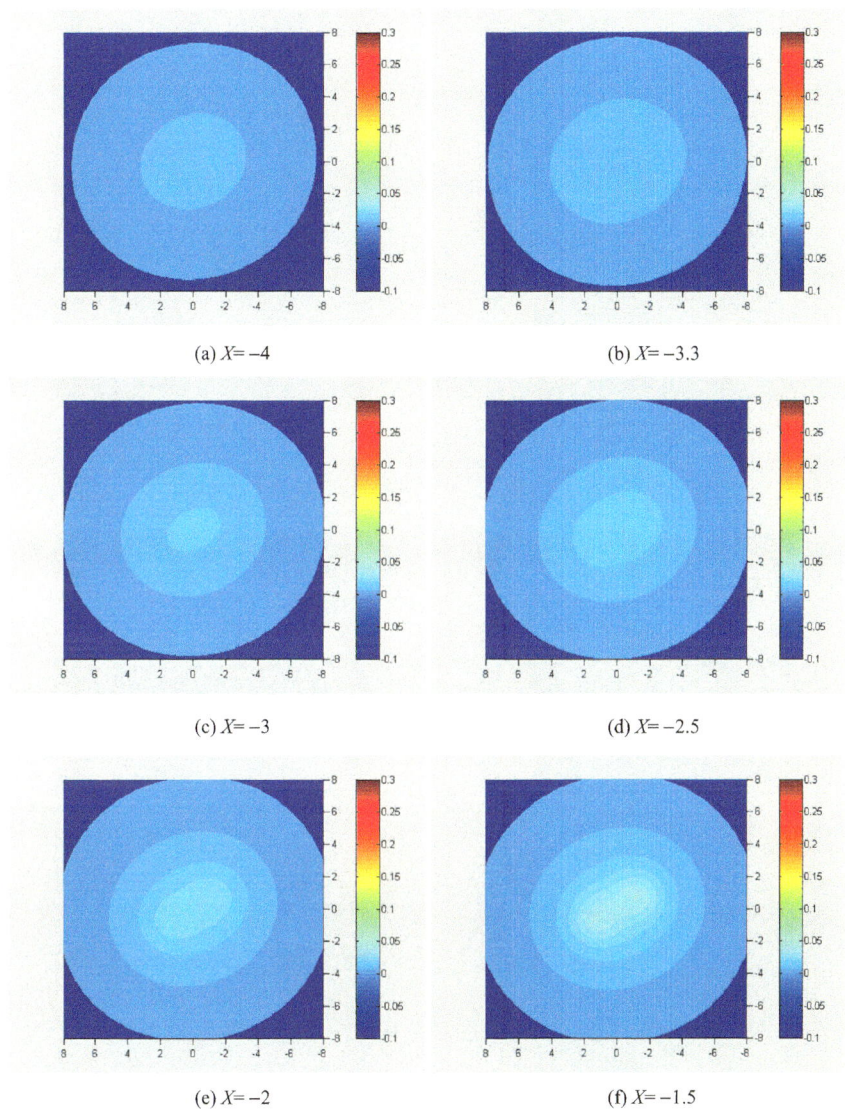

(a) $X=-4$　　　　　　　　　　(b) $X=-3.3$

(c) $X=-3$　　　　　　　　　　(d) $X=-2.5$

(e) $X=-2$　　　　　　　　　　(f) $X=-1.5$

图 $1-11$　当核源为 4 W、8 W、120 W、＋YRHU、－YRHU 时的辐射剂量分布

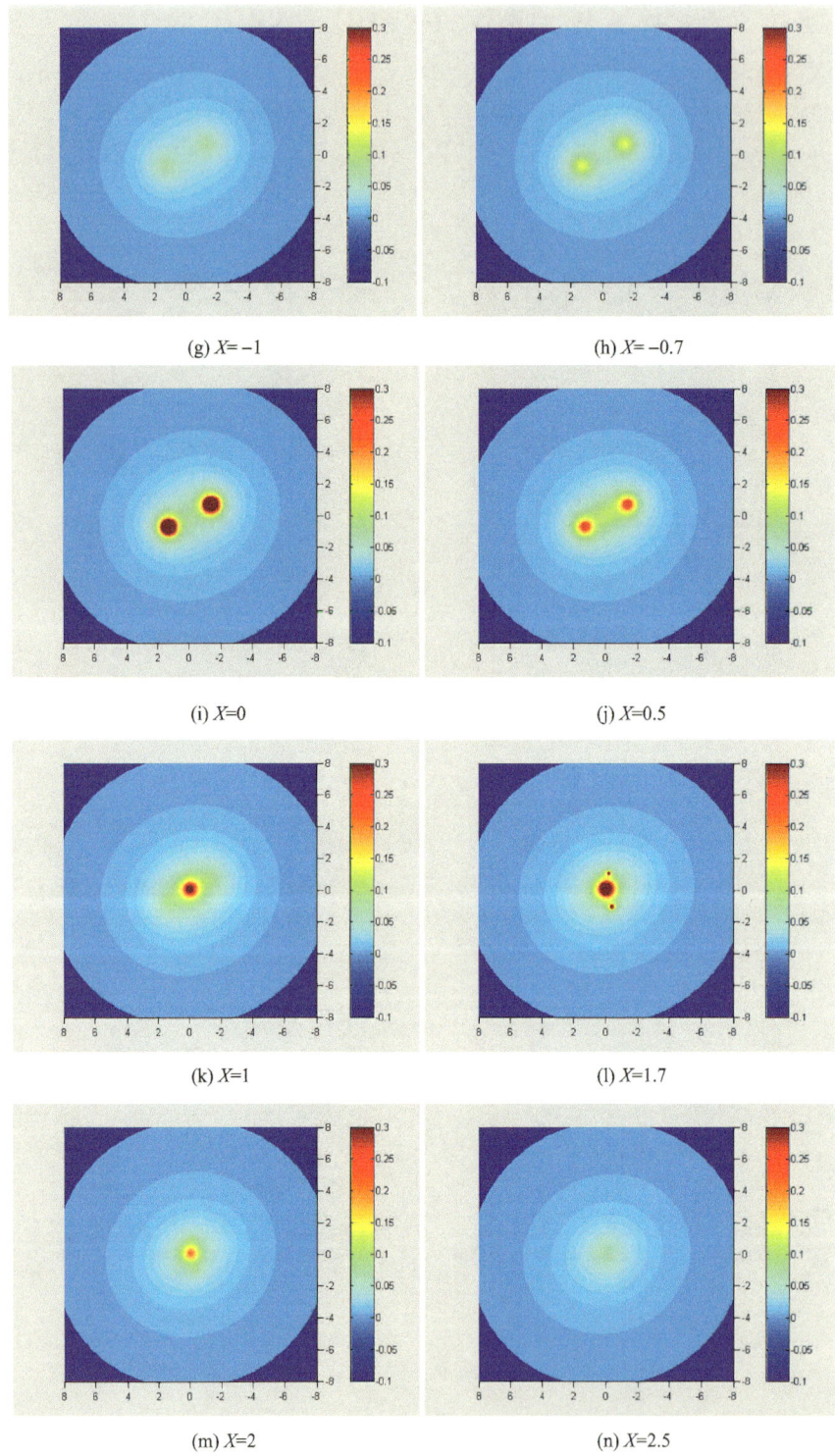

(g) $X=-1$ (h) $X=-0.7$

(i) $X=0$ (j) $X=0.5$

(k) $X=1$ (l) $X=1.7$

(m) $X=2$ (n) $X=2.5$

图 1-11　当核源为 4 W、8 W、120 W、＋YRHU、－YRHU 时的辐射剂量分布(续)

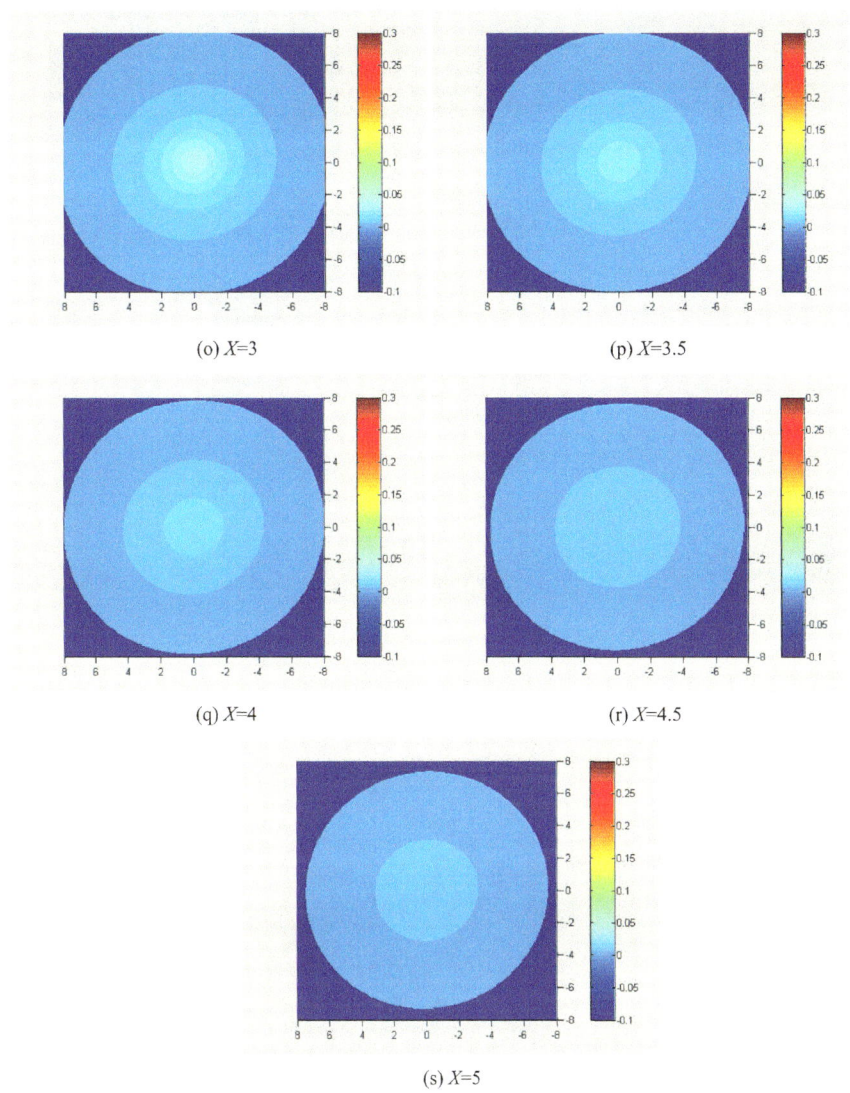

(o) $X=3$

(p) $X=3.5$

(q) $X=4$

(r) $X=4.5$

(s) $X=5$

图 1-11　当核源为 4 W、8 W、120 W、＋YRHU、－YRHU 时的辐射剂量分布(续)

1.3.5　辐射剂量空间分布

在高度分别为 52.3 m、53 m、54.7 m、49.7 m、57.5 m 处的辐射剂量空间分布如图 1-12～图 1-19 所示。

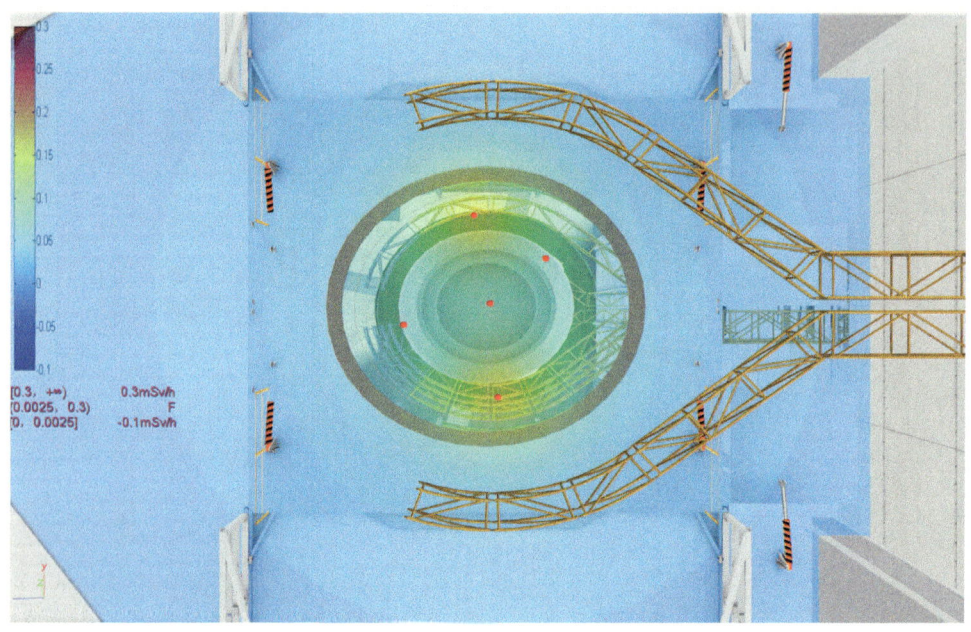

图 1 - 12　在高度为 52.3 m 处的辐射剂量空间分布一

图 1 - 13　在高度为 52.3 m 处的辐射剂量空间分布二

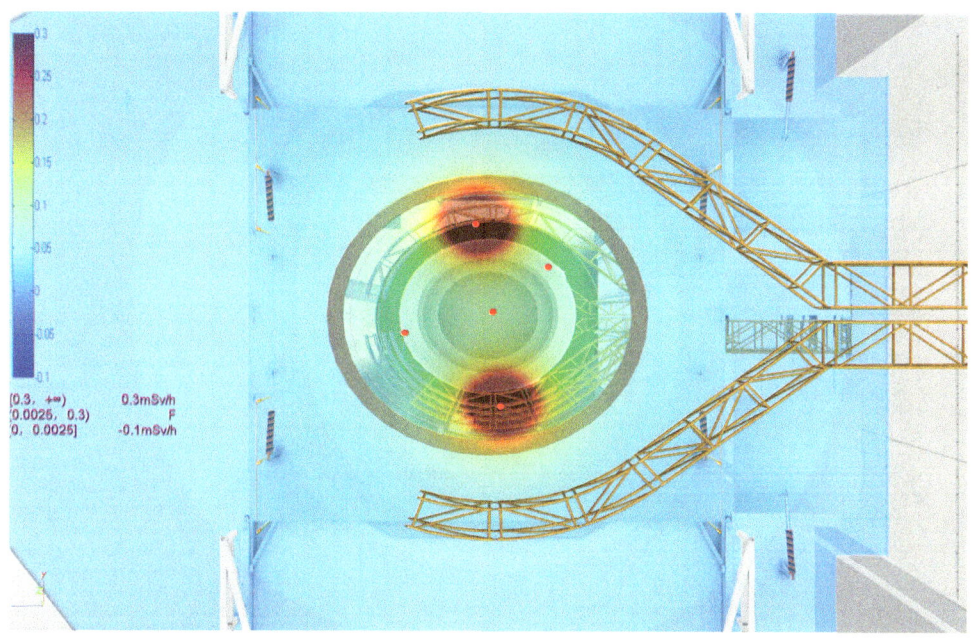

图 1 - 14　在高度为 53 m 处的辐射剂量空间分布一

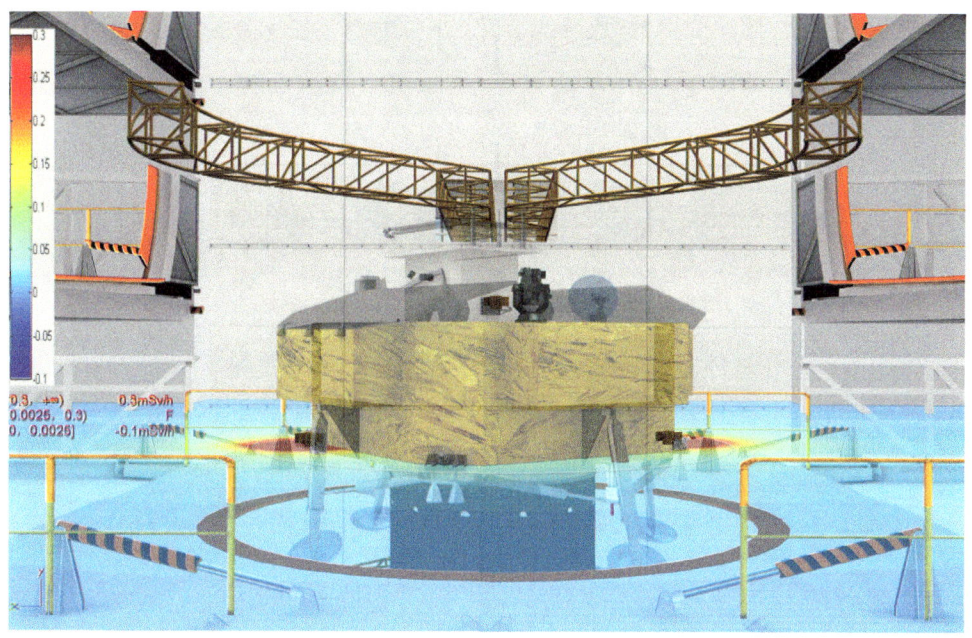

图 1 - 15　在高度为 53 m 处的辐射剂量空间分布二

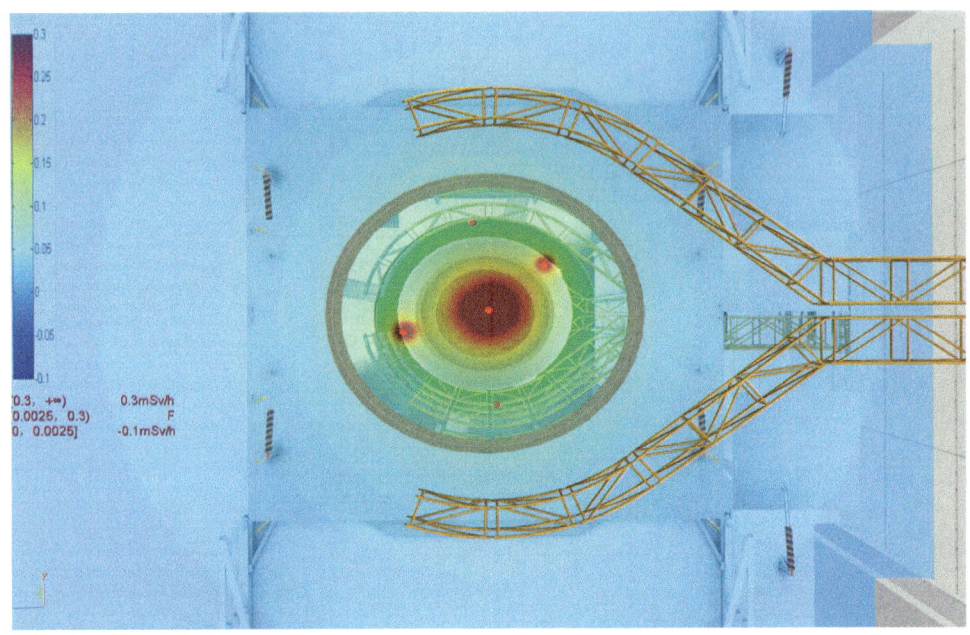

图 1-16　在高度为 54.7 m 处的辐射剂量空间分布一

图 1-17　在高度为 54.7 m 处的辐射剂量空间分布二

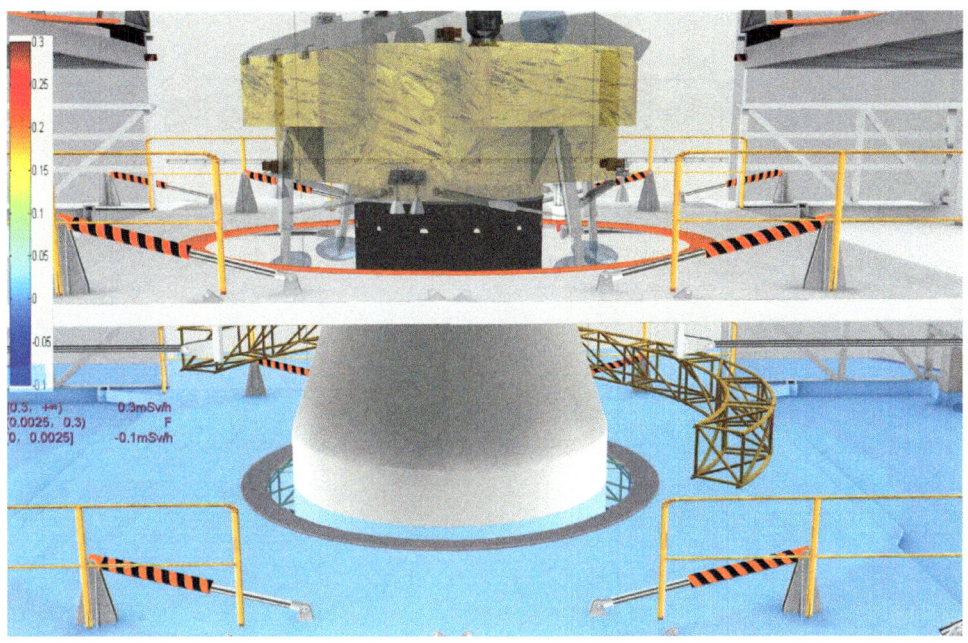

图 1 - 18   在高度为 49.7 m 处的辐射剂量空间分布

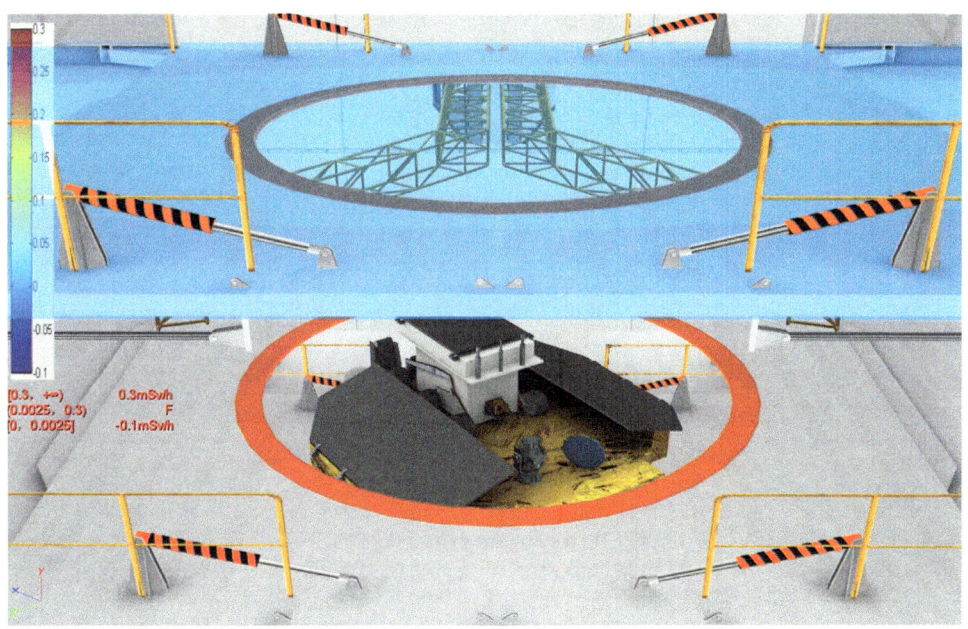

图 1 - 19   在高度为 57.5 m 处的辐射剂量空间分布

1.4 RHU 贮存、测试厂房及保障条件技术方案

1.4.1 RHU 贮存、测试场所要求

1. 总体要求

RHU 在发射场的贮存和测试需要设有单独的贮存间、测试间,并配有相应的卫生间、淋浴间、仪器设备贮存间和安防室。

① RHU 的贮存和测试场所建议设在人员稀少地段,以避免无关人员接受不必要的辐射剂量,同时应尽量减少知悉人数。

② RHU 的贮存和测试场所的设计应按照《核设施辐射屏蔽设计一般原则》(EJ/T 789—1993)进行。

③ RHU 贮存间的长×宽×高≥10 m×9 m×5 m,RHU 测试间的长×宽×高≥10 m×9 m×5 m,两房间相连,中间有隔离门。

④ 贮存、测试间外应有明显的辐射标识。

⑤ RHU 的贮存和测试场所的环境温度为 25 ℃±5 ℃,相对湿度为 40%～70%,房间内通风。

2. 贮存间要求

RHU 在贮存间内依次放置,为带包装箱状态。每个放射源之间的间距大于 0.5 m。

① 贮存间应留有物流入口,供 RHU 从外面进入贮存间或运离贮存间使用,RHU 在贮存间和测试间之间的转运不用该入口。物流入口外设有相应的停车位置和坡道,RHU 的运进、运出需用叉车完成。

② 贮存间内设有排风装置,通风口设计应符合《核设施辐射屏蔽设计一般原则》(EJ/T 789—1993)的要求。

③ 依据《放射性物品库风险等级和安全防范要求》,贮存间的风险等级按一级设计。

④ 贮存间内设有安全防范系统。

⑤ 贮存间内设有火灾报警系统,并配有相应的消防器材。

⑥ 贮存间内配置 AC220 V、10 A/16 A 的电源插座,数量各不少于 3 个。

⑦ 在贮存间和测试间之间设置隔离门,小型叉车可通过隔离门,或在贮存间和测试间之间设置天车通道,供 RHU 在测试间和贮存间之间转运使用。

放射源贮存间布置如图 1-20 所示。

注:该布置要求考虑叉车作业和贮存间墙体厚度的一般因素,所以 RHU 距离墙壁较远。

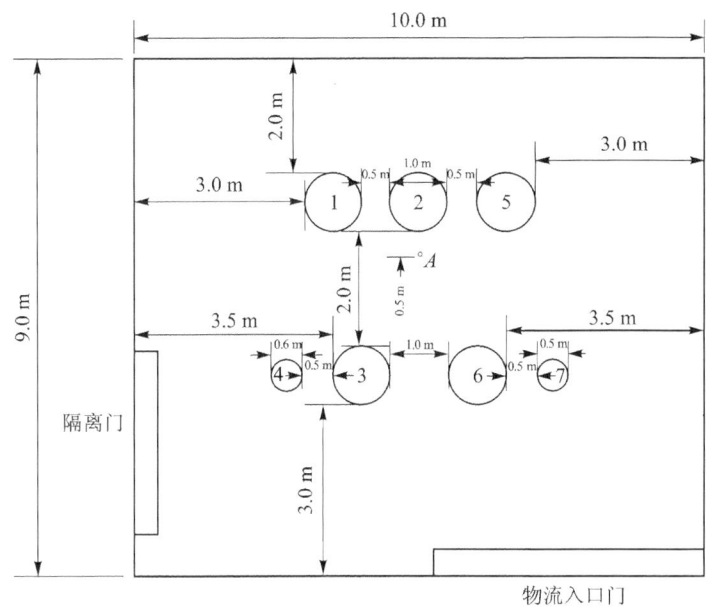

图 1-20   放射源贮存间布置

3．测试间要求

在测试间内单次只允许操作 1 个 RHU。

① 测试间为全封闭设计,房间内设空调换气系统,换气次数为 6~10 次/小时,送风口设计需防止气流倒灌,排风口设计无其他特殊要求。

② 测试间应设置行吊,并允许小型叉车在测试间内移动。

③ 测试间设操作台,台面面积不小于 1 200 mm×700 mm,距离地面 600~800 mm,台面材料应能耐受 250 ℃高温。

④ 测试间内配置 AC220 V、10 A/16 A 的电源插座,数量各不少于 3 个。

⑤ 测试间内设 1 个洗手盆,下水处理无特殊要求。

⑥ 测试间内设有应急照明系统、火灾报警系统,并配有相应的消防器材。

4．场所管理要求

① RHU 不得与易燃、易爆、腐蚀性物品同库贮存,贮存场所应采取有效的防护措施,应配有 24 h 监控,使 RHU 自始至终处于受控状态,并安装相应的报警装置。

② RHU 贮存场所应建立相应的管理制度,应有专人负责,有完善的存入、领取、归还登记和检查制度。

③ 进入 RHU 的贮存和测试场所的人员应使用专门证件,不能单人进入。确因工作需要进入该场所需得到发射场系统和探测器系统主管领导的批准,并履行登记手续,由工作人员陪同进入。

④ 在 RHU 贮存和测试期间,应参照《辐射环境监测技术规范》(HJ/T 61—2001)规定的应用密封型放射源(密封源)的环境监测和含密封源设施的环境监测的条款对发

射场进行环境监测。

1.4.2 放射源试验流程

RHU 等放射源通过铁路运输进场。进场后,先进行包装箱外观检查;再将它们转运至贮存间暂存,而后将它们转运至测试间进行检验、测试;最后将它们转运至发射区,在塔上进行安装。

1.4.3 RHU 贮存、测试厂房

1. 总体设计思路

综合考虑发射场现有试验设施、条件和任务实施情况,按照放射源贮存、测试相对集中、便于统一管理的原则,合理设置放射源与其他主要试验设施的距离,降低意外事故的影响。厂房屏蔽条件、建筑空间及吊车装运能力需要满足 RHU 等放射源的贮存要求。厂房空调系统、供电系统、给排水及消防系统、安全防范系统需要满足放射源贮存、测试和安全防护要求。

2. 组成与布局

厂房总建筑面积为 789 m²,由 X 射线探伤大厅(12.6 m×10.1 m)、冷浸室、迷宫通廊、控制室、自动检测室、调制柜室、底片处理室、底片准备室、药品仪器室、空调机房、配电室、值班室等组成。在 X 射线探伤大厅与控制室之间设有迷宫通廊及防护门。其中,X 射线探伤大厅的主屏蔽墙壁厚度达 2.5 m、次屏蔽墙壁厚度达 1.5 m。X 射线探伤大厅内设行吊一部,起升质量为 5 t,起升高度为 10 m;设防护大门一扇,宽 4.5 m、高 5 m、厚 1.4 m。

3. 安全设计

(1) 内部防护

X 射线探伤大厅包括贮存区和测试区。其中,测试区域为 6 m×10 m,贮存区域为 6 m×10 m。在测试区内每次测试一个 RHU,架上人员着防护服,采用防护屏风予以减少辐射影响。在贮存区内各放射源按一定距离间隔放置,放射性强的靠内部放置,放射性弱的靠外部放置。设置洗消淋浴设施和污水收集池(或利用贮罐收集),对污水进行放射性检测,达标排放。

(2) 外部防护

利用铁丝网或栅栏将厂房隔离成独立的区域,设置辐射危险标志,并设置岗哨,使非相关人员绕行。利用安全防范系统对贮存区、测试区实施 24 h 监控,将图像接入卫星厂房及基地安防控制中心。利用放射性监测仪器在厂房及其周边地区对各类射线剂量进行监测,并自动记录、报警。

4. 专业方案

(1) 空调系统

为满足防护要求,空调系统采用直流形式。设置一台卧式全新风组合式空调机组,风量为 10 000 m³/h,采用直接蒸发表冷式制冷。其室外机内置全封闭涡旋压缩机,采用风冷冷却形式,安装在屋面。系统加热采用电加热形式,加湿采用电热加湿形式。送风采用上送风形式。排风采用下排风形式,风机设置在屋面,风量为 10 000 m³/h,室外排风口的高度高出周围 50 m 范围内最高建筑屋脊 3 m 以上。满足测试间温度 20~25℃、相对湿度 40%~70% 的要求。

其他测试房间共设置 4 台分体壁挂冷暖空调,满足人员舒适性要求。

淋浴间、卫生间设置机械排风系统。

(2) 供电系统

厂房空调系统供电容量为 205.4 kW,具备工艺、照明、空调动力总配电柜及相关工艺配电设备。厂房供电回路要进行绝缘测试。

(3) 给排水及消防系统

房间内污废水分流排放。污水直接排入场区排水管网。淋浴废水先排入房间外的集水池,经检测,若合格,则排放至场区排水管网;若不合格,则需经处理合格后再排放,处理方法待定。

(4) 安全防范系统

根据《重要军事目标安全技术防范工作规定》,探测器用 RHU 存储、测试区域为一级风险目标。需要设置集视频安防监控系统、入侵报警系统、出入口控制系统、周界防护系统和电子巡查系统为一体的网络型安全防范系统,它应具备声音与图像复核功能。安全防范系统本地监控机房设在厂房办公间,系统图像和相关报警信息上传至卫星厂房及基地安防控制中心。

1)视频安防监控系统

在围栏出入口、围墙四周、厂房屋顶以及测试间和贮存间等处设置监控摄像机,共设置 12 个监控点。本地监控机房配置 2 台 8 路网络硬盘录像机、2 台 22 英寸(1 英寸 = 2.54 cm)监视器,系统存储容量不小于 30 TB。

2)入侵报警系统

在岗哨出入口、测试间和贮存间共设 3 个红外/微波双鉴探测器。报警终端设在本地监控机房。

3)出入口控制系统

在岗哨、测试间和贮存间的出入口设非接触式门禁,共设置 3 个门禁控制点。控制终端与设在本地监控机房的入侵报警系统的报警终端融合。

4)周界防护系统

在室外铁丝围栏顶端共安装 5 对红外对射探测器。报警终端与设在本地监控机房的入侵报警系统的报警终端融合。

5) 电子巡查系统

在露天场所、执勤哨位、测试间和贮存间的建筑外墙设离线式电子巡查系统,共设10个巡查点。系统管理终端与设在本地监控机房的入侵报警系统的报警终端融合。

1.4.4 辐射监测和防护

1. 监测设备

根据《放射性同位素与射线装置安全和防护管理办法》,重点进行辐射环境监测和个人剂量监测。配置辐射环境监测设备和发射场系统、火箭系统有关操作人员的个人剂量监测设备,为工作人员建立个人剂量监测档案和职业健康监护档案。

发射场系统配置的 RHU 监测设备见表 1-2 所列。

表 1-2　发射场系统配置的 RHU 监测设备

序　号	设备名称	数　量
1	便携式 γ 巡视仪 表面污染测量仪	1 套
2	便携式中子巡视仪	1 台
3	便携式场所 α/β 气溶胶监测仪	1 台
4	高灵敏 n/γ 直读式个人剂量仪	5 台
5	中子个人剂量仪	15 台

2. 防护用品

(1) 类　型

使用的防护用品主要有防护屏风、中子防护服。中子防护服质量为 3.3 kg 左右,使用在 100 keV 以下的低能量中子场合。

(2) 岗位需求

塔架操作岗位:塔吊、平台、整流罩空调操作人员,计 6 人;仪器舱部位操作岗位:运载控制系统 2 人,测量系统 2 人,低温动力系统 4 人,二岗 6 人。

(3) 配备数量

中子防护服配备数量共计 22 套,备用 2 套。

3. 医疗救护

为参加任务的人员提供放射性疾病应急救护等服务。

(1) 设　备

医疗救护设备主要包括:内照射分析仪,用于分析人员受伤情况;生物安全柜、二氧化碳培养箱、倒置显微镜,用于外周淋巴细胞染色体畸变分析;全自动生化分析仪,用于血液检查;呼吸机等医疗设备,用于抢救危重伤员。

（2）专用药品

常用药品主要包括：葡乐安胶囊，用于增强免疫力；21 金维他，用于补充维生素、增强免疫力；绿 A 天然螺旋藻精片，用于增强免疫力；斯达舒，治疗用药；思密达，用于止泻；日达仙，用于调节免疫系统；人血白蛋白，用于预防和治疗低蛋白血症；复方三维亚铁，用于促进造血功能恢复；丹红注射液，具有活血化瘀的功效；五水头孢唑林钠，具有抗菌消炎的功效。

催吐、洗胃等药品主要包括：DTPA 复合剂、次氯酸钠溶液等，用于消除体表污染；吐根、硫酸铜、阿朴吗啡等，用于催吐；碳酸氢钠，用于洗胃；磷酸钠、骨粉等，用于吸附、沉淀放射性物质；缓泻剂，用于加速放射性物质在胃肠内的运行、缩短停留时间；麻黄素、氯化铵等，用于清洗鼻腔、祛痰。

排毒药品主要是多羧多胺基络合剂，如乙二胺四醋酸二钠钙对钚有促排作用。此类药品为国家控制药品，在发生意外后需紧急购置。

1.4.5 应急体系建设

按照航天发射任务要求和国家关于放射性同位素装置的法律法规，在执行发射任务前必须做好应急体系建设。

由于嫦娥三号探测器携带放射性同位素装置，因此针对非带核航天发射任务的应急体系和预案不完全适用于它。为提高处置意外事故的能力，控制和减少涉核突发事件的危害，在国家、军队有关应急体系的基础上，建立测试发射阶段的涉核突发事件应急体系，制定该阶段的应急预案，并与国家核应急体系有效衔接、结合。

1. 适用范围

发射场系统的应急预案适用于产品从进场到首区飞行段（距发射场 100 km 以内）所经历的时间和空间范围；放射性同位素装置研制或责任单位制定的测试发射阶段的应急预案，应与发射场系统应急体系有机融合。

2. 应急组织

应急组织指挥机构依托现有卫星发射任务类突发事件的应急指挥机构，增加辐射安全应急力量（应急分队、专家组等）。

3. 应急准备

通过预案宣贯、人员培训、应急演练等方式开展应急准备。

4. 通信保障

针对涉核突发事件特点，做好通信保障。

5. 物资、器材准备

按照基地和部站两级储备的原则，做好涉核突发事件的应急物资、器材准备。

6. 人员防护

指定应急避险场所，规定应急操作和防护要求，确保人员安全。

7. 外部关系协调

根据国家、军队、地方政府、发射基地和探月工程总体部有关规定和职能,协调外部关系,做好涉核突发事件处置工作。

1.4.6 运 输

1. 常规卫星系统产品和设备的运输

发射场系统按照航天发射任务传统分工承担卫星系统(不含放射性同位素装置)包装箱、地面设备等从机场到发射场,以及发射场内的运输任务。

2. 放射性同位素装置的运输

根据国家有关规定,放射性同位素装置的运输由工程总体部协调有关部门和单位确定职责与分工。

按照通用条件由发射场保障、专用设备由产品方负责的原则,综合考虑法规、条例对放射性物品运输的约束,以及有关研制、使用单位运输放射性同位素装置的既有条件,发射场系统原则上不配置运输容器、运输工具、设施和设备;结合岗位需要配置必要的防护用品、监测仪器;驾驶人员参加有关培训和考核,作为备份驾驶员;制定相应的运输保卫措施。

1.4.7 规章制度

根据有关规定,结合发射场既有规章制度,建立涉核工作规章制度,包括辐射防护和安全保卫制度、台账管理制度、出入管理制度、辐射监测检测制度、人员培训制度等。

1.5 应急搜索总体方案

1.5.1 基本原则

① 在现有运载火箭故障模式下,针对放射性同位素温差发电器(RTG)/RHU 的产品特性,进行针对性研究并做好应急搜索相关准备。

② 充分利用现有物质资源做好应急贮备,规模适度、准备得当。提前筹划,在执行发射任务前明确各参试单位、各参与人员的职责,明确物资、器材,确保在意外发生时能快速响应。

③ 依靠测试发射人员队伍和当地各类人员力量,开展 RTG/RHU 的定位、辨识、回收、运输、返回工作。

④ 充分利用当地政府、驻军、武警、人民群众的力量,合理宣传,防护到位。

⑤ 结合火箭爆炸事故的处理开展 RTG/RHU 搜索工作,使 RTG/RHU 搜索事件的影响面最小、损失最小、处置时间短,确保搜索、处置全过程安全、可靠。

1.5.2 故障模式、搜索范围及特点

1. 故障模式

在测试发射过程中,由运载火箭、探测器或其他原因导致的故障模式如下:

故障模式一:运载火箭发射中止,探测器紧急返回技术厂房;

故障模式二:运载火箭在发射场及其附近爆炸;

故障模式三:运载火箭在航区飞行途中爆炸,包括一级主动段、二级主动段,箭上、地面安控可正常启动;

故障模式四:运载火箭不能顺利入轨,探测器返回大气层烧毁。

2. 搜索范围

火箭的航区主要为四川省、贵州省、湖南省、江西省、福建省以及太平洋。

当运载火箭发生触地爆炸事故时,散布的区域面积约为 2 km×2 km;当运载火箭发生空爆事故时,散布的区域面积可能为 20 km×20 km。

根据上述故障模式二、故障模式三和故障模式四,RTG/RHU 将随着运载火箭、探测器残骸散落在发射场内、航区陆地和海洋内,所落入的区域可能为高山、丘陵、湖泊、江河、山林、乡镇、村落、农田等。

3. 特　点

(1) 事件复杂,政治影响大

若发生火箭爆炸事故,则对当地生产、生活影响很大,甚至会出现当地居民情绪失控、政治不安定的局面。RTG/RHU 的安全回收是重点关注的事项之一,且与人员伤亡,伤员救护,交通、电力、通信、供水恢复,生产自救,灾后重建等事件相互交织。

(2) 目标小

相对于卫星、火箭残骸和地理特征,RTG/RHU 目标小、无红色等显著外观。其特征不明显,难以被搜索到。

(3) 风险大

理论上 RTG/RHU 将完整返回,但不排除损坏、解体的可能性,甚至是产生气溶胶的可能性。此时将发生污染事故。

(4) 散布随机性大

RTG/RHU 跟随火箭、卫星残骸在空中自由飞行降落到地面后,散布区域大。

1.5.3 总体目标

内陆搜索(直至全部搜索完毕)时间以不超过 2 个月为限。

海洋搜索时间以不超过 1 个月为限。

1.5.4 应急措施及其实施

对于发生在场区及其附近的意外事故,主要依靠自身力量完成搜索、回收工作。对于发生在航区的意外事故,采取以下措施:

1. 组织搜索

(1) 专业人员队伍

迅速派遣人员穿防护服、携监测设备等搜索器材进行现场搜索,在 RTG/RHU 搜集完毕后,按正常程序处置。要求参与搜索的人员自发射事故发生起,干线乘坐任务飞机或民航飞机,支线乘坐车辆,12 h 内抵达事故现场。

(2) 协助人员队伍

组织当地驻军、武警、干部、民兵开展简单培训,按细分区域分组。

(3) 调集器材

采取征用、调用、租用方式,从当地调集舰船、车辆、工程作业机械。

(4) 区域空中搜索

申请直升机、无人机,开展区域性搜索。必要时,专业人员携带红外测量设备,搭乘直升机开展搜索。

(5) 展开地面搜索

由专业人员带队,带监测设备、着防护用品,有秩序、有步骤地按规划的区域展开地面搜索。利用交通工具,快速抵达细分区域,并做好防蛇虫叮咬准备。

2. 搜索原则

先行利用中子探测器重点搜索、回收 RTG/RHU,在确定无害的情况下,可并行开展探测器、火箭其他残骸的搜索、回收等工作。

对于落入内陆的探测器、火箭残骸,务必以搜索到全部 RTG/RHU、到位为原则。

对于落入深海的探测器、火箭残骸,在搜索到 RTG/RHU 之后,如果技术难度大,则放弃搜索。

对于细分区域,按照从周边往中心搜索的策略进行搜索。

3. 意外处理

当 RTG/RHU 落入江河、湖泊时,利用船、机器鱼、无人潜艇等器材和潜水救生衣等物资协助搜索。

当 RTG/RHU 解体时,经仪器探测,凡有中子发出的区域应用工程机械挖掘作业,土方在当地集中进行初步处理。

4. 返 回

将完整状态下的 RTG/RHU 贮存在当地,待运输车到位后,再直接运输、返回。

5. 其 他

① 成立联合应急处置指挥部。除测试发射任务的队伍外,其成员还包括当地政府

工作人员、驻军、武警、公安人员。

② 制定详细的搜索方案。规划人员队伍,细分搜索区域,确定搜索技术方案,落实后勤保障资源。当发生火箭爆炸事故时,测控系统负责整理、搜集航区信息,判明探测器、火箭残骸落地区域,迅速确定搜索人员需抵达的区域。根据探测器、火箭残骸落地情况,装备部门迅速与当地联系,租用相关物资、器材。

③ 对与 RTG/RHU 接触的人员和受其污染的水源、物品进行专项检查,由专业人员对危害情况和潜在影响进行评估,并做好善后处理。

④ 在火箭点火发射前,做好统一宣传口径、通告等准备工作。

⑤ 迅速清理铁路、公路上的残骸物,保证交通畅通。

⑥ 成立接待处,用于重点处理关于 RTG/RHU 的回收接待。

⑦ 根据情况,定期总结搜索报告。

1.5.5 应急搜索物资、器材

对于所有自备的物资、器材,应该保证在任务期间的完好性、可用性;对于海上、江河内搜索所需租用的物资、器材,应能明确所租用单位的信息和物资、器材状况。应急搜索物资、器材清单见表1-3所列。

表1-3 应急搜索物资、器材清单

序 号	名 称	用 途
1	直升机	空中搜索,确定区域
2	无人机	空中搜索,确定区域
3	中子探测器	搜索、监测 RTG/RHU
4	红外探测器	搜索、监测 RTG/RHU
5	中子防护服	防辐射
6	防毒面具	防残留毒气
7	挖掘机	
8	装载机	
9	遥控机器车	实现无人搜索
10	通信车	搜索通信
11	对讲机	搜索通信
12	警戒线等	封锁现场
13	舰艇	海洋搜索
14	船	江河(水面)搜索 RTG/RHU
15	机器鱼	水下搜索 RTG/RHU
16	潜水救生衣	用于水下搜索 RTG/RHU
17	临时建筑	集中存放 RTG/RHU
18	回收防护屏蔽物	回收 RTG/RHU

序　号	名　　称	用　途
19	后勤用品（食品、帐篷、防蛇虫叮咬药品、急救药品）	
20	地图、电子地图	提供搜索支持
21	医疗救护用品	
22	摄像、摄影器材	

第 2 章　爆炸分析

2.1　概　述

卫星在测试准备的后期需要进行燃料加注,燃料一般为四氧化二氮(N_2O_4)、偏二甲肼(UDMH),具有较高的爆炸危险性和毒性,因此,发射场各类设施是重大危险源。为了保障人员、卫星、火箭及地面设施的安全,需要对发射场可能发生的爆炸事故进行数值仿真与安全分析,并有针对性地制定防护措施,达到控制事故风险、减少事故损失的目的。

2.2　爆炸事故

发射场的各类建筑是火箭、卫星测试和停放的主要场所,也是事故仿真和安全分析的重点对象。这些建筑均具有规模大和结构形式复杂等特点,直接建立数值仿真模型难度较大。因此,需要研究合适的建模技术,简化建筑的结构形式,使它们在保留主体特征的基础上能够具有较好的计算可行性;同时还要研究适用的计算方法,简化爆炸传播过程,从而能够在现有硬件平台上计算大空间内爆炸传播的问题。

2.2.1　危险源参数

卫星爆炸事故模式比较复杂,危险源包括卫星、火箭和配套的燃料储罐。各危险源参数见表 2 - 1、表 2 - 2 所列。

表 2 - 1　01#场区危险源参数

序　号	危险源	TNT 当量/kg	备　注
1	卫星	4	
2	上面级 A	130	双星
3	加注罐 S	13	用于卫星加注
4	加注罐 A	75	用于上面级 A 加注
5	火箭	43 600	

表 2-2 02#场区危险源参数

序　号	危险源	TNT 当量/kg	备　注
1	卫星	4	
2	上面级 B	295	四星
3	加注罐 S	13	用于卫星加注
4	加注罐 B	110	用于上面级 B 加注
5	火箭	198 600	

2.2.2 爆炸工况

根据事故模式分析,发射场的典型室内爆炸工况见表 2-3、表 2-4 所列。需对每种工况进行数值仿真,分析爆炸的破坏作用,重点分析危险源房间及周边房间的破损、超压情况。

表 2-3 01#场区爆炸工况

序　号	事故场所		危险源	备　注
1	11#建筑	加注厅	1 个卫星	
2		燃烧剂加注设备间	1 个加注罐 S	
3		加注厅	2 个卫星和 1 个上面级 A	
4		燃烧剂加注设备间	1 个加注罐 A	
5	13#建筑	标高 53 m	2 个卫星和 1 个上面级 A	按翻倍计算

表 2-4 02#场区爆炸工况

序　号	事故场所		危险源	备　注
1	21#建筑	西侧加注厅	1 个卫星	
2		西侧燃烧剂加注设备间	1 个加注罐 S	
3		中部加注厅	1 个卫星	
4		中部燃烧剂加注设备间	1 个加注罐 S	
5		东侧加注扣罩厅	1 个卫星	
6		东侧燃烧剂加注设备间	1 个加注罐 S	
7		东侧加注扣罩厅	4 个卫星和 1 个上面级 B	
8		东侧燃烧剂加注设备间	1 个加注罐 B	
9	22#建筑	标高 62 m	4 个卫星和 1 个上面级 B	
10	23#建筑	标高 62 m	4 个卫星和 1 个上面级 B	按翻倍计算

2.3 爆炸事故仿真方法

2.3.1 高大空间复杂建筑结构建模

1. 建模思路

各建筑的信息均基于二维图纸,需要重新进行三维建模。建筑数量多、结构复杂,建模工作量大,通过分别在 ANSYS、CATIA 和 AutoCAD 三种成熟的软件平台尝试建模,并经综合对比,选择非有限元建模平台 AutoCAD 进行建模。其优点包括:一是具有较好的通用性,一套软件平台既可查阅图纸又可进行三维建模;二是便于具有一定工程设计基础的人员学习,快速掌握建模技能;三是开发独立的转换程序,具有灵活的数据处理能力,可以按照指定格式将图形输出到其他有限元软件平台。

2. 模型简化

实际建筑结构非常复杂,包含柱、梁、板等基本结构和门、窗、沟、洞等各种开口,以及各种装饰元素,连接关系也是多种多样,因此,建立完整的几何模型具有很大难度,即便能够完成建模,庞大的网格数量也无法用于数值计算。考虑到建筑地面以上的主要承载部件包括柱、梁、楼板、剪力墙、砌块墙等,门、窗等构件及小尺寸开口不会对建筑的结构和承载能力造成很大影响,所以几何模型主要包括柱、梁、楼板、剪力墙、砌块墙、屋面、大门等要素。

进一步分析可知,上述构件均为细长比或扁平比较大的结构,如果使用三维实体建模,则网格尺寸受限于较小的截面或厚度,将导致网格数量几何级增长,可能超出计算机的计算能力。为了使计算量控制在可接受的范围内,同时保留结构的主要特征,使用一维直线配合截面信息建立建筑的梁、柱几何体(即梁单元),使用二维平面配合厚度信息建立建筑的楼板、墙、屋面、大门等几何体(即壳单元),同时分别附加材料信息。

对于"H"型、"L"型和"口"型等特殊截面的梁单元,按照主截面惯性矩等效的原则简化为矩形截面梁。

3. 建模流程

(1) 建立文件和轴网

新建 dwg 文件,建立轴网图层。复制建筑 CAD 图纸的一层标准轴网,将它打散后全部放置到新建的轴网图层内,调整原点位置,调整轴网间距,按米取整,对分隔缝处相邻的轴网进行合并。

(2) 建立图层

根据结构图纸的分段说明,建立各段(层)的图层群,每一个图层群内包括若干图层,用于存放各类建筑构件。同一图层具有相同的材料属性。赋予图层不同的颜色以便于区分,例如针对第一段建立"1_西侧建筑_柱"(高强钢筋混凝土,蓝色)、"1_西侧建筑_梁"(高强钢筋混凝土,青色)、"1_西侧建筑_楼板"(普通钢筋混凝土,灰色)、"1_西侧建筑_剪力墙"(高强钢筋混凝土,蓝色)、"1_西侧建筑_砌块墙"(砌块,黄色)、"1_西侧建筑_大门"(Q235钢,红色)、"1_西侧建筑_屋顶"(普通钢筋混凝土,灰色)、"1_西侧建筑_屋顶桁架"(Q345钢,红色)等图层。各段(层)的图层群建立完成后,还需根据需求建立平台、火箭等图层;最后建立爆炸源、监测点等图层用于存放相关元素,建立辅助线、文字说明等辅助图层用于存放辅助信息。

(3) 定义材料

根据建筑构件的材料,定义"1_普通钢筋混凝土""2_高强钢筋混凝土""3_砌块""4_Q235钢"和"5_Q345钢"5种典型材料名称,并赋予每个图层对应的材料信息。

(4) 建立 e 场区 el 文件

e场区el文件用于存储柱和梁的截面尺寸,每一行包含截面说明、截面编号、截面宽、截面高4个元素,其中的截面编号要与dwg文件中梁的截面编号(即"线型比例(LinetypeScale)"值)相对应。

(5) 建立几何模型

分段(层)建立几何模型,在每段(层)中一般按照柱→梁→剪力墙→砌块墙→大门→楼板的顺序进行建模。在建立某种建筑构件模型时,对应的图层处于打开状态,其余图层处于不可见或锁定状态。在每建立一个柱、梁时,需要赋予它们截面和材料信息。截面编号通过"线型比例"定义,并需要将它加入第4步建立的e场区el文件中;截面方向通过"线型(Linetype)"定义。

(6) 处理建筑重合部分

在分段建立的模型中,各段之间存在500 mm左右的变形缝等间隔。为了使模型连续和封闭,需要将相邻的墙体进行合并,并对厚度进行叠加。

(7) 建立爆炸源

使用立方体代表爆炸源,可定义多个,对应不同的工况;使用"线型比例"值代表TNT当量。

(8) 建立监测点

使用圆形代表监测点,用于记录关键位置的超压信息,可定义多个;使用"线型比例"值代表房间编号。

(9) 导入截面信息

在dwg文件中新建表格链接,从e场区el文件中导入梁截面信息。第1行默认为表头;第1列为截面说明;第2,3,4列对应截面序号、截面宽和截面高。将表格中数字部分的文字格式设成"十进制数"。

(10) 模型处理和信息提取

使用二次开发的Autolisp程序对模型进行处理,获取几何信息、检查重叠、剖分几何体,保证相邻几何体共用节点。处理完毕后输出剖分后的dwg文件以及txt格式的数据文件。

(11) 模型转换

运行 FORTRAN 编写的程序，将 txt 格式的数据文件转换为 APDL 程序，并在 ANSYS 中运行，得到建筑模型。

(12) 模型检查

在 ANSYS 中检查建筑模型，确认几何体完整、连续，材料和截面信息齐备。

(13) 添加材料信息

运行 FORTRAN 编写的程序，添加材料信息。

4. 材料参数

(1) 钢筋混凝土

根据钢筋混凝土的配筋率不同，需要制定高强度和普通强度两种钢筋混凝土模型。其中，高强钢筋混凝土主要用于梁、柱、墙等构件，配筋率为 2%；普通钢筋混凝土主要用于楼板，配筋率为 1%。钢筋和混凝土参数见表 2-5 所列。

表 2-5 钢筋和混凝土参数

材料	密度/$(kg \cdot m^3)$	弹性模量/GPa	泊松比	屈服应力/MPa	切线模量/GPa	单轴抗拉强度/MPa	单轴抗压强度/MPa
钢筋	7 800	206	0.3	235	2.06	370	—
混凝土	2 500	34.5	0.2	—	—	1.89	23.1

若钢筋混凝土中钢筋所占截面比例为 V_s，钢筋、混凝土的弹性模量分别为 E_s、E_c，钢筋、混凝土的失效强度分别为 σ_s、σ_c，则等效弹性模量

$$E_1 = E_s V_s + E_c (1 - V_s)$$

考虑到混凝土先被拉坏，钢筋后被拉坏，可以将应力——应变关系简化。假设在 A 点混凝土失效，在 B 点钢筋失效，则可以算得 A 点的应变为 $\dfrac{\sigma_c}{E_c}$，即有

$$\varepsilon_A = \frac{\sigma_c}{E_c}, \quad \sigma_A = E_1 \varepsilon_A$$

B 点的应变、应力（忽略混凝土的承载）分别为

$$\varepsilon_B = \frac{\sigma_s}{E_s}, \quad \sigma_B = \sigma_s V_s$$

不同配筋率的钢筋混凝土参数如表 2-6 所列。

表 2-6 不同配筋率的钢筋混凝土参数

序号	配筋率	密度/$(kg \cdot m^{-3})$	弹性模量/GPa	泊松比	屈服应力/MPa	切线模量/GPa	失效强度/MPa
1	0.01	2 553	36.2	0.2	1.98	0.337	1.89
2	0.02		37.9	3.79	0.2	2.08	2.41	1.89

（2）砌　块

根据相关文献[①]，砌块按弹性材料处理。砌块参数如表 2-7 所列。

表 2-7　砌块参数

密度/(kg·m⁻³)	弹性模量/GPa	泊松比	抗压强度/MPa	抗拉强度/MPa	失效强度/MPa
2 280	12.9	0.3	26	2.6	0.95

（3）钢

Q235 钢和 Q345 钢是两种常用的材料，两种材料均按照弹塑性材料处理 Q235 钢和 Q345 钢参数如表 2-8 所列。

表 2-8　Q235 钢和 Q345 钢参数

材　　料	密度/(kg·m³)	弹性模量/GPa	泊松比	屈服应力/MPa	切线模量/GPa	失效强度/MPa
Q235 钢	7 800	206	0.3	235	2.06	375
Q345 钢	7 800	206	0.3	345	2.06	375

2.3.2　单向耦合和波阵面跟踪算法理论与实现

1. 算法概述

爆炸冲击载荷及与结构相互作用的模拟一直是计算力学的难点问题之一。现在常用的模拟爆炸冲击载荷的软件包括 LS-DYNA、AUTODYN、Fluent、MPM3D 等。这些软件能对局部区域的结构（比如一个房间或一面墙在爆炸冲击载荷下的破坏及响应）进行比较精细地模拟。但是对于大型复杂结构，很难直接用这些成熟的软件进行计算，其难点主要有以下两点：

（1）求解规模大

建筑的一个维度的尺寸都在几十米到几百米量级，结构十分复杂，而危险源体积相对较小。比如对于 100 kg TNT 当量的炸药，特征尺寸在 0.4 m 左右，网格尺寸应控制在 0.2 m 左右较为合适，以这样的网格尺寸若要对整个区间同时求解则需要上亿单元，不具备工程可行性。

（2）强流固耦合

爆炸产生的冲击波会与结构产生非常强的相互作用，结构除了变形之外，还存在被破坏的情况。在破坏结构后余下的冲击波会继续传播，和结构的其他部分进行相互作用。现有软件的流固耦合算法能够较好地计算流体和简单结构的相互作用，而对于结构十分复杂的建筑，无论是建模还是求解都存在较大困难。另外，传统流固耦合算法的计算量相对较大，不适用于对大型结构的模拟。

基于上述两点原因，整个建筑和空气模型难以同时求解。因此，根据问题的特点将它简化，使得能够在现有硬件平台上对它进行计算：

① 爆炸产生的冲击波与结构的相互作用本质上是一个波传播的问题，冲击波在第一次到达结构时与结构的相互作用是最强的。假设经第一次相互作用后，由于耗散，反

---

① 谢超. 混凝土砌块墙体的爆炸效应分析[D]. 长安大学, 2013.

射波的强度会显著降低,其破坏作用不会超过冲击波首次与结构的作用,因此忽略反射波的作用。

② 在第①条假设的基础上,由于只考虑冲击波的首次作用,因此只需考虑模拟冲击波波阵面的演化过程。可以将整个空间分为若干个子空间,每个子空间尺寸为 1 m×1 m×1 m。冲击波从爆炸源开始,每一步向外扩展一层子空间,将每个"波前区"子空间再细分为 10 cm×10 cm×10 cm~20 cm×20 cm×20 cm 的计算网格,使得网格精度满足冲击波计算的基本要求,通过依次计算每层子空间集从而实现对波阵面演化的模拟。

③ 为了反应出破坏墙面后冲击波继续传播的特性,需要将结构的每个墙面都与子空间的面重合,即结构节点坐标需要按米取整,在计算时,结构面按照光滑固壁边界条件进行处理。在对波阵面进行模拟后,根据能量法则定性判断该墙面是否被破坏:若墙面被破坏,则冲击波衰减,在下一步扩展过程中传递到相邻的子空间;若墙面没有被破坏,则该波阵面不会向下传递。

④ 在第③条计算中对墙面的破坏仅使用能量法则进行初步估算,可能存在较大误差。为此在对冲击波模拟的同时,提取出模拟为光滑固壁边界条件的结构面上的压强,将它转化为节点力并记录。计算结束后输出含载荷信息的 k 文件,使用 LS-DYNA 进行结构计算。

通过简化,流体区域和结构的模拟分两步完成,并分别进行计算。在施加爆炸冲击载荷后结构的模拟由 LS-DYNA 完成,技术上可行,计算量可接受。其中主要技术难点包括:波阵面演化的计算流体力学格式;墙面的破坏模型;流体的数据信息在不同子空间的传递。

2. 波阵面演化的计算流体力学格式

对空气的模拟求解采用三维欧拉(Euler)方程

$$\frac{\partial U}{\partial t} + \frac{\partial F}{\partial x} + \frac{\partial G}{\partial y} + \frac{\partial H}{\partial z} = 0$$

其中

$$U = \begin{bmatrix} \rho \\ \rho u \\ \rho v \\ \rho w \\ \rho E \end{bmatrix}, F = \begin{bmatrix} \rho u \\ \rho u^2 + p \\ \rho uv \\ \rho uw \\ (\rho E + p)u \end{bmatrix}, G = \begin{bmatrix} \rho v \\ \rho uv \\ \rho v^2 + p \\ \rho vw \\ (\rho E + p)v \end{bmatrix}, H = \begin{bmatrix} \rho w \\ \rho uw \\ \rho vw \\ \rho w^2 + p \\ (\rho E + p)w \end{bmatrix}$$

U 为守恒变量,分别为质量、三个方向的动量和能量;F、G、H 为守恒变量在三个方向的通量。

在空间上,采用中心型的 Rusanov 格式对欧拉方程进行离散:

$$\frac{\partial U}{\partial t} + \frac{\hat{F}_{i+1/2} - \hat{F}_{i-1/2}}{\Delta x} + \frac{\hat{G}_{j+1/2} - \hat{G}_{j-1/2}}{\Delta y} + \frac{\hat{H}_{k+1/2} - \hat{H}_{k-1/2}}{\Delta z} = 0$$

其中

$$\hat{F}_{i+1/2} = \frac{1}{2}(F_i + F_{i+1}) - |\lambda_{max}|_{i+1/2} \varepsilon (U_{i+1} - U_i)$$

$$\hat{G}_{j+1/2} = \frac{1}{2}(G_j + G_{j+1}) - |\lambda_{max}|_{j+1/2}\varepsilon(U_{j+1} - U_j)$$

$$\hat{H}_{k+1/2} = \frac{1}{2}(H_k + H_{k+1}) - |\lambda_{max}|_{k+1/2}\varepsilon(U_{k+1} - U_k)$$

$$|\lambda_{max}|_{i+1/2} = |u| + a$$

$$|\lambda_{max}|_{j+1/2} = |v| + a$$

$$|\lambda_{max}|_{k+1/2} = |w| + a$$

$$\varepsilon = 0.5$$

下标 i、j、k 为空间结构化网格的节点上的通量大小,u、v、w 为三个方向的速度,a 为节点上的流体声速。

在时间方向上采用一阶的迎风格式对欧拉方程进行离散。

所以最终的求解格式为

$$\frac{U^{n+1} - U^n}{\Delta t} + \frac{\hat{F}_{i+1/2} - \hat{F}_{i-1/2}}{\Delta x} + \frac{\hat{G}_{j+1/2} - \hat{G}_{j-1/2}}{\Delta y} + \frac{\hat{H}_{k+1/2} - \hat{H}_{k-1/2}}{\Delta z} = 0$$

该格式具有较强的鲁棒性,能够处理超强间断的问题,对于冲击波刚开始传播时的超高压具有较好的计算稳定性。

3. 边界条件处理

边界条件主要有两种:透射边界条件和光滑固壁边界条件。在求解区域外部布置一层虚拟的求解节点,根据不同的边界条件给虚拟节点赋值不同的物理量。

(1) 透射边界条件

对于透射边界条件,直接将边界节点的物理量映射到虚拟节点即可,即

$$\rho_{ghost} = \rho_{bd}, \rho u_{ghost} = \rho u_{bd}, \rho v_{ghost} = \rho v_{bd}, \rho w_{ghost} = \rho w_{bd}, \rho E_{ghost} = \rho E_{bd}$$

其中,下标 ghost 表示虚拟节点的物理量,下标 bd 表示边界节点的物理量。

(2) 光滑固壁边界条件

对于光滑固壁边界条件,也包括结构面,将沿边界法向的速度映射为零,其余物理量保持不变即可。具体而言,对于 x_{min} 和 x_{max} 处的边界,有

$$\rho_{ghost} = \rho_{bd}, \rho u_{ghost} = 0, \rho v_{ghost} = \rho v_{bd}, \rho w_{ghost} = \rho w_{bd}, \rho E_{ghost} = \rho E_{bd}$$

对于 y_{min} 和 y_{max} 处的边界,有

$$\rho_{ghost} = \rho_{bd}, \rho u_{ghost} = \rho u_{bd}, \rho v_{ghost} = 0, \rho w_{ghost} = \rho w_{bd}, \rho E_{ghost} = \rho E_{bd}$$

对于 z_{min} 和 z_{max} 处的边界,有

$$\rho_{ghost} = \rho_{bd}, \rho u_{ghost} = \rho u_{bd}, \rho v_{ghost} = \rho v_{bd}, \rho w_{ghost} = 0, \rho E_{ghost} = \rho E_{bd}$$

这种边界条件的提法可以准确描述冲击波在求解边界处的反射和透射现象。

4. 波阵面的传播

(1) 子空间的分类与波阵面跟踪算法

按照 $1 m \times 1 m \times 1 m$ 的划分方法将会把整个求解域分解为子空间,由于简化之后的问题只考虑波阵面在子空间内的演化,因此首先要提取需要计算的子空间。按照冲

击波传播的规律,波阵面只会向外扩大,所以每一个子空间只会被波阵面通过一次,为此可以将子空间分为以下 4 种状态:

① 未扰动区:波阵面距离该子空间尚且遥远,暂时完全不用考虑。

② 波前区:波阵面进入该子空间,该子空间将要被计算。

③ 波阵区:已经被计算过的子空间,但是其相邻的子空间尚未被计算。

④ 波后区:已经被计算过的子空间,且其相邻的子空间也已经被计算完毕。

所有区域都将经历由"未扰动区"到"波前区",再到"波阵区",最后到"波后区"的过程。以平面问题为例:

如图 2-1 所示,爆炸物所在的子空间处于"波前区"状态,其余子空间均为"未扰动区"状态;对"波前区"子空间进行计算,计算完毕后,该子空间变为"波阵区"状态,与它相邻的子空间变为"波前区"状态;对所有"波前区"子空间进行计算后它们变成"波阵区"状态,与"波前区"子空间相邻的"未扰动区"子空间变为"波前区"状态,原来的"波阵区"子空间变为"波后区"状态。重复上述过程,各个需要被计算的子空间的状态变更为"波后区"。

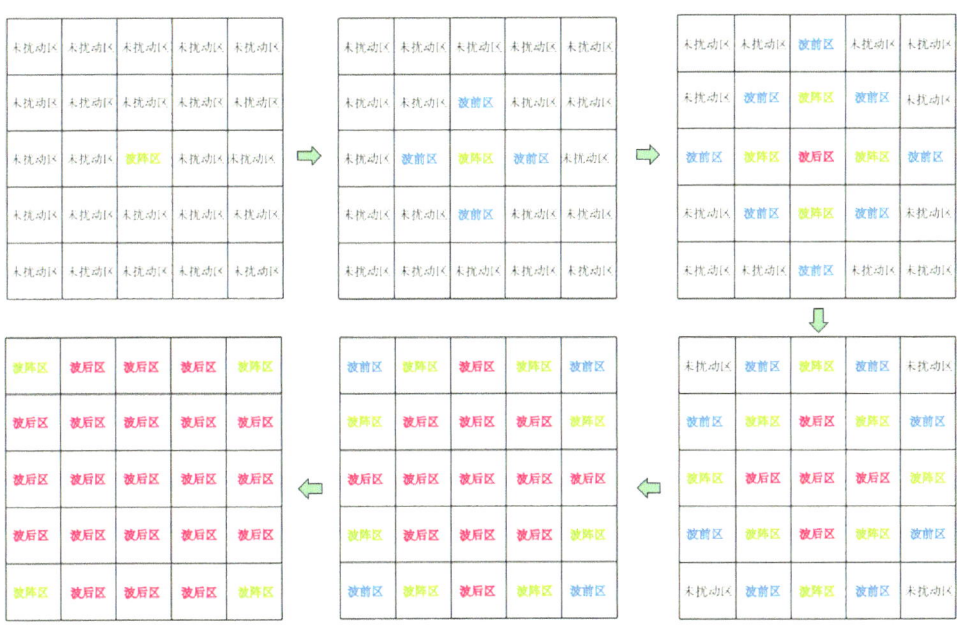

图 2-1　波阵面跟踪算法示意

可以看出,"波后区"子空间的范围在不断扩大,当所有需要被计算的子空间全部变成"波后区"状态后则认为计算结束,完成对空气部分的模拟。

由于"波前区"子空间是一层一层向外扩展的,因此把每一次扩展称为一个循环。在每一个循环内完成对所有当前"波前区"子空间的计算,并更新各个子空间所处的状态使得波阵面能传播出去。

（2）波阵面信息记录与传递

每一个循环内的主要工作在于对所有"波前区"子空间进行计算。由于所有子空间的尺寸均为 1 m×1 m×1 m，因此首先将子空间在空间上进行网格划分，且所有子空间需要按照同样的尺寸进行网格划分。之后在计算网格上按照计算流体力学格式进行求解，得到波阵面在该"波前区"子空间内的演化情况。

各个"波前区"子空间的初始状态为常温常压，即 $p=0.1$ MPa，$\rho=1.225$ kg/m³。波阵面的信息通过子空间边界传送过来，在上一个循环中，"波阵区"子空间已经被计算完毕，得到波阵面在该子空间内的演化过程。为了将这个演化过程传递给与它相邻的"波前区"子空间，需要把图 2-2 中"波阵区"子空间的红色边界上所有节点的物理量演化信息记录下来。

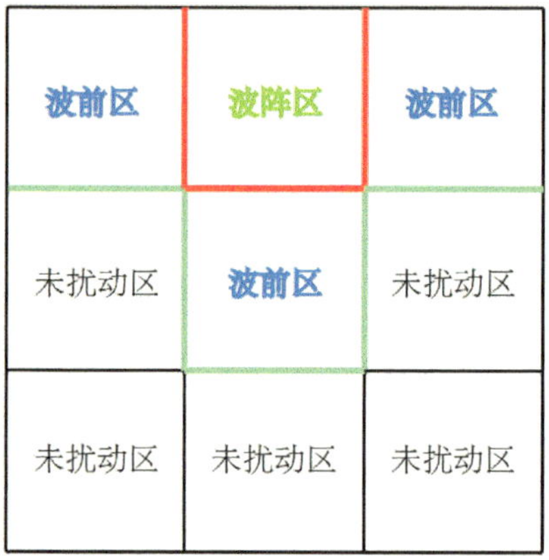

为了避免所有时间步信息记录储存量过大的问题，将"波阵区"子空间的求解时间等分为 100 份，记录其边界所有节点上

图 2-2　波阵面信息记录与传递示意

这 100 个时刻的物理量的值。在计算"波前区"子空间时，这个边界上记录的信息会被传递给该子空间作为一个和时间相关的边界条件进行处理，这样便能够让波阵面的信息在"波前区"子空间内继续传播。由于各个子空间网格划分的方式是一致的，因此"波阵区"子空间和"波前区"子空间的公共边界处的节点是重合的。故可以将在"波阵区"子空间边界上记录的物理量信息直接施加到"波前区"子空间的边界上，"波前区"子空间的边界条件会在下一个循环中变为和时间相关的边界条件，它将会为与它相邻的"未扰动区"子空间（在下一个循环成为"波前区"子空间）提供波阵面的信息，如图 2-2 中的绿色边界部分。

随着冲击波的扩散，波速降低，子空间的计算时间变长，所以当前"波阵区"子空间的时间相关边界条件的时间会小于当前"波前区"子空间的计算时间。后续边界条件将按后一个时间点的数值进行指数衰减。

（3）初始子空间的计算

初始子空间包含炸药，其计算属于求解多介质问题，需采用 LS-DYNA 进行。首先确定房间内的爆炸物的 TNT 当量，之后建立用于计算的 k 文件，将它提交给 LS-DYNA 进行计算后，提取出单元格 6 个边界面上各个节点的密度和压强信息（提取从冲击波传递到边界开始后的 100 个时刻的物理量的值）作为下一个循环中"波前区"子空间的时间相关边界条件。在采用 LS-DYNA 进行爆炸计算时，网格可能被划分得较密，所以此时其边界上的节点位置和相邻的子空间边界上的节点位置不一定一致。为此，在确定初始时间相关边界条件时，首先在 LS-DYNA 上找出与各个边界节点最接近的计算节点，然后将计算节点上的物理量信息赋值给时间相关边界条件。

（4）波阵面强度的衰减

在对每个"波前区"子空间进行计算时,若边界是空气则采用透射边界条件,若边界是墙面则采用光滑固壁边界条件。对于空气边界,波阵面直接穿过该边界传递到相邻的子空间。对于墙面边界,若在冲击波和墙面的相互作用中墙面没有被破坏,则不会有信息传递到相邻的子空间;若墙面被破坏,则冲击波衰减后再传递到相邻的子空间。由于在对空气进行模拟时不会考虑它和结构的整体作用,因此这里只能根据能量守恒定律定性地判断墙面是否被破坏以及冲击波的衰减量。

在冲击波和墙面的相互作用中,设参与相互作用的空气的质量为 m_{air}、密度为 ρ_{air},相互作用之前的压强为 p_0,相互作用结束之后压强衰减为 p_1。由于相互作用的时间非常短,因此参与相互作用的空气的体积来不及发生变化,故作用前后空气的密度保持不变,都为 ρ_{air}。

在相互作用中,能量转化的形式主要是空气的内能转化为墙面的破坏能。若墙面最终被破坏则空气的部分内能会被墙面所吸收,从而导致压强减小。墙面单位体积的破坏能由材料的本构方程决定:

$$e_{break} = \frac{\sigma_y^2}{2E} + \frac{(\sigma_s - \sigma_y)^2}{2E_t}$$

其中,σ_y 为材料在弹性阶段的屈服应力,σ_s 为材料发生破坏时的应力,E 为材料在弹性阶段的弹性模量,E_t 为材料进入塑性阶段后的模量。因此,面积为 S_{wall} 的墙面发生破坏时吸收的能量

$$E_{break} = S_{wall} h_{wall} e_{break}$$

其中,h_{wall} 为墙面的厚度。

对空气而言,由能量守恒定律有

$$m_{air} e_0 - m_{air} e_1 = S_{wall} h_{wall} e_{break}$$

即

$$e_1 = e_0 - \frac{S_{wall} h_{wall} e_{break}}{m_{air}} \qquad (2-1)$$

其中,e_0 为冲击波到达墙面时单位质量空气的内能,e_1 为冲击波破坏墙面后单位质量空气的内能。

为了确定参与相互作用的空气的质量,需要估算出相互作用的时间。由于墙面的破坏是由一个一个的强应力波在墙中传播导致的,因此可以近似地认为相互作用时间是波穿过墙面所用的时间,即

$$t = \frac{h_{wall}}{c_{wall}}$$

其中,$c_{wall} = \sqrt{E/\rho}$,是材料的波速。在冲击波穿过墙面的同时,扰动也会以 c_{air} 在空气中传播,受到扰动的空气则被认为是参与相互作用的空气,故参与相互作用的空气的质量

$$m_{air} = \rho_{air} V_{air} = \rho_{air} c_{air} t S_{wall} = \frac{\rho_{air} c_{air} S_{wall} h_{wall}}{c_{wall}} \qquad (2-2)$$

将式（2-2）带入内能衰减的表达式（2-1）中得

$$e_1 = e_0 - \frac{S_{wall} h_{wall} e_{break}}{\rho_{air} c_{air} \dfrac{h_{wall}}{c_{wall}} S_{wall}} = \frac{e_{break} c_{wall}}{\rho_{air} c_{air}}$$

一般情况下,固体中的声速会远远大于气体中的声速,而且墙面也相对较薄,所以在相互作用过程中扰动不容易穿过一个计算网格。而在子空间传递边界物理量信息时传递的是边界网格内的物理量信息,所以需要把边界网格内参与相互作用的空气和没参与相互作用的空气的内能按体积额进行平均后再传递给相邻的子空间,即

$$e_{final} = \frac{(l - l_{react}) e_0 + l_{react} e_1}{l}$$

其中,$l_{react} = tc_{air} = h_{wall} c_{air}/c_{wall}$,为相互作用过程中扰动在空气中传递的距离;$l$ 为计算网格的尺寸。在得到 e_{final} 后,若 $e_{final} < 0$,则说明冲击波提供的能量不足以使墙面发生破坏,所以墙面保持不变,物理量信息不用传递给相邻的子空间;若 $e_{final} > 0$,则说明冲击波提供的能量能够使墙面发生破坏,边界上的物理量需要经过衰减后传递给相邻的子空间。对密度而言,相互作用前后密度保持不变,所以密度不用衰减;对 3 个方向的速度而言,在相互作用中先假设了墙面是固壁,所以 3 个方向的速度都重置为零;对能量而言,由于经过了破坏墙面的吸能过程,因此内能由 e_0 衰减为 e_{final}。

(5) 结构载荷的施加

当"波前区"子空间的边界是墙面时,需要确定当它和冲击波相互作用时墙面所受到的载荷。由于子空间边界节点与结构网格节点同样不一定完全匹配,因此与之前一样,首先确定与结构网格节点最接近的一个子空间边界节点,然后便认为该结构网格节点在此时刻受到的压强即为最接近的子空间边界节点的压强。最后将结构受到的压强减去标准大气压后乘以结构网格的面积便得到结构网格节点在该时刻的节点力。

在对冲击波传播进行模拟的整个过程中,所有的结构墙面都会被遍历一次,当冲击波模拟计算结束后,便得到了冲击波与结构相互作用的载荷,将它提交给 LS-DYNA 进行计算即可得到最终的结构响应。

5. 算法的程序实现

利用 FORTRAN90 语言编写的实现计算程序,具备读入数据、计算、输出监测点压强、整个空间的最大压强分布,估算墙体破坏程度等功能,同时可生成含载荷信息的 k 文件,用于后续使用 LS-DYNA 程序计算结构的响应。下面按照子程序的调用顺序对各个子程序进行简单说明。

(1) 主程序 main() 流程和说明

1) get_blocks_from_geoinput()

从 geo_input.txt 文件中读入每个子空间的信息,包括子空间的对角坐标、每个面的属性(包括墙面材料、厚度等信息)。另外,还会从 mat.txt 文件中读入各个材料参数,得到材料声速和单位体积破坏能。

2) get_checkpoints()

读入需要输出压强的观测点。

3) allocate_variables()

分配每个子空间在计算冲击波演化时所需要的内存,因为每个时刻只有一个"波前区"子空间在进行计算,所以这部分内存只需分配一次即可。

4) input_structure_nodes_data()

从 building_ready.k 文件中读入结构网格,主要是壳单元和梁单元的节点信息。

5) open_air()

从 air.txt 文件中读入采用 LS-DYNA 模拟初始子空间爆炸时所采用的网格。

6) input_his()

从 density.txt 和 pressure.txt 文件中读入用 LS-DYNA 模拟得到的边界处密度和压强的演化信息。

7) set_initial_block()

分配初始的 6 个时间相关边界条件的内存并根据 LS-DYNA 的结果得到这些时间相关边界条件的具体信息。

8) get_prepare(n_block)

根据当前循环结束后的各个子空间状态确定下一个循环中各个子空间的状态,并返回下一个循环中有多少个"波前区"子空间等待被计算。

9) advance_face()

将上一个循环中的透射边界条件及经过衰减后的光滑固壁边界条件中的物理量演化信息赋值给这一个循环中的时间相关边界条件,之后释放掉上一个循环中时间相关边界条件所用的内存。

10) get_active_face()

根据这个循环中的"波前区"子空间确定出需要储存演化过程的边界面并分配它所需要的内存。这些边界面上的信息之后会作为时间相关边界条件传递给下一个循环。

11) change_to_saturate()

将上一个循环中的"波阵区"子空间转化为"波后区"子空间。

12) get_b_d(i,j,k,b_d)

确定第 i,j,k 子空间的各个面上的边界条件类型(透射边界条件、光滑固壁边界条件或时间相关边界条件)并将它们储存在 b_d 中。

13) block_computation(i,j,k,b_d)

根据 b_d 中的边界条件类型对子空间进行计算。

14) break()

对于墙面边界,根据衰减模型对冲击波进行衰减。

15) get_begin_time()

确定下一个循环中各个时间相关边界条件的起始时间。

16) change_to_front()

把这个循环中的"波前区"子空间变更为"波阵区"子空间。

17) is_saturate(saturated)

判断所有子空间的状态是否均已经变为"波后区",并将它们储存在 saturated 中。

（2）单元格程序 block_computation（）流程和说明

block_computation（）程序主要负责对各个子空间进行计算,将调用以下子程序:

1) get_evolution_time(b_d,i_b,j_b,k_b)

确定完成冲击波演化模拟所需要的物理时间。

2) set_time(i_b,j_b,k_b,time_begin,time_end)

确定冲击波演化模拟的起始时间以及终止时间。

3) get_mesh(x_min,y_min,z_min,x_max,y_max,z_max)

根据"波前区"子空间的对角坐标生成其计算网格。

4) get_initial()

给定计算网格上节点的初始常温常压状态。

5) get_boundary(b_d,currenttime)

根据子空间各个边界条件的类型(包括透射边界条件、光滑固壁边界条件以及时间相关边界条件)确定出当前时刻各个边界上的物理量信息。

6) time_step(dt)

计算时间步长。

7) save_boundary(i_b,j_b,k_b,currenttime,dt,n_occupy,is_occupy,time_list)

储存透射和光滑固壁边界面上的物理量信息。

8) lax_fx(i,j,k)

计算网格节点上 x 方向的通量。

9) lax_fy(i,j,k)

计算网格节点上 y 方向的通量。

10) lax_fz(i,j,k)

计算网格节点上 z 方向的通量。

11) out_put(i_b,j_b,k_b)

在完成对子空间的计算后将其边界上的载荷信息输出到结构 k 文件中。

6. 算法验证

（1）冲击波超压验证

要验证计算结果的正确性,一般是与试验结果进行对比,但是实物试验需要耗费大量经费,难以实现。考虑到目前使用的撒道夫斯基经验公式是经过大量试验验证的,具有较高的可信度,可以作为检验和修正的依据,因此,设计空场爆炸的算例,选取 4 kg（1 个卫星）、13 kg（1 个卫星的加注罐 S）、75 kg（1 个上面级 A 的加注罐 A）、138 kg（2 个卫星＋1 个上面级 A）和 276 kg（2 个卫星＋1 个上面级 A）等典型 TNT 当量,通过单向耦合和波阵面跟踪算法得到比例距离为 1～15 的超压值,与撒道夫斯基经验公式计算值进行对比,如表 2-9～表 2-13 所列。

表 2 – 9 4 kgTNT 爆炸的算法计算结果与经验公式计算值的对比

距离/m	比例距离/ （m · kg$^{-1/3}$）	冲击波超压/Pa		误差倍率/%
		经验公式	算　法	
3	1.889 88	207 906	82 000	254
5	3.149 80	70 631	55 000	128
10	6.299 61	21 090	35 000	60
15	9.449 41	11 669	19 000	61
20	12.599 20	7 964	8 000	100

表 2 – 10 13 kgTNT 爆炸的算法计算结果与经验公式计算值的对比

距离/m	比例距离/ （m · kg$^{-1/3}$）	冲击波超压/Pa		误差倍率/%
		经验公式	算　法	
3	1.275 870	529 179	106 000	499
5	2.120 145	159 734	72 300	221
10	4.252 900	40 419	47 600	85
15	6.379 360	20 683	31 400	66
20	8.505 810	13 516	18 300	74
25	10.632 300	9 945	10 000	99
30	12.758 700	7 836	5 700	137
35	14.885 200	6 454	3 600	179

表 2 – 11 75 kgTNT 爆炸的算法计算结果与经验公式计算值的对比

距离/m	比例距离/ （m · kg$^{-1/3}$）	冲击波超压/Pa		误差倍率/%
		经验公式	算　法	
5	1.185 630	635 502	184 000	345
10	2.371 201	126 105	120 100	105
15	3.556 890	55 967	79 500	70
20	4.742 520	33 457	65 700	51
25	5.928 160	23 196	54 500	43
30	7.113 790	17 528	42 200	42

距离/m	比例距离/ (m·kg$^{-1/3}$)	冲击波超压/Pa		误差倍率/%
		经验公式	算 法	
35	8.299 420	13 996	30 300	46
40	9.485 050	11 609	19 900	58
45	10.670 700	9 897	12 300	80
50	11.856 300	8 614	7 700	112
55	13.041 900	7 620	5 100	149
60	14.227 600	6 827	3 700	185

表 2 - 12　138 kgTNT 爆炸的算法计算结果与经验公式计算值的对比

距离/m	比例距离/ (m·kg$^{-1/3}$)	冲击波超压/Pa		误差倍率/%
		经验公式	算 法	
10	1.935 120	197 071	190 000	104
15	2.902 670	83 026	116 000	72
20	3.870 230	47 874	68 000	70
25	4.837 790	32 346	59 000	55
30	5.805 350	23 980	52 000	46
35	6.772 910	18 872	44 000	43
40	7.740 460	15 476	34 000	46
45	8.708 020	13 075	25 000	52
50	9.675 580	11 296	17 000	66
55	10.643 100	9 931	11 000	90
60	11.610 700	8 853	7 000	126
65	12.578 300	7 981	5 000	160
70	13.545 800	7 262	4 000	182

表 2 – 13　276 kgTNT 爆炸的算法计算结果与经验公式计算值的对比

距离/m	比例距离/ (m·kg$^{-1/3}$)	冲击波超压/Pa		误差倍率/%
		经验公式	算　法	
10	1.535 900	336 979	634 000	53
15	2.303 850	134 187	415 000	32
20	3.071 800	74 190	284 000	26
25	3.839 760	48 570	187 000	26
30	4.607 710	35 149	116 000	30
35	5.375 660	27 146	72 000	38
40	6.143 610	21 930	65 000	34
45	6.911 560	18 303	58 000	32
50	7.679 510	15 656	51 000	31
55	8.447 460	13 440	42 000	32
60	9.215 410	12 080	32 000	38
65	9.983 370	10 824	23 000	47
70	10.751 300	9 798	16 000	61
75	11.519 300	8 945	10 000	89
80	12.287 200	8 225	7 000	118
85	13.055 200	7 610	5 000	152
90	13.823 100	7 079	4 000	118

　　虽然算法计算得出的超压值与经验公式计算值存在一定的误差,但是能够确保在主要分析区域的超压值(0.009～0.076 MPa)与经验公式计算值相近,且均大于经验公式计算值,因此它可以用于计算。

(2)破坏模型验证

　　为了验证墙体破坏情况,建立 3 m×3 m×3 m 的封闭空间,在内部布置混凝土墙体,在中心位置放置 4 kgTNT,计算爆炸后的结构破坏情况。分别使用 LS – DYNA 的流固耦合算法和自研单向耦合算法进行计算,计算结果如图 2 – 3 所示,二者具有较好的吻合度。

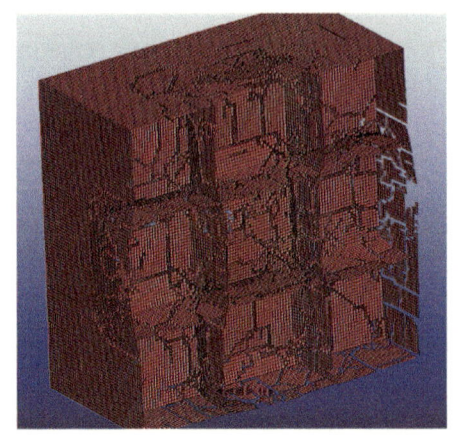

图 2 - 3   3 m×3 m×3 m 混凝土结构的计算验证

2.3.3　数据分析方法

对于室内爆炸算例,主要关注建筑的破损情况以及测试间、加注控制间、加注设备间等有人员停留的重点房间内的超压范围。对于每一种计算工况,分析步骤如下:

① 通过自研的单向耦合和波阵面跟踪算法,预估建筑墙体的破坏情况。

② 分析建筑内冲击波超压的分布范围,重点关注人员伤亡情况和建筑破坏阈值。根据《爆炸基本原理》,当冲击波超压低于 0.01 MPa 时,人员基本无损伤;当冲击波超压超过 0.075 MPa 时,人员死亡;当冲击超压在二者之间时,人员的损伤程度分为轻伤、中伤和重伤 3 个等级。根据《爆破安全规程》(GB 6722—2014),当冲击波超压低于 0.009 MPa 时,建筑次轻度破坏,墙体基本无损;当冲击波超压超过 0.076 MPa 时,建筑完全破坏;当冲击波超压在二者之间时,建筑的破坏程序分为轻度破坏、中等破坏、次严重破坏和严重破坏 4 个等级。因此,应对冲击波超压在 0.009～0.076 MPa 的区域进行重点研究。

③ 分析在 LS - DYNA 有限元计算软件中对建筑施加爆炸载荷后的计算结果,重点分析墙体的破坏情况。与第①步的计算结果进行比对,从而修正第②步中的冲击波超压分布范围。

④ 给出建筑破坏和人员安全分析以及防护建议。

2.4　爆炸事故仿真分析

2.4.1　01♯场区 11♯建筑内的爆炸仿真分析

1. 工况 1——(加注厅)1 个卫星(4 kgTNT 当量)

(1) 建筑破坏区域预估

根据单向耦合和波阵面跟踪算法的计算结果,4 kgTNT 在加注工位爆炸后,将造成加注厅泄压墙破坏,与各测试间相邻的墙体均保持完整,如图2-4所示。

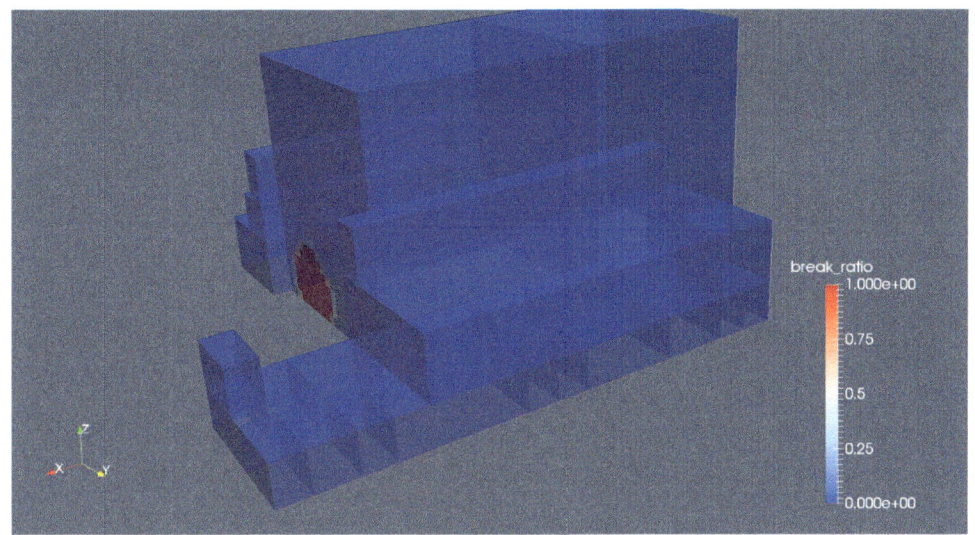

图2-4 01♯场区11♯建筑的加注厅内1个卫星爆炸时的破坏区域预估

(2)冲击波超压分析

冲击波的扩散范围为整个加注厅,选取超压在0.009 MPa(人员受伤,建筑轻度破坏)～0.076 MPa(人员死亡,建筑完全破坏)的区域作为重点分析区域。从图2-5中可以看出,除了对角的部分区域外,整个加注厅内其他区域的超压都会达到0.009 MPa。如果考虑冲击波反射等作用,则冲击波超压分布范围会遍布整个大厅。

危险区域的中心压力和人员伤害风险如表2-14所列。

表2-14 01♯场区11♯建筑的加注厅内1个卫星爆炸时的危险区域分析

序 号	危险区域	中心压力/MPa	人员伤害风险	
			致死范围	致伤范围(含致死)
1	加注厅	0.129	爆心周边半径约2 m	整个大厅(考虑反射)
2	室外	—	无	爆心对应的泄压墙外约10 m×12 m

(3)建筑结构破坏分析

将施加爆炸载荷后的计算文件提交给LS-DYNA进行计算,并将结果与预估的破坏区域进行对比(LS-DYNA在计算时会删除破坏的单元)。从图2-6中可以看出,加注厅东侧的泄压墙被破坏,其余墙体未见损伤。

(4)安全分析与防护建议

1)安全分析

4 kgTNT当量的卫星在11♯建筑的加注厅发生爆炸后,将会造成泄压墙破坏。加注厅内部和泄压墙外侧的人员有受伤风险,卫星工位附近区域的人员有死亡风险。

2)防护建议

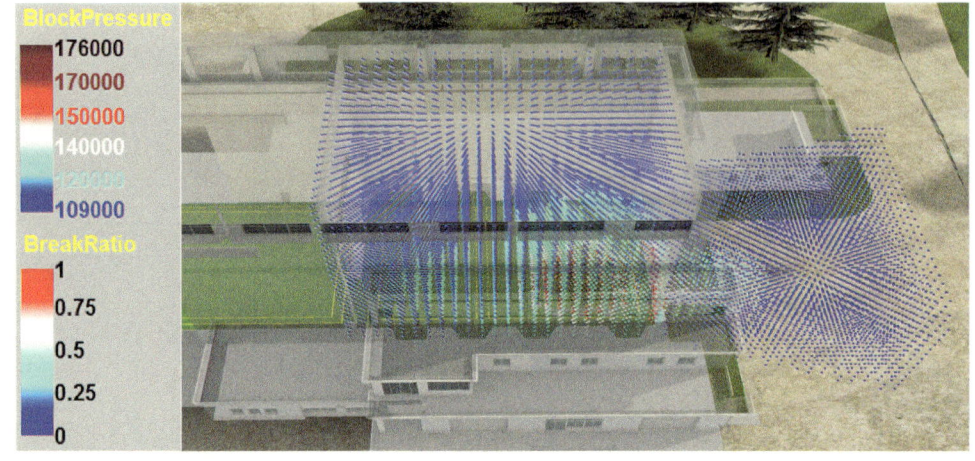

(a) 侧视图

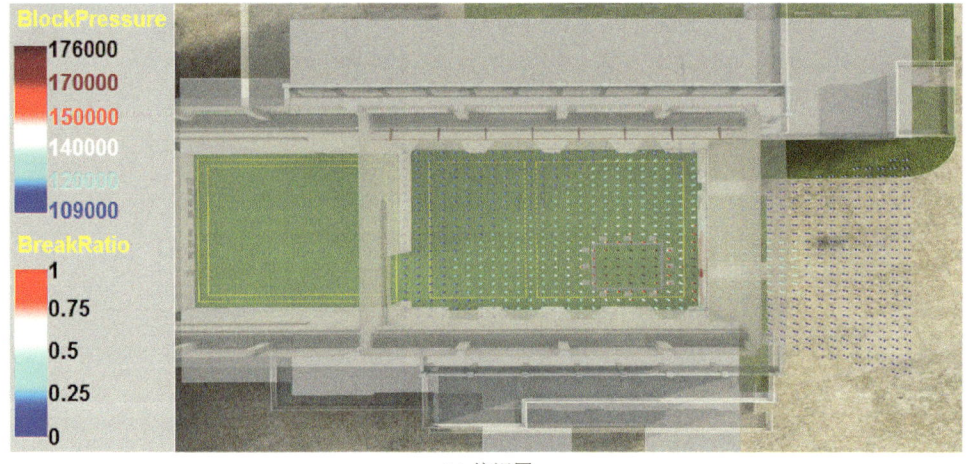

(b) 俯视图

图 2 - 5 01#场区 11#建筑的加注厅内 1 个卫星爆炸时的冲击波超压分布

加注厅内人员全部撤离,泄压墙外侧 12 m 范围内禁止人员和车辆进入。

2. 工况 2——(燃烧剂加注设备间)1 个加注罐 S(13 kgTNT 当量)

(1) 建筑破坏区域预估

根据单向耦合和波阵面跟踪算法的计算结果,13 kgTNT 在燃烧剂加注设备间爆炸将会造成燃烧剂加注设备间四周墙体和屋面的破坏,同时还会破坏加注控制间与氧化剂加注设备间之间的墙壁,如图 2 - 7 所示。

(2) 冲击波超压分析

冲击波从燃烧剂加注设备间扩展到加注厅、加注控制间、氧化剂加注设备间和二层的调机房,选取超压在 0.009 MPa(人员受伤,建筑轻度破坏)~0.076 MPa(人员死亡,建筑完全破坏)的区域作为重点分析区域。从图 2 - 8 中可以看出,整个燃烧剂加注设备间、加注控制间以及加注厅的局部都会受到冲击波的影响。

图 2 - 6 01♯场区 11♯建筑的加注厅内 1 个卫星爆炸时的结构破坏情况

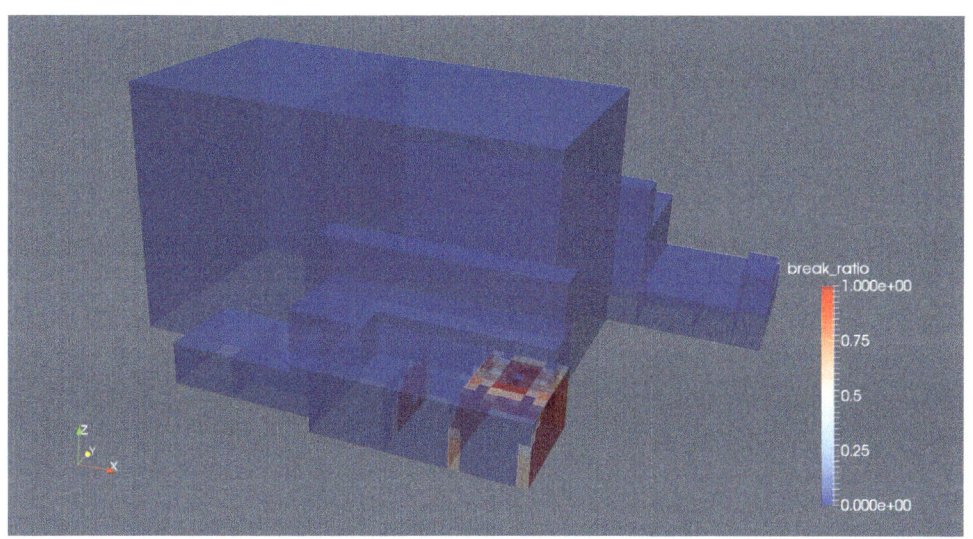

图 2 - 7 01♯场区 11♯建筑的燃烧剂加注设备间内 1 个加注罐 S 爆炸时的破坏区域预估

危险区域的中心压力和人员伤害风险如表 2 - 15 所列。

表 2 - 15 01♯场区 11♯建筑的燃烧剂加注设备间内 1 个加注罐 S 爆炸时的危险区域分析

序 号	危险区域	中心压力 /MPa	人员伤害风险	
			致死范围	致伤范围(含致死)
1	加注厅	0.115	无	靠近燃烧剂加注设备间约 6 m×15 m
2	氧化剂加注设备间	0.138	无	整个房间

序 号	危险区域	中心压力/MPa	人员伤害风险	
			致死范围	致伤范围(含致死)
3	加注控制间	0.166	靠近燃烧剂加注设备间约 1 m	整个房间
4	燃烧剂加注设备间	＞0.176	整个房间(考虑反射)	整个房间
5	室外	—	靠近燃烧剂加注设备间约 1 m	燃烧剂加注设备间外侧 15 m×15 m

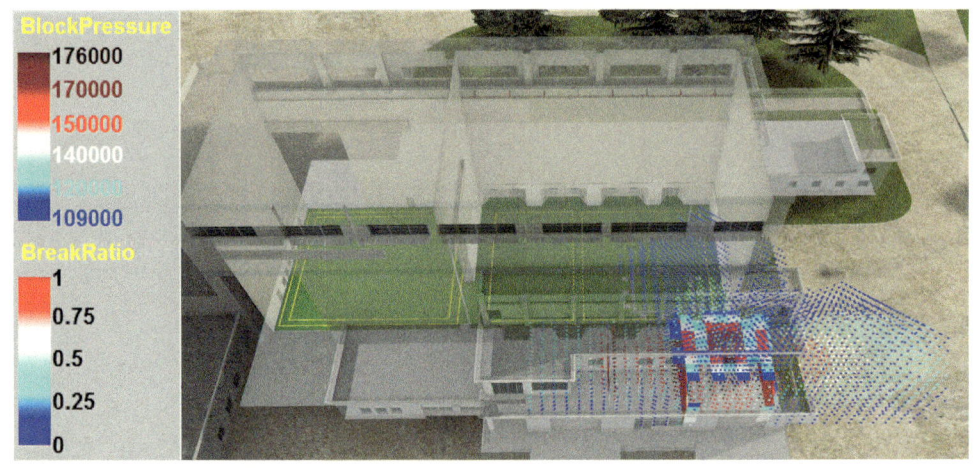

(a) 侧视图

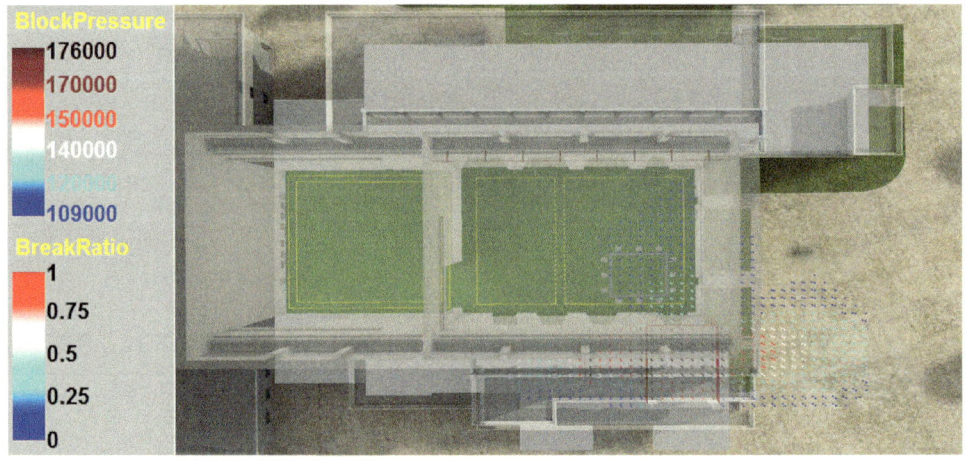

(b) 俯视图

图 2 - 8   01♯场区 11♯建筑的燃烧剂加注设备间内 1 个加注罐 S 爆炸时的冲击波超压分布

(3) 建筑结构破坏分析

将施加爆炸载荷后的计算文件提交给 LS-DYNA 进行计算,并将结果与预估的破坏区域进行对比(LS-DYNA 在计算时会删除破坏的单元)。从图 2-9 中可以看出,燃烧剂加注设备间的两面外墙以及与加注控制间相邻的墙体均被破坏,其中外侧墙体破坏较为严重。

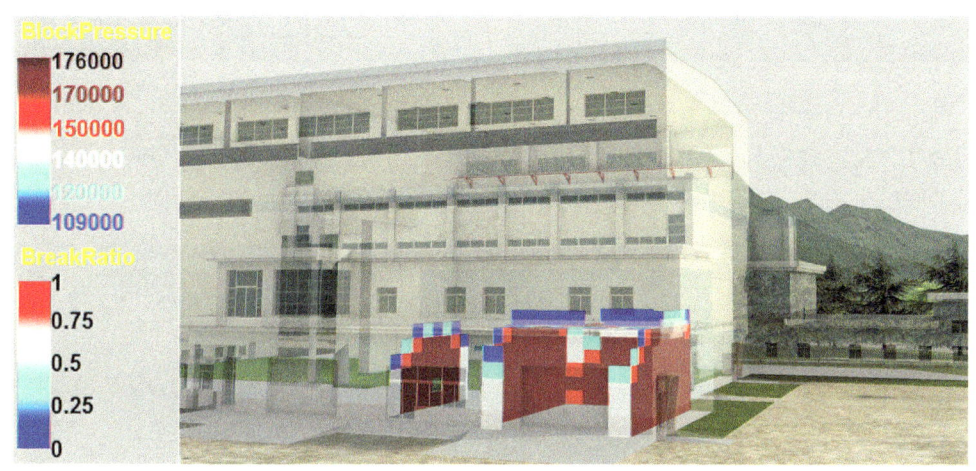

图 2-9 01#场区 11#建筑的燃烧剂加注设备间内 1 个加注罐 S 爆炸时的结构破坏情况

(4) 安全分析与防护建议

1) 安全分析

13 kgTNT 当量的加注罐 S 在 11#建筑的燃烧剂加注设备间发生爆炸后,将会造成燃烧剂加注设备间的两面外墙以及与加注控制间相邻的墙体破坏。因此,燃烧剂加注设备间、加注控制间、氧化剂加注设备间、加注厅的人员以及燃烧剂加注设备间外侧区域的人员均有受伤风险,燃烧剂加注设备间的全部区域、加注控制间的局部区域以及燃烧剂加注设备间外侧部分区域的人员有死亡风险。

2) 防护建议

燃烧剂加注设备间内人员全部撤离,室外 15 m 范围内禁止人员和车辆进入。减少加注罐 S 内的燃料量,加注罐 S 宜尽量远离加注控制间和加注厅放置。严格限制加注控制间和燃烧剂加注设备间内工作人员数量,在危险情况下迅速向建筑西侧远离危险源的方向疏散人员。

3. 工况 3——(加注厅)2 个卫星和 1 个上面级 A(138 kgTNT 当量)

(1) 建筑破坏区域预估

根据单向耦合和波阵面跟踪算法的计算结果,138 kgTNT 在加注厅爆炸将会造成 11#建筑较大程度的破坏,加注厅、转载厅以及南北侧大部分附属房间的墙体均会被破坏,如图 2-10 所示。

(2) 冲击波超压分析

选取超压在 0.009 MPa(人员受伤,建筑轻度破坏)~0.076 MPa(人员死亡,建筑

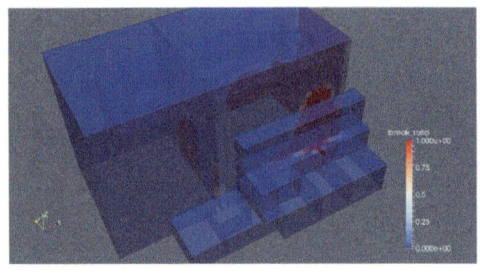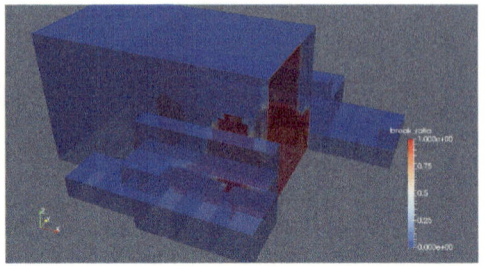

图 2 - 10　01♯场区 11♯建筑的加注厅内 2 个卫星和 1 个上面级 A 爆炸时的破坏区域预估

完全破坏)的区域作为重点分析区域。从图 2 - 11 中可以看出,整个加注厅、两个加注设备间、加注控制间、加注设备间对面的测试间均会受到较强的冲击波作用。

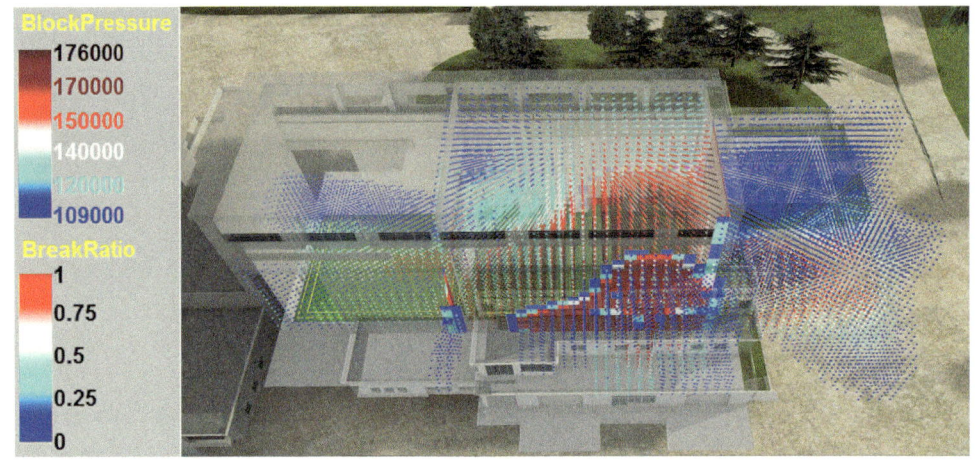

(a) 侧视图

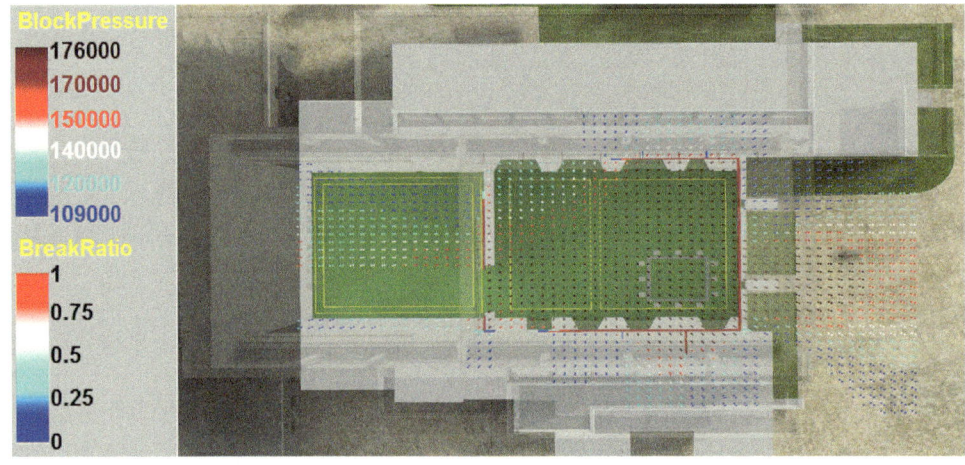

(b) 俯视图

图 2 - 11　01♯场区 11♯建筑的加注厅内 2 个卫星和 1 个上面级 A 爆炸时的冲击波超压分布

危险区域的中心压力和人员伤害风险如表 2 - 16 所列。

表 2 - 16　01♯场区 11♯建筑的加注厅内 2 个卫星和上面级 A 爆炸时的危险区域分析

序　号	危险区域	中心压力 /MPa	人员伤害风险	
			致死范围	致伤范围（含致死）
1	加注厅	＞0.176	整个大厅（考虑反射）	整个大厅
2	装配设备间	0.115	无	靠近东侧墙约 4 m
3	（加注后）测试间	0.132	无	整个房间
4	卫星电源间	0.120	无	整个房间
5	转载厅	0.144	靠近加注厅的大门约 2 m（转载厅与加注厅间的防爆门会脱离）	除距北侧墙约 4 m 外的整个房间（转载厅与加注厅间的防爆门会脱离）
6	氧化剂加注设备间	0.111	无	靠近加注厅约 4 m
7	加注控制间	0.175	靠近加注厅约 3 m	整个房间
8	燃烧剂加注设备间	0.152	靠近加注厅约 3 m	整个房间
9	室外	—	加注厅泄压墙外侧 12 m×10 m	加注厅泄压墙外侧 30 m×30 m

（3）建筑结构破坏分析

将施加爆炸载荷后的计算文件提交给 LS - DYNA 进行计算，并将结果与预估的破坏区域进行对比（LS - DYNA 在计算时会删除破坏的单元）。从图 2 - 12 中可以看出，加注厅东侧泄压墙的破坏非常严重，加注厅与两个加注设备间及加注控制间之间的墙体也出现破损，与转载厅之间的墙体也被局部破坏。

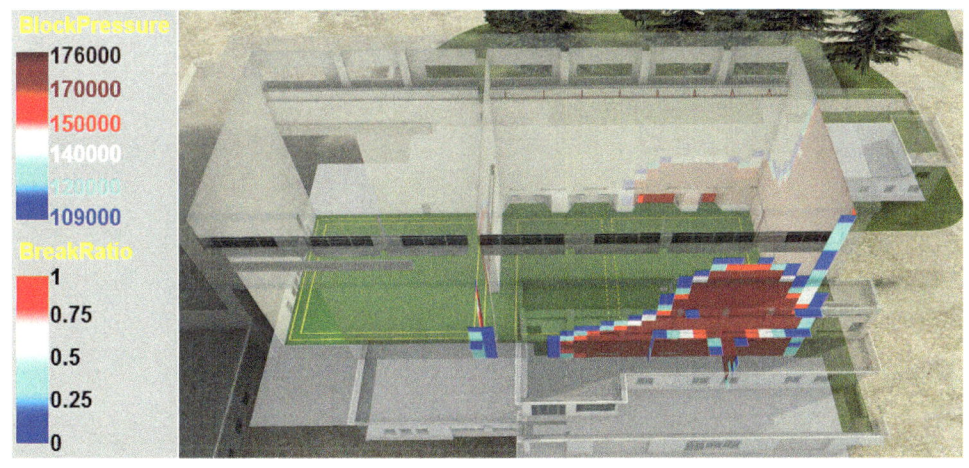

图 2 - 12　01♯场区 11♯建筑的加注厅内 2 个卫星和 1 个上面级 A 爆炸时的结构破坏情况

（4）安全分析与防护建议

1）安全分析

138 kgTNT 当量的 2 个卫星和 1 个上面级 A 在 11♯建筑的加注厅发生爆炸后，将会造成加注厅泄压墙以及加注厅与燃烧剂加注设备间、加注控制间、氧化剂加注设备间、转载厅相邻的墙体破坏。因此，加注厅、燃烧剂加注设备间、加注控制间、氧化剂加注设备间、转载厅、卫星电源间、测试间、装配设备间以及加注厅泄压墙外侧区域的人员均有受伤风险；加注厅的全部区域，燃烧剂加注设备间、加注控制间、转载厅的局部区域以及加注厅，泄压墙外侧部分区域的人员有死亡风险。

2）防护建议

严格控制建筑内人员数量，无关人员全部撤离。转载厅内不得停放贵重物品或危险品。加注厅泄压墙外侧 30 m 范围内禁止人员和车辆进入。加注厅内人员全部撤离，严格控制燃烧剂加注设备间和加注控制间内的人员数量，人员尽量在远离加注厅一侧工作。在危险情况下迅速向建筑南侧远离危险源的方向疏散人员。

4．工况 4——（燃烧剂加注设备间）1 个加注罐 A（75 kgTNT 当量）

（1）建筑破坏区域预估

根据单向耦合和波阵面跟踪算法的计算结果，75 kgTNT 在燃烧剂加注设备间爆炸将会造成 11♯建筑的燃烧剂加注设备间四周墙体和屋面的严重破坏，还会导致加注控制间、氧化剂加注设备间墙面和屋顶的破坏，加注厅泄压墙也会被破坏，如图 2 - 13 所示。

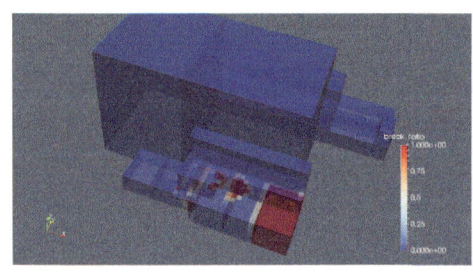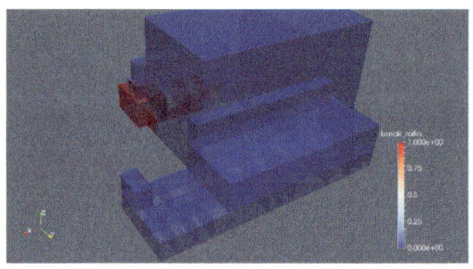

图 2 - 13　01♯场区 11♯建筑的燃烧剂加注设备间内 1 个加注罐 A 爆炸时的破坏区域预估

（2）冲击波超压分析

冲击波从燃烧剂加注设备间扩展到加注控制间、氧化剂加注设备间、加注厅等房间，选取超压在 0.009 MPa（人员受伤，建筑轻度破坏）～0.076 MPa（人员死亡，建筑完全破坏）的区域作为重点分析区域。从图 2 - 14 中可以看出，整个燃烧剂加注设备间及与它相邻的加注控制间、氧化剂加注设备间、西侧走廊和消防设备间、配气间、加注厅的东侧都会受到冲击波的影响。

危险区域的中心压力和人员伤害风险如表 2 - 17 所列。

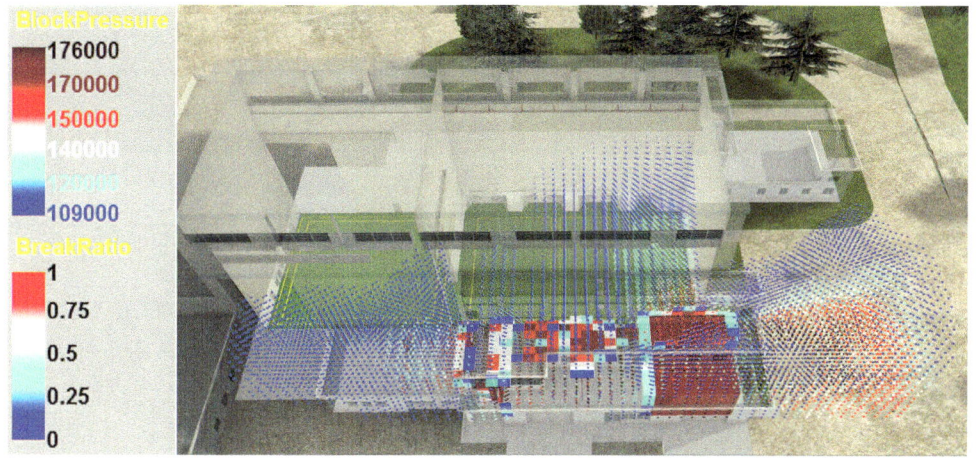

(a) 侧视图

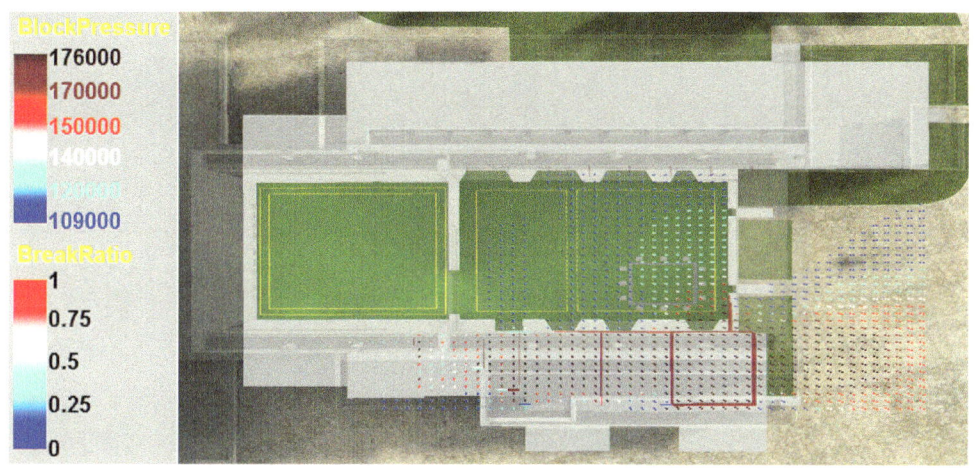

(b) 俯视图

图 2 - 14 01♯场区 11♯建筑的燃烧剂加注设备间内 1 个加注罐 A 爆炸时的冲击波超压分布

表 2 - 17 01♯场区 11♯建筑的燃烧剂加注设备间内 1 个加注罐 A 爆炸时的危险区域分析

序 号	危险区域	中心压力 /MPa	人员伤害风险	
			致死范围	致伤范围(含致死)
1	加注厅	0.108	靠近燃烧剂加注设备间约 2 m×6 m	靠近泄压墙约 12 m
2	氧化剂加注设备间	＞0.176	靠近燃烧剂加注设备间约 6 m	整个房间
3	加注控制间	＞0.176	东侧 1 m 角落	整个房间
4	燃烧剂加注设备间	＞0.176	整个房间	整个房间
5	消防设备间	约 0.150	无	整个房间

续表 2 - 17

序　号	危险区域	中心压力/MPa	人员伤害风险	
			致死范围	致伤范围(含致死)
6	配气间	<0.109	无	靠近转载厅 2 m×8 m
7	室外	—	燃烧剂加注设备间外侧 10 m×10 m	燃烧剂加注设备间外侧 40 m×25 m

(3) 建筑结构破坏分析

将施加爆炸载荷后的计算文件提交给 LS - DYNA 进行计算,并将结果与预估的破坏区域进行对比(LS - DYNA 在计算时会删除破坏的单元)。从图 2 - 15 中可以看出,燃烧剂加注设备间的两面外墙、与加注控制间相邻的墙体以及屋顶均被破坏,而且冲击波还能继续传播,破坏加注控制间与氧化剂加注设备间之间的墙体。

图 2 - 15　01#场区 11#建筑的燃烧剂加注设备间内 1 个加注罐 A 爆炸时的结构破坏情况

(4) 安全分析与防护建议

1) 安全分析

75 kgTNT 当量的加注罐 A 在 11#建筑的燃烧剂加注设备间发生爆炸后,将会造成燃烧剂加注设备间的两面外墙以及与加注控制间相邻的墙体破坏,同时加注控制间与氧化剂加注设备间之间的墙体也会被破坏。因此,燃烧剂加注设备间、加注控制间、氧化剂加注设备间、消防设备间、加注厅、配气间及燃烧剂加注设备间外侧区域的人员均有受伤风险;由于冲击波能量较大,上述大部分区域的人员存在较大的死亡风险。

2) 防护建议

严格控制建筑内人员数量,无关人员全部撤离。加注厅内的卫星等贵重物品应放置在远离燃烧剂加注设备间的位置。燃烧剂加注设备间外侧 40 m×25 m 范围内禁止人员和车辆进入。减少加注罐 A 内的燃料量,加注罐 A 宜尽量远离加注控制间放置。严格限制加注控制间和加注设备间内工作人员数量,在危险情况下迅速向建筑西侧远离危险源的方向疏散人员。

2.4.2　01♯场区 13♯建筑内的爆炸仿真分析

工况——2 个卫星和 1 个上面级 A(276 kgTNT 当量)

(1) 建筑破坏区域预估

根据单向耦合和波阵面跟踪算法的计算结果,276 kgTNT 在 13♯建筑内爆炸将会造成 13♯建筑六层以上部分的破坏,其中,第十层的测试间也会受到较大影响,如图 2-16 所示。

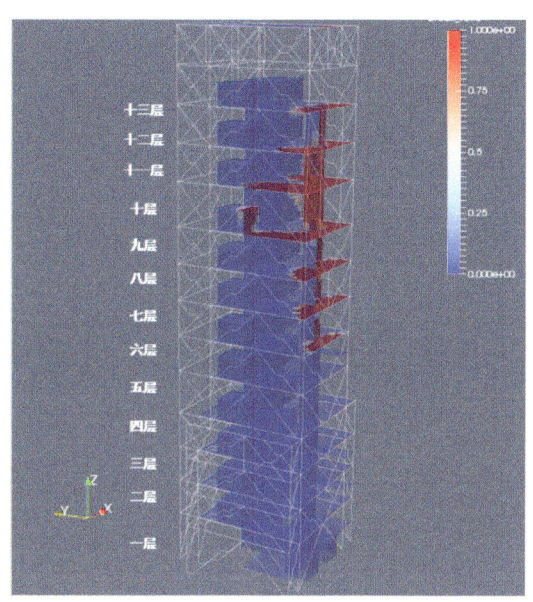

图 2-16　01♯场区 13♯建筑内 2 个卫星和 1 个上面级 A 爆炸时的破坏区域预估

(2) 冲击波超压分析

冲击波从卫星位置向周边传播,选取超压在 0.009 MPa(人员受伤,建筑轻度破坏)～0.076 MPa(人员死亡,建筑完全破坏)的区域作为重点分析区域。从图 2-17 中可以看出,整个 13♯建筑靠近火箭的部分基本会受到冲击波的影响,第十层和十一层整层都会布满冲击波。

危险区域的中心压力和人员伤害风险如表 2-18 所列。

表 2-18　01♯场区 13♯建筑内 2 个卫星和 1 个上面级 A 爆炸时的危险区域分析

序　号	危险区域	中心压力 /MPa	人员伤害风险	
			致死范围	致伤范围(含致死)
1	十层测试间	约 0.12	无	整个房间
2	室外	—	无	以火箭为圆心、地面半径为 20 m 范围内(依据经验公式计算)

(a) 九层剖面俯视图

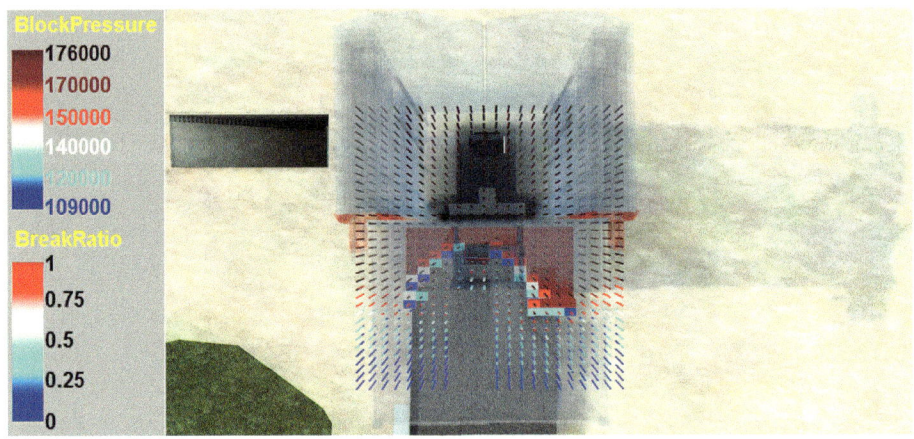

(b) 十层剖面俯视图

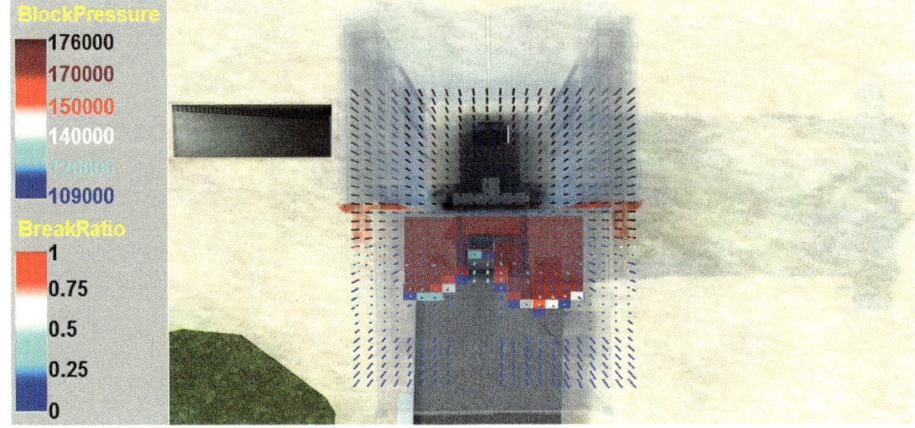

(c) 十一层剖面俯视图

图 2-17 01#场区 13#建筑内 2 个卫星和 1 个上面级 A 爆炸时的冲击波压力分布

(d) 13#建筑正视图

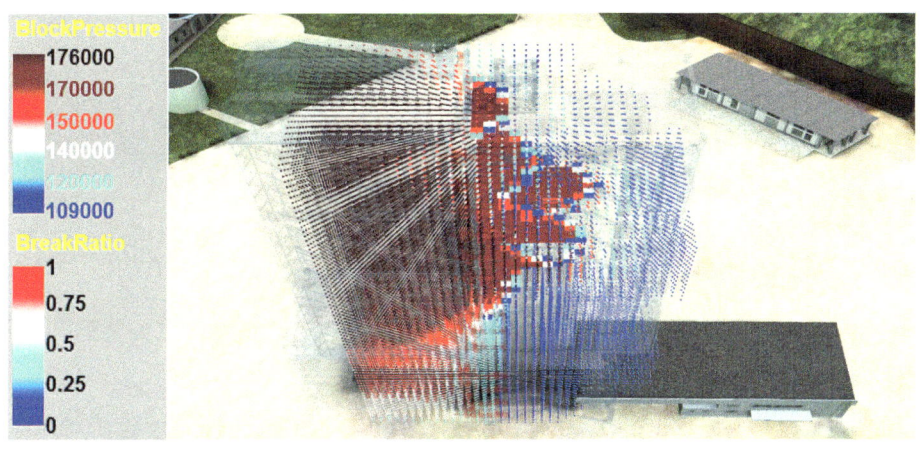

(e) 13#建筑侧视图

图 2-17　01♯场区 13♯建筑内 2 个卫星和 1 个上面级 A 爆炸时的冲击波压力分布(续)

(3) 建筑结构破坏分析

将施加爆炸载荷后的计算文件提交给 LS-DYNA 进行计算,并将结果与预估的破坏区域进行对比(LS-DYNA 在计算时会删除破坏的单元)。从图 2-18 中可以看出,破坏主要集中在 13♯建筑八层以上区域,第十层和十一层的破坏最为严重,电缆通廊整体被破坏,测试间的墙体也遭到较大破坏。

(4) 安全分析与防护建议

1) 安全分析

276 kgTNT 当量的 2 个卫星和 1 个上面级 A 在 13♯建筑内发生爆炸后,将会造成 13♯建筑八层以上楼板结构的破坏,以及十层和十一层测试间外墙的破坏。因此,十层和十一层测试间内的人员均存在受伤风险。同时,在 13♯建筑上靠近火箭 5～10 m 内处于暴露环境的人员均有受伤风险;在十层和十一层靠近火箭 5 m 范围内处于暴露环境的人员存在死亡风险。

(a) 前视图

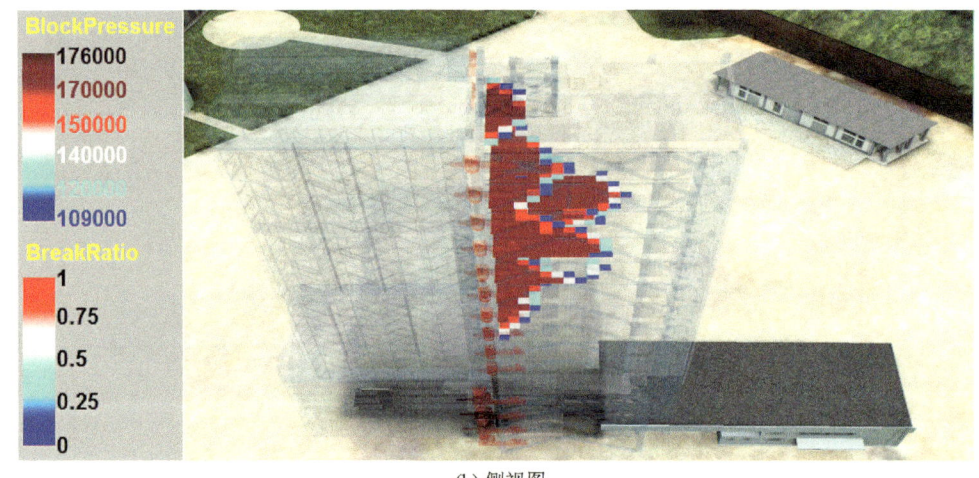

(b) 侧视图

图 2-18 01#场区 13#建筑内 2 个卫星和 1 个上面级 A 爆炸时的结构破坏情况

2）防护建议

严格控制 13#建筑上工作人员的数量，十层和十一层测试间内不应长期有人。13#建筑上靠近火箭 10 m 范围的空间限制无关人员进入。以火箭为圆心、半径约 20 m 范围的地面区域禁止人员和车辆进入。

2.4.3 02#场区 21#建筑内的爆炸仿真分析

1. 工况 1——（西侧加注厅）1 个卫星（4 kgTNT 当量）

（1）建筑破坏区域预估

根据单向耦合和波阵面跟踪算法的计算结果，4 kgTNT 在加注工位爆炸后，未对建筑造成明显破坏，如图 2-19 所示。

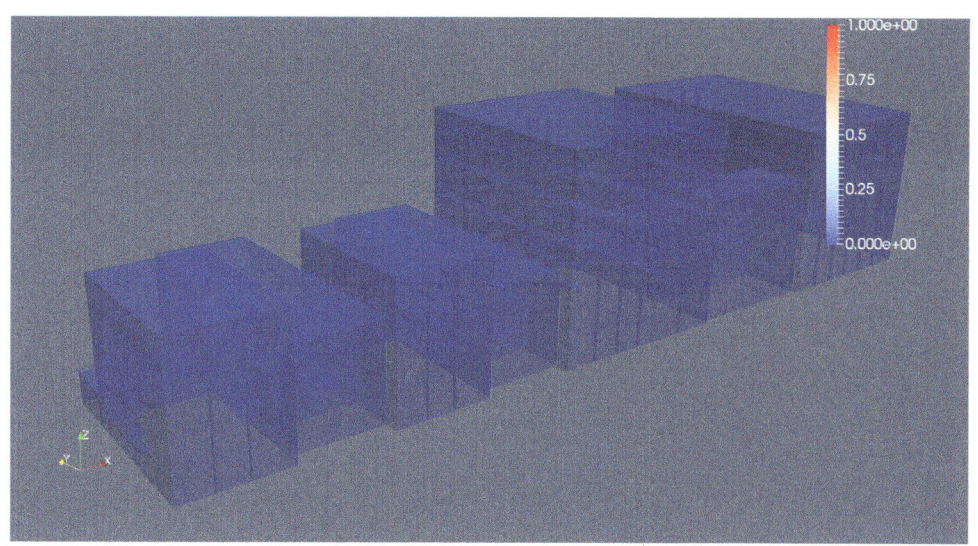

图 2-19　02＃场区 21＃建筑的西侧加注厅内 1 个卫星爆炸时的破坏区域预估

（2）冲击波超压分析

冲击波主要在西侧加注厅内扩展，选取压力在 0.009 MPa（人员受伤，建筑轻度破坏）～0.076 MPa（人员死亡，建筑完全破坏）的区域作为重点分析区域。从图 2-20 中可以看出，除了南侧约 2 m 范围外，整个西侧加注厅内的压力都会达到 0.009 MPa。如果考虑冲击波反射等作用，则冲击波压力分布范围会更广。

危险区域的中心压力和人员伤害风险如表 2-19 所列。

(a) 正视图

图 2-20　02＃场区 21＃建筑的西侧加注厅内 1 个卫星爆炸时的冲击波压力分布

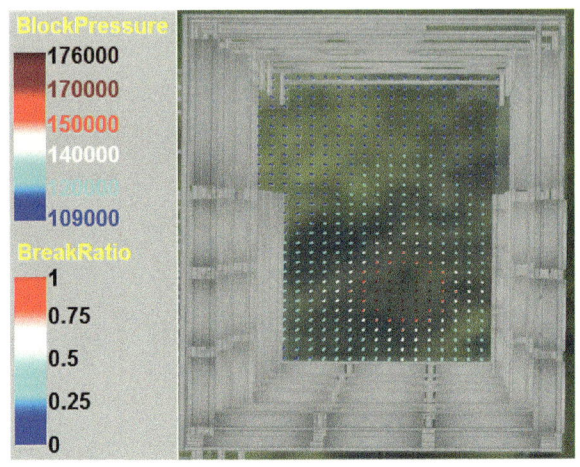

(b) 俯视图

图 2 - 20　02♯场区 21♯建筑的西侧加注厅内 1 个卫星爆炸时的冲击波压力分布(续)

表 2 - 19　02♯场区 21♯建筑的西侧加注厅内 1 个卫星爆炸时的危险区域分析

危险区域	中心压力/MPa	人员伤害风险	
		致死范围	致伤范围(含致死)
西侧加注厅	0.135	爆心周边半径约 2 m	整个大厅(考虑反射)

(3) 建筑结构破坏分析

将施加爆炸载荷后的计算文件提交给 LS - DYNA 进行计算(LS - DYNA 在计算时会删除破坏的单元)。从图 2 - 21 中可以看出,整个建筑未见损伤。

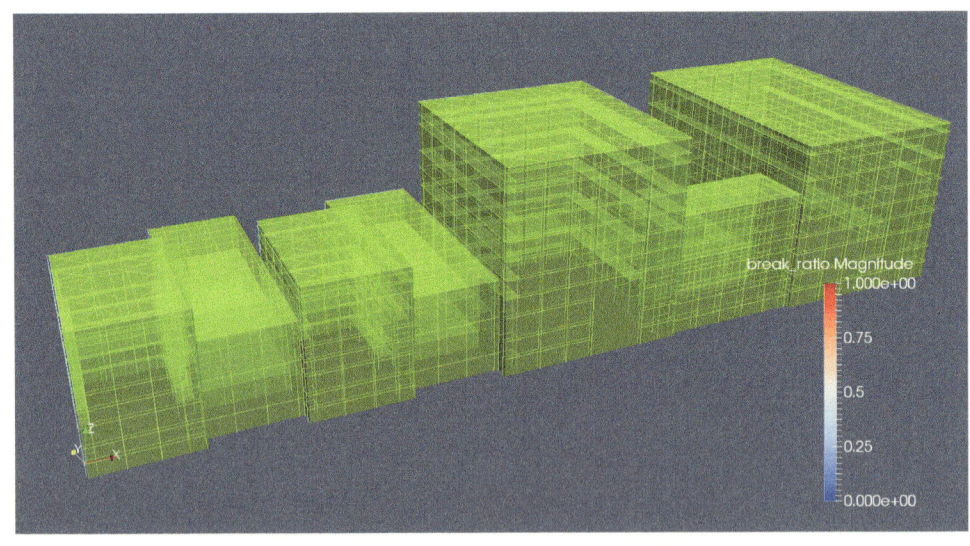

图 2 - 21　02♯场区 21♯建筑的西侧加注厅内 1 个卫星爆炸时的结构破坏情况

（4）安全分析与防护建议

1）安全分析

4 kgTNT 当量的卫星在 02# 场区 21# 建筑的西侧加注厅发生爆炸后,西侧加注厅内部的人员有受伤风险,卫星工位附近半径 2 m 区域的人员有死亡风险。

2）防护建议

西侧加注厅内人员全部撤离。

2. 工况 2——（西侧燃烧剂加注设备间）1 个加注罐 S（13 kgTNT 当量）

（1）建筑破坏区域预估

根据单向耦合和波阵面跟踪算法的计算结果,13 kgTNT 在西侧燃烧剂加注设备间爆炸将会造成西侧燃烧剂加注设备间四周墙体和屋面破坏,同时还将破坏西侧加注控制间的墙体,如图 2 - 22 所示。

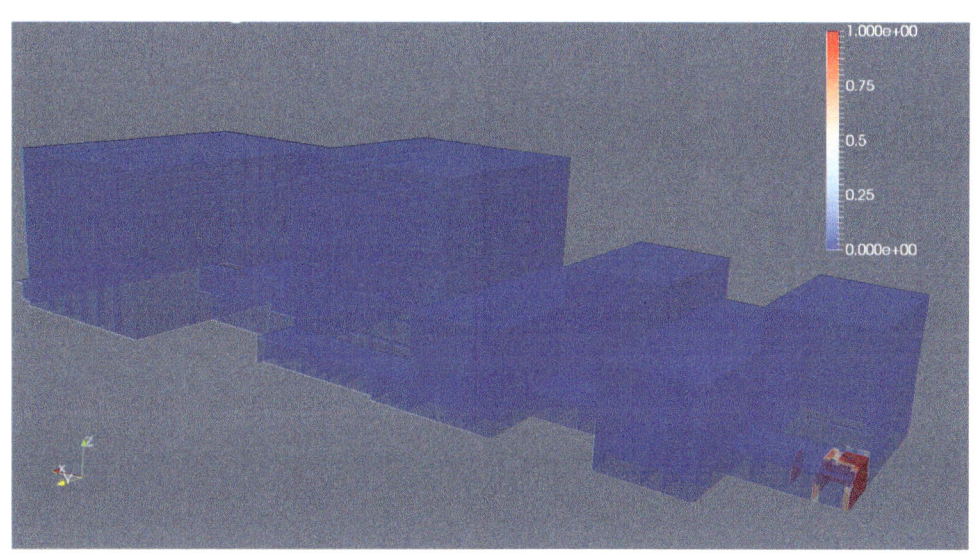

图 2 - 22 02# 场区 21# 建筑的西侧燃烧剂加注设备间内 1 个加注罐 S 爆炸时的破坏区域预估

（2）冲击波超压分析

选取压力在 0.009 MPa（人员受伤,建筑轻度破坏）～0.076 MPa（人员死亡,建筑完全破坏）的区域作为重点分析区域。从图 2 - 23 中可以看出,整个西侧燃烧剂加注设备间、西侧加注控制间、西侧氧化剂加注设备间以及西侧加注厅的局部都会受到冲击波的影响。

(a) 侧视图

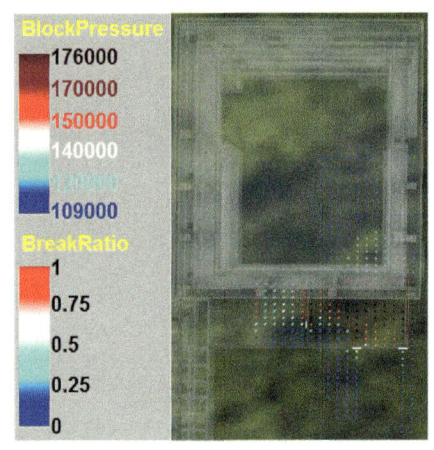

(b) 俯视图

图 2-23 02＃场区 21＃建筑的西侧燃烧剂加注设备间内 1 个加注罐 S 爆炸时的冲击波压力分布

危险区域的中心压力和人员伤害风险如表 2-20 所列。

表 2-20 02＃场区 21＃建筑的西侧燃烧剂加注设备间内 1 个加注罐 S 爆炸时的危险区域分析

序　号	危险区域	中心压力 /MPa	人员伤害风险	
			致死范围	致伤范围(含致死)
1	西侧燃烧剂加注设备间	＞0.176	靠近西侧加注厅约 6 m×8 m	整个房间
2	西侧加注控制间	0.166	靠近西侧燃烧剂加注设备间约 1 m×4 m	整个房间
3	西侧氧化剂加注设备间	0.139	无	整个房间
4	西侧加注厅	＜0.109	无	靠近西侧燃烧剂加注设备间约 8 m×10 m
5	室外	—	西侧燃烧剂加注设备间西侧 1 m×4 m	西侧燃烧剂加注设备间西侧 5 m× 10 m、北侧 6 m×5 m

（3）建筑结构破坏分析

将施加爆炸载荷后的计算文件提交给 LS - DYNA 进行计算，并将结果与预估的破坏区域进行对比（LS - DYNA 在计算时会删除破坏的单元）。从图 2 - 24 中可以看出，西侧燃烧剂加注设备间的外侧墙体以及与西侧加注控制间相邻的墙体被破坏。

图 2 - 24　02＃场区 21＃建筑的西侧燃烧剂加注设备间内 1 个加注罐 S 爆炸时的结构破坏情况

（4）安全分析与防护建议

1）安全分析

13 kgTNT 当量的加注罐 S 在 02＃场区 21＃建筑的西侧燃烧剂加注设备间发生爆炸后，将会造成西侧燃烧剂加注设备间与西侧加注控制间墙体破坏。因此，西侧燃烧剂加注设备间、西侧加注控制间、西侧氧化剂加注设备间、西侧加注厅以及西侧燃烧剂加注设备间外侧区域的人员均有受伤风险，西侧燃烧剂加注设备间的大部分区域、西侧加注控制间的局部区域以及西侧燃烧剂加注设备间外侧部分区域内的人员有死亡风险。

2）防护建议

西侧燃烧剂加注设备间内人员应全部撤离，其西墙和北墙外 6 m 范围内禁止人员和车辆进入。减少加注罐 S 内的燃料量，加注罐 S 宜尽量远离西侧加注控制间和西侧加注厅放置。严格限制西侧加注控制间和西侧氧化剂加注设备间内工作人员数量，在危险情况下迅速向建筑东侧远离危险源的方向疏散人员。

3. 工况 3——（中部加注厅）1 个卫星（4 kgTNT 当量）

（1）建筑破坏区域预估

根据单向耦合和波阵面跟踪算法的计算结果，4 kgTNT 在加注工位爆炸后，未对建筑造成明显破坏，如图 2 - 25 所示。

（2）冲击波超压分析

冲击波主要在中部加注厅内扩展，选取压力在 0.009 MPa（人员受伤，建筑轻度破

图 2 - 25 02♯场区 21♯建筑的中部加注厅内 1 个卫星爆炸时的破坏区域预估

坏)~0.076 MPa(人员死亡,建筑完全破坏)的区域作为重点分析区域。从图 2 - 26 中可以看出,除了南侧约 2 m 范围外,整个中部加注厅内的压力都会达到 0.009 MPa。如果考虑冲击波反射等作用,则冲击波压力分布范围会更广。

危险区域的中心压力和人员伤害风险如表 2 - 21 所列。

表 2 - 21 02♯场区 21♯建筑的中部加注厅内 1 个卫星爆炸时的危险区域分析

危险区域	中心压力 /MPa	人员伤害风险	
		致死范围	致伤范围(含致死)
中部加注厅	0.135	爆心周边半径约 2 m	整个大厅(考虑反射)

(3) 建筑结构破坏分析

将施加爆炸载荷后的计算文件提交给 LS - DYNA 进行计算(LS - DYNA 在计算时会删除破坏的单元)。从图 2 - 27 中可以看出,整个建筑未见损伤。

(4) 安全分析与防护建议

1) 安全分析

4 kgTNT 当量的卫星在 02♯场区 21♯建筑的中部加注厅发生爆炸后,中部加注厅内部的人员有受伤风险,卫星工位附近半径 2 m 区域的人员有死亡风险。

2) 防护建议

中部加注厅内人员全部撤离。

4. 工况 4——(中部燃烧剂加注设备间)1 个加注罐 S(13 kgTNT 当量)

(1) 建筑破坏区域预估

根据单向耦合和波阵面跟踪算法的计算结果,13 kgTNT 在中部燃烧剂加注设备间爆炸将会造成中部燃烧剂加注设备间四周墙体和屋面的破坏,同时还将破坏中部加注控制间的墙体,如图 2 - 28 所示。

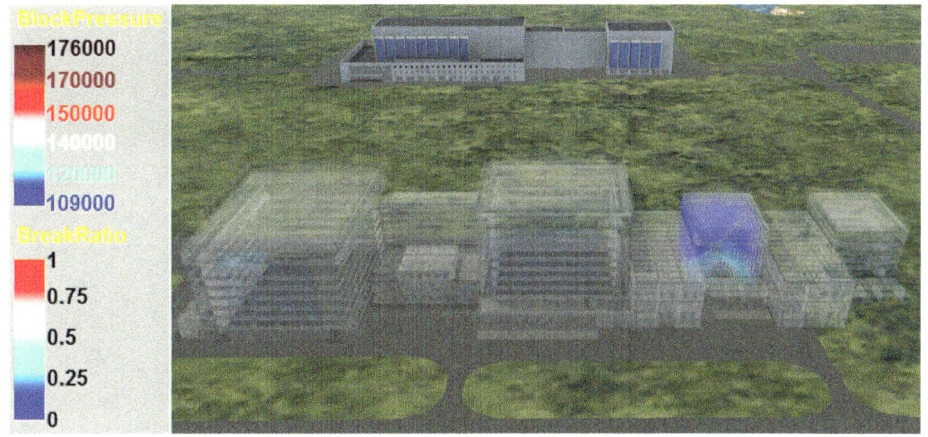

(a) 正视图

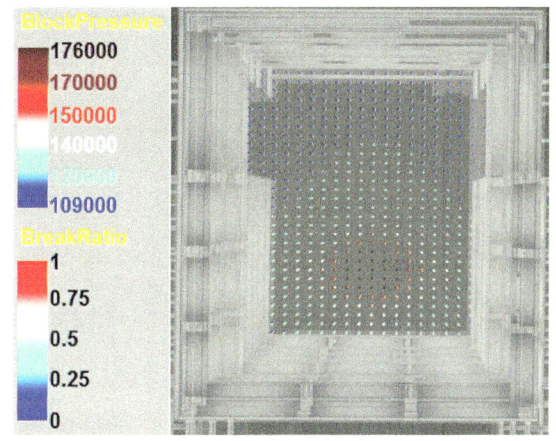

(b) 俯视图

图 2 - 26　02♯场区 21♯建筑的中部加注厅内 1 个卫星爆炸时的冲击波压力分布

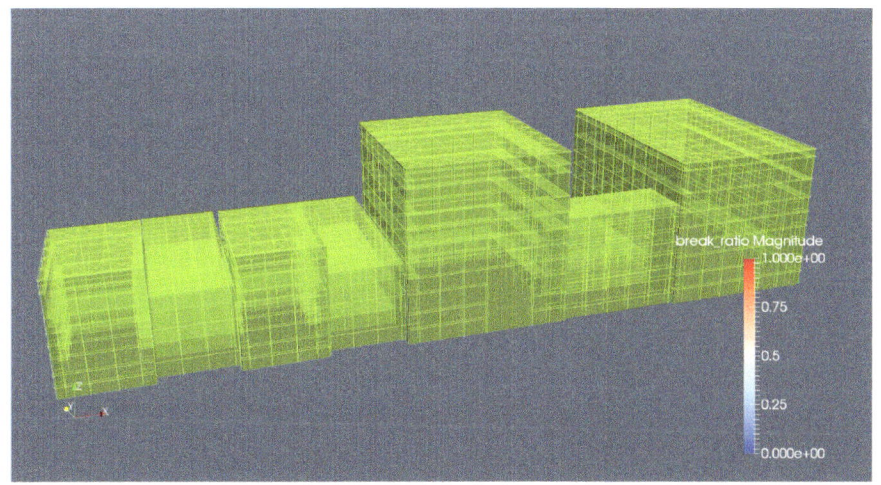

图 2 - 27　02♯场区 21♯建筑的中部加注厅内 1 个卫星爆炸时的结构破坏情况

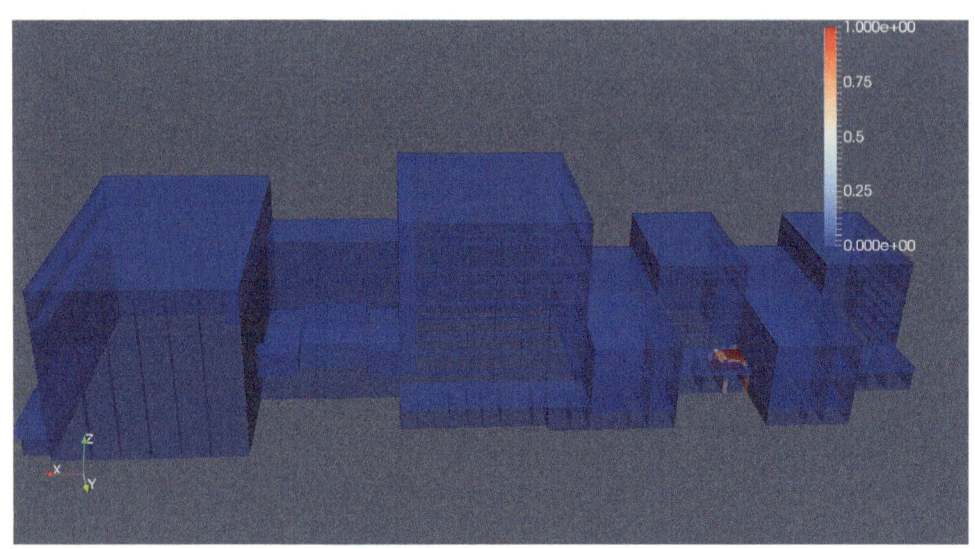

图2-28 02♯场区21♯建筑的中部燃烧剂加注设备间内1个加注罐S爆炸时的破坏区域预估

(2) 冲击波超压分析

选取压力在0.009 MPa(人员受伤,建筑轻度破坏)~0.076 MPa(人员死亡,建筑完全破坏)的区域作为重点分析区域。从图2-29中可以看出,整个中部燃烧剂加注设备间、中部加注控制、中部氧化剂加注设备间、中部测试间以及中部加注厅的局部都会受到冲击波的影响。

危险区域的中心压力和人员伤害风险如表2-22所列。

表2-22 02♯场区21♯建筑的中部燃烧剂加注设备间内1个加注罐S爆炸时的危险区域分析

序 号	危险区域	中心压力 /MPa	人员伤害风险	
			致死范围	致伤范围(含致死)
1	中部燃烧剂加注设备间	>0.176	靠近中部加注厅约6 m×8 m	整个房间
2	中部加注控制间	0.166	靠近中部燃烧剂加注设备间约1 m×4 m	整个房间
3	中部氧化剂加注设备间	0.139	无	整个房间
4	中部加注厅	<0.109	无	靠近中部燃烧剂加注设备间约8 m×10 m
5	中部测试间	约0.160	靠近中部燃烧剂加注设备间约2 m×2 m	整个房间
6	室外	—	无	中部燃烧剂加注设备间北侧8 m×10 m

(a) 正视图

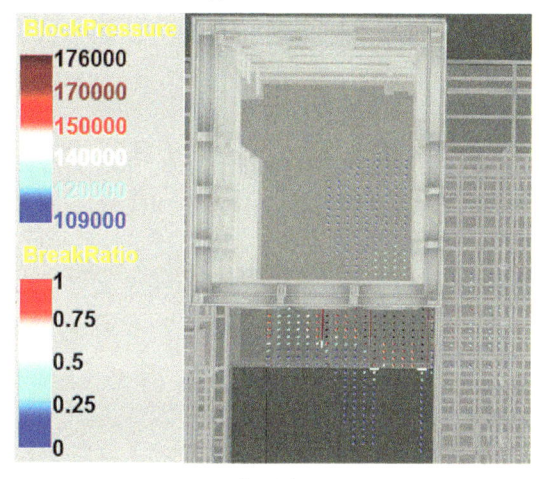

(b) 俯视图

图 2 - 29　02 ♯ 场区 21 ♯ 建筑的中部燃烧剂加注设备间内 1 个加注罐 S 爆炸时的冲击波压力分布

（3）建筑结构破坏分析

将施加爆炸载荷后的计算文件提交给 LS - DYNA 进行计算，并将结果与预估的破坏区域进行对比（LS - DYNA 在计算时会删除破坏的单元）。从图 2 - 30 中可以看出，中部燃烧剂加注设备间与中部加注控制间相邻的墙体，以及与中部测试间相邻的墙体均被破坏。

（4）安全分析与防护建议

1）安全分析

13 kgTNT 当量的加注罐 S 在 02 ♯ 场区 21 ♯ 建筑的中部燃烧剂加注设备间发生爆炸后，将会造成中部燃烧剂加注设备间、中部加注控制间以及中部测试间墙体的破坏。因此，中部燃烧剂加注设备间、中部加注控制间、中部氧化剂加注设备间、中部加注

图 2-30 02#场区 21#建筑的中部燃烧剂加注设备间内 1 个加注罐 S 爆炸时的结构破坏情况

厅、中部测试间以及中部燃烧剂加注设备间外侧区域的人员均有受伤风险,中部燃烧剂加注设备间的大部分区域、中部加注控制间和中部测试间局部区域内的人员有死亡风险。

2)防护建议

中部燃烧剂加注设备间以及中部测试间内的人员应全部撤离,中部燃烧剂加注设备间北墙外 6 m 范围内禁止人员和车辆进入。减少加注罐 S 内的燃料量,加注罐 S 宜尽量远离中部加注控制间和中部加注厅放置。严格限制中部加注控制间和中部氧化剂加注设备间内工作人员数量,在危险情况下迅速向建筑东侧远离危险源的方向疏散人员。

5. 工况 5——(东侧加注扣罩厅)1 个卫星(4 kgTNT 当量)

(1)建筑破坏区域预估

根据单向耦合和波阵面跟踪算法的计算结果,4 kgTNT 在加注工位爆炸后,未对建筑造成明显破坏,如图 2-31 所示。

(2)冲击波超压分析

冲击波主要在东侧加注扣罩厅内扩展,选取压力在 0.009 MPa(人员受伤,建筑轻度破坏)~0.076 MPa(人员死亡,建筑完全破坏)的区域作为重点分析区域。从图 2-32 中可以看出,除了四个角落外,整个东侧加注扣罩厅内的压力都会达到 0.009 MPa。如果考虑冲击波反射等作用,则冲击波压力分布范围会更广。

危险区域的中心压力和人员伤害风险如表 2-23 所列。

表 2-23 02#场区 21#建筑的东侧加注扣罩厅内 1 个卫星爆炸时的危险区域分析

危险区域	中心压力/MPa	人员伤害风险	
		致死范围	致伤范围(含致死)
东侧加注扣罩厅	0.116	爆心周边半径约 2 m	整个大厅(考虑反射)

图 2 – 31　02♯场区 21♯建筑的东侧加注扣罩厅内 1 个卫星爆炸时的破坏区域预估

(a) 侧视图

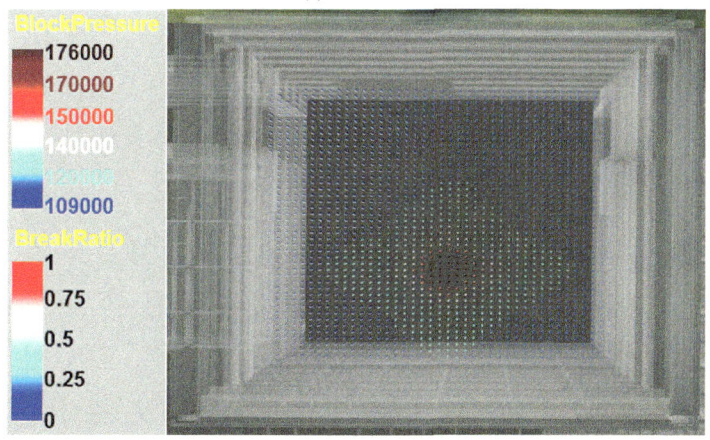

(b) 俯视图

图 2 – 32　02♯场区 21♯建筑的东侧加注扣罩厅内 1 个卫星爆炸时的冲击波压力分布

75

（3）建筑结构破坏分析

将施加爆炸载荷后的计算文件提交给 LS‑DYNA 进行计算（LS‑DYNA 在计算时会删除破坏的单元）。从图 2‑33 中可以看出，整个建筑未见损伤。

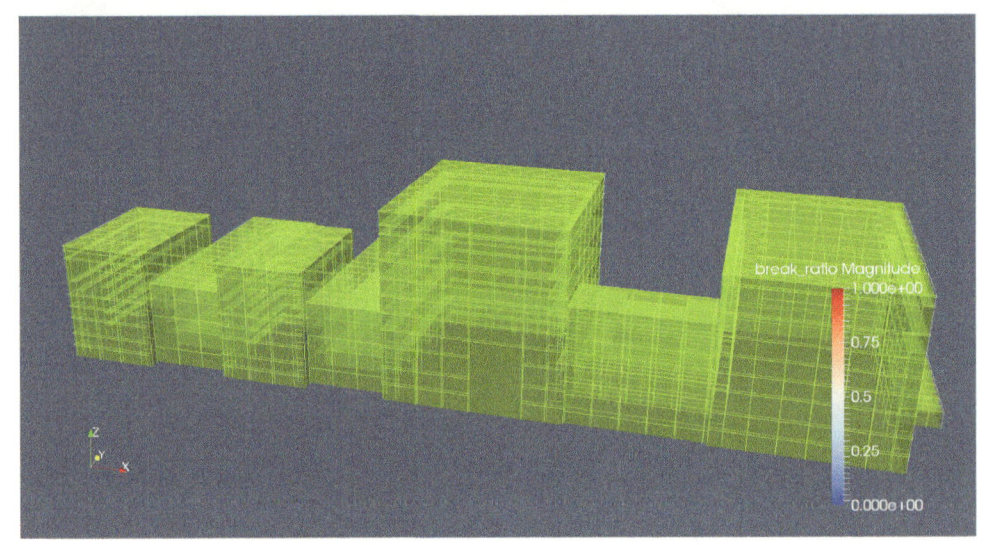

图 2‑33　02＃场区 21＃建筑的东侧加注扣罩厅内 1 个卫星爆炸时的结构破坏情况

（4）安全分析与防护建议

1）安全分析

4 kgTNT 当量的卫星在 02＃场区 21＃建筑的东侧加注扣罩厅发生爆炸后，东侧加注扣罩厅内部的人员有受伤风险，卫星工位附近半径 2 m 区域的人员有死亡风险。

2）防护建议

东侧加注扣罩厅内人员全部撤离。

6. 工况 6——（东侧燃烧剂加注设备间）1 个加注罐 S（13 kgTNT 当量）

（1）建筑破坏区域预估

根据单向耦合和波阵面跟踪算法的计算结果，13 kgTNT 在东侧燃烧剂加注设备间爆炸将会造成东侧燃烧剂加注设备间四周墙体和屋面的破坏，同时还将破坏两个加注控制间、推进配气间和真空泵间的墙体，如图 2‑34 所示。

（2）冲击波超压分析

选取压力在 0.009 MPa（人员受伤，建筑轻度破坏）～0.076 MPa（人员死亡，建筑完全破坏）的区域作为重点分析区域。从图 2‑35 中可以看出，整个东侧燃烧剂加注设备间、燃烧剂加注控制间、推进配气间、氧化剂加注控制间、真空泵间，以及加注扣罩厅的局部都会受到冲击波的影响。

危险区域的中心压力和人员伤害风险如表 2‑24 所列。

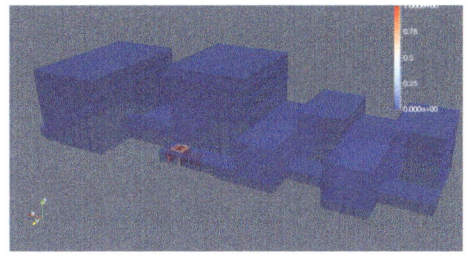
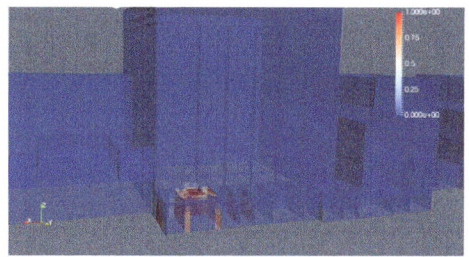

图 2-34　02♯场区 21♯建筑的东侧燃烧剂加注设备间内 1 个加注罐 S 爆炸时的破坏区域预估

(a) 侧视图

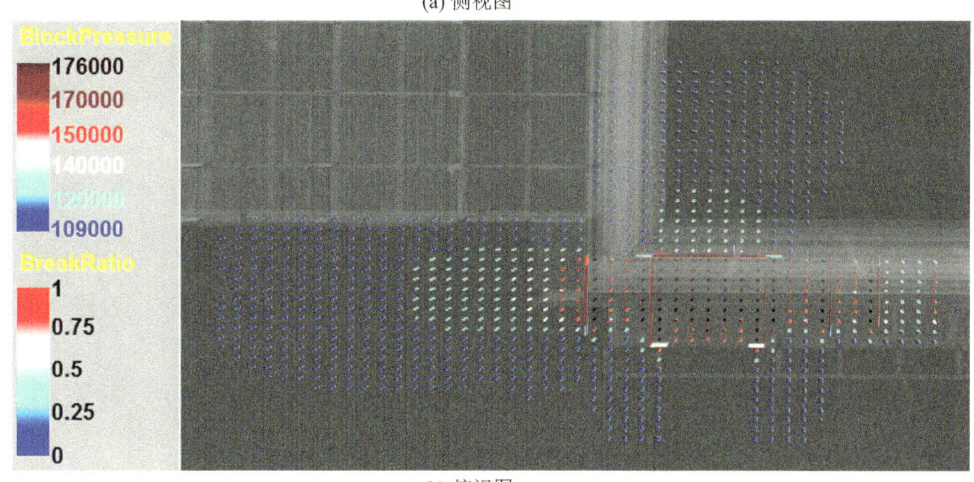

(b) 俯视图

图 2-35　02♯场区 21♯建筑的东侧燃烧剂加注设备间内 1 个加注罐 S 爆炸时的冲击波压力分布

表 2-24　02♯场区 21♯建筑的东侧燃烧剂加注设备间内 1 个加注罐 S 爆炸时的危险区域分析

序　号	危险区域	中心压力/MPa	人员伤害风险	
			致死范围	致伤范围（含致死）
1	东侧燃烧剂加注设备间	>0.176	靠近加注扣罩厅约 8 m×8 m	整个房间
2	燃烧剂加注控制间	0.166	距两侧墙体各 1 m×4 m	整个房间
3	氧化剂加注控制间	约 0.170	无	整个房间
4	推进配气间	0.139	无	整个房间
5	真空泵间	约 0.170	距两侧墙体各 1 m×4 m	整个房间
6	加注扣罩厅	约 0.109	无	靠近东侧燃烧剂加注设备间约 11 m×13 m
7	室外	—	无	东侧燃烧剂加注设备间北侧 10 m×10 m，真空泵间东侧 10 m×15 m

（3）建筑结构破坏分析

将施加爆炸载荷后的计算文件提交给 LS-DYNA 进行计算，并将结果与预估的破坏区域进行对比（LS-DYNA 在计算时会删除破坏的单元）。从图 2-36 中可以看出，东侧燃烧剂加注设备间与加注控制间相邻的墙体，以及与真空泵间相邻的墙体均被破坏。

图 2-36　02♯场区 21♯建筑的东侧燃烧剂加注设备间内 1 个加注罐 S 爆炸时的结构破坏情况

（4）安全分析与防护建议

1）安全分析

13 kgTNT 当量的加注罐 S 在 02♯场区 21♯建筑的东侧燃烧剂加注设备间发生

爆炸后,将会造成东侧燃烧剂加注设备间与加注控制间墙体以及真空泵间墙体的破坏。因此,东侧燃烧剂加注设备间、燃烧剂加注控制间、氧化剂加注控制间、推进配气间、真空泵间、加注扣罩厅以及东侧燃烧剂加注设备间外侧区域的人员均有受伤风险,东侧燃烧剂加注设备间的大部分区域、燃烧剂加注控制间和真空泵间的局部区域内的人员有死亡风险。

2)防护建议

东侧燃烧剂加注设备间、燃烧剂加注控制间以及真空泵间内的人员应全部撤离。东侧燃烧剂加注设备间北墙外 10 m 范围内禁止人员和车辆进入。减少加注罐 S 内的燃料量,加注罐 S 宜尽量远离两个加注控制间和加注扣罩厅放置。严格限制东侧加注控制间和加注设备间内工作人员数量,在危险情况下迅速向建筑东侧远离危险源的方向疏散人员。

7. 工况 7——(东侧加注扣罩厅)4 个卫星和 1 个上面级 B (311 kgTNT 当量)

(1) 建筑破坏区域预估

根据单向耦合和波阵面跟踪算法的计算结果,311 kgTNT 在东侧加注扣罩厅爆炸将会造成 02♯场区 21♯建筑较大程度的破坏。东侧加注扣罩厅四周墙体,两个加注设备间、两个加注控制间、真空泵间、空调机房、对接测试间、动平衡机控制间以及电源前置间等房间的墙体均会被破坏。

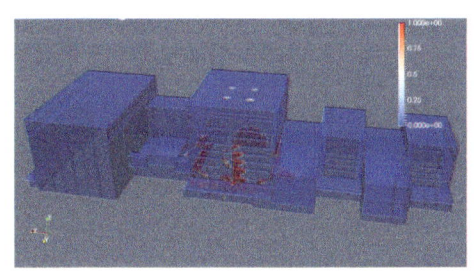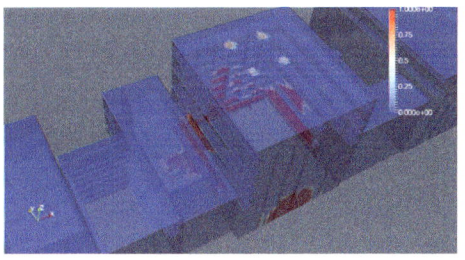

图 2 - 37　02♯场区 21♯建筑的东侧加注扣罩厅内 4 个卫星和 1 个上面级 B 爆炸时的破坏区域预估

(2) 冲击波超压分析

选取压力在 0.009 MPa(人员受伤,建筑轻度破坏)~0.076 MPa(人员死亡,建筑完全破坏)的区域作为重点分析区域。从图 2 - 38 中可以看出,整个东侧加注扣罩厅、两个加注设备间、两个加注控制间、推进配气间、真空泵间、空调机房、消防阀门间、环控配气间、对接测试间、动平衡机控制间、电源前置间,乃至中部加注厅都会受到冲击波的作用。

危险区域的中心压力和人员伤害风险如表 2 - 25 所列。

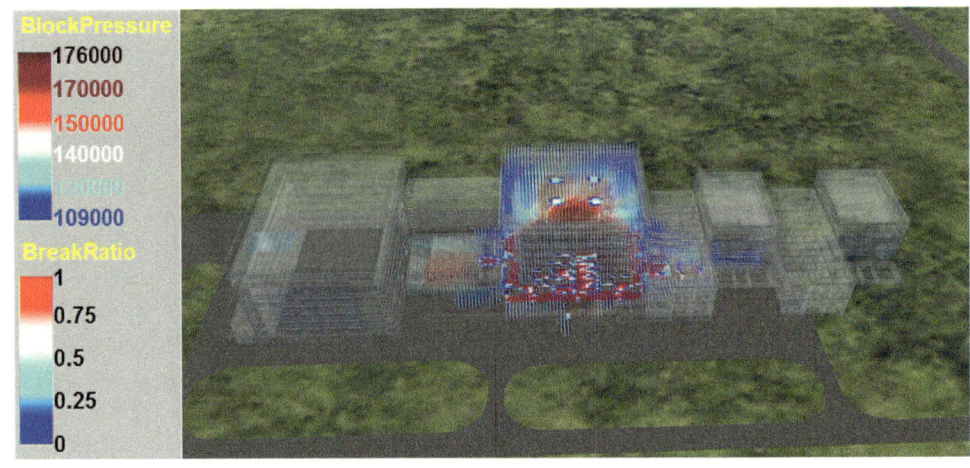

(a) 侧视图

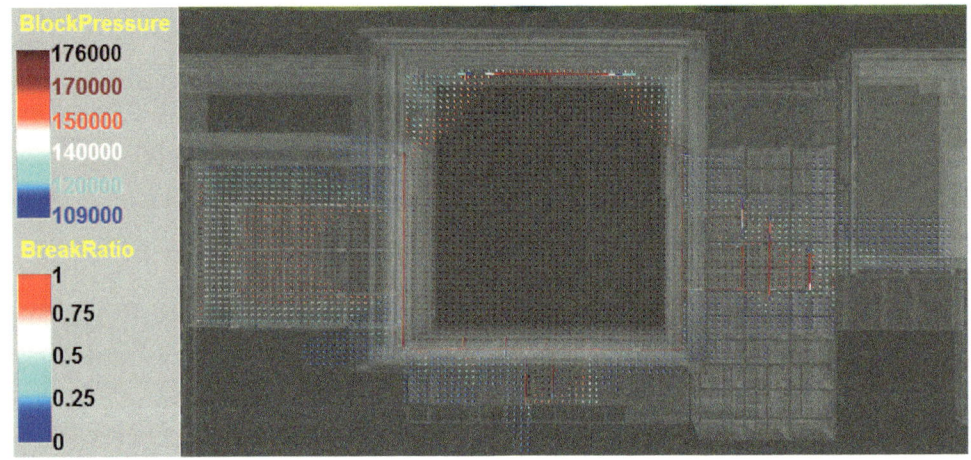

(b) 俯视图

图 2-38　02♯场区 21♯建筑的东侧加注扣罩厅内 4 个卫星和 1 个上面级 B 爆炸时的冲击波压力分布

表 2-25　02♯场区 21♯建筑的东侧加注扣罩厅内 4 个卫星和 1 个上面级 B 爆炸时的危险区域分析

序　号	危险区域	中心压力/MPa	人员伤害风险	
			致死范围	致伤范围(含致死)
1	东侧燃烧剂加注设备间	0.114	靠近加注扣罩厅约 2 m×1 m	整个房间
2	燃烧剂加注控制间	0.108	无	整个房间
3	氧化剂加注控制间	>0.176	靠近加注扣罩厅约 3m×1m	整个房间
4	东侧氧化剂加注设备间	>0.176	靠近加注扣罩厅约 2 m×1 m	整个房间

序 号	危险区域	超压峰值/MPa	人员伤害风险	
			致死范围	致伤范围（含致死）
5	加注扣罩厅	＞0.176	整个房间（考虑反射）	整个房间
6	加注扣罩厅卫星工位	0.105	无	靠近电源前置间 7 m×17 m
7	推进配气间	＞0.176	无	靠近加注扣罩厅约 4 m×3 m
8	真空泵间	约 0.120	无	整个房间
9	空调机房	约 0.130	靠近加注扣罩厅约 12 m×12 m	整个房间
10	消防阀门间	＜0.109	无	靠近加注扣罩厅约 3 m×3 m
11	环控配气间	约 0.120	无	靠近加注扣罩厅约 7 m×5 m
12	东侧对接测试间	＞0.176	整个房间	整个房间
13	动平衡机控制间	约 0.150	靠近加注扣罩厅约 3 m×5 m	整个房间
14	大门与吊车控制间	约 0.110	无	整个房间
15	UPS 配电间	约 0.100	无	整个房间
16	电源前置间	约 0.160	无	靠近加注扣罩厅 1 m×6 m
17	有害气体监测间	约 0.140	无	整个房间
18	更衣间	约 0.130	无	整个房间
19	室外	—	无	加注扣罩厅南侧约 20 m

（3）建筑结构破坏分析

将施加爆炸载荷后的计算文件提交给 LS－DYNA 进行计算，并将结果与预估的破坏区域进行对比（LS－DYNA 在计算时会删除破坏的单元）。从图 2－39 中可以看出，东侧加注扣罩厅与周边附属房间相邻的墙体均遭到非常严重的破坏，东侧对接测试间外侧的走廊和电源前置间的墙体也被破坏。

（4）安全分析与防护建议

1）安全分析

311 kgTNT 当量的 4 个卫星和 1 个上面级 B 在 02＃场区 21＃建筑的东侧加注扣罩厅爆炸后，会对东侧加注扣罩厅及周边测试间的墙体造成严重破坏。因此，东侧加注扣罩厅、东侧氧化剂加注设备间、氧化剂加注控制间、推进配气间、燃烧剂加注控制间、东侧燃烧剂加注设备间、真空泵间、空调机房、消防阀门间、环控配气间、对接测试间、动平衡机控制间、大门与吊车控制间、UPS 配电间、电源前置间、有害气体监测间等房间以及加注扣罩厅外侧区域的人员均有受伤风险，整个东侧加注扣罩厅和对接测试间，以及东侧氧化剂加注设备间、氧化剂加注控制间、东侧燃烧剂加注设备间、动平衡机控制间、空调机房的局部区域的人员有死亡风险。

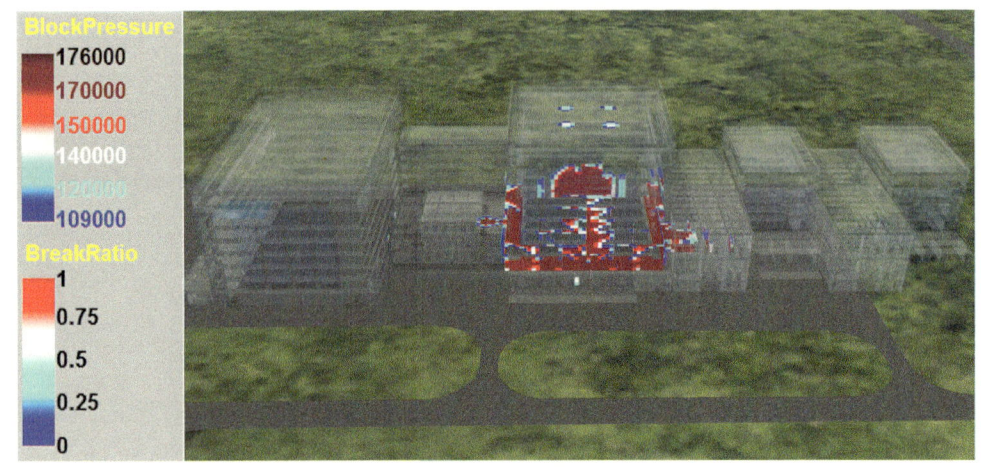

图 2-39 02#场区 21#建筑的东侧加注扣罩厅内 4 个卫星和 1 个上面级 B 爆炸时的结构破坏情况

2) 防护建议

严格控制建筑内人员数量,无关人员全部撤离。东侧加注扣罩厅、空调机房、推进配气间、真空泵间、消防阀门间、环控配气间、对接测试间、动平衡机控制间、大门与吊车控制间、UPS 配电间、电源前置间、有害气体监测间内人员全部撤离,严格控制两个加注设备间和两个加注控制间内的人员数量,人员尽量在远离东侧加注扣罩厅一侧工作;在危险情况下迅速向建筑北侧远离危险源的方向疏散人员。

8. 工况 8——(东侧燃烧剂加注设备间)1 个加注罐 B(110 kgTNT 当量)

(1) 建筑破坏区域预估

根据单向耦合和波阵面跟踪算法的计算结果,110 kgTNT 在东侧燃烧剂加注设备间爆炸将会造成东侧燃烧剂加注设备间、燃烧剂加注控制间、推进配气间、氧化剂加注控制间、真空泵间墙体及屋面的破坏,如图 2-40 所示。

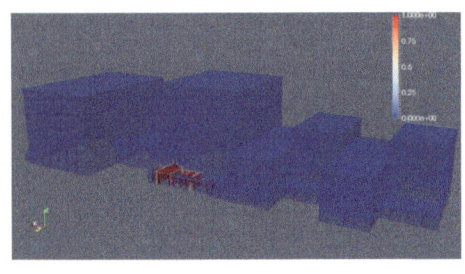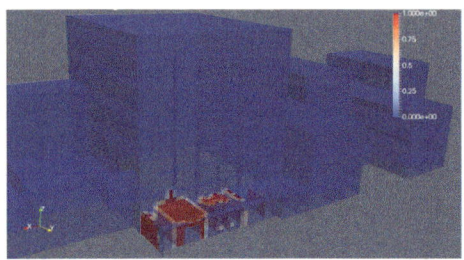

图 2-40 02#场区 21#建筑的东侧燃烧剂加注设备间内 1 个加注罐 B 爆炸时的破坏区域预估

(2) 冲击波超压分析

选取压力在 0.009 MPa(人员受伤,建筑轻度破坏)~0.076 MPa(人员死亡,建筑完全破坏)的区域作为重点分析区域。从图 2-41 中可以看出,两个加注设备间、两个加注控制间、推进配气间、真空泵间、技术协调室,以及加注扣罩厅会受到冲击波作用。

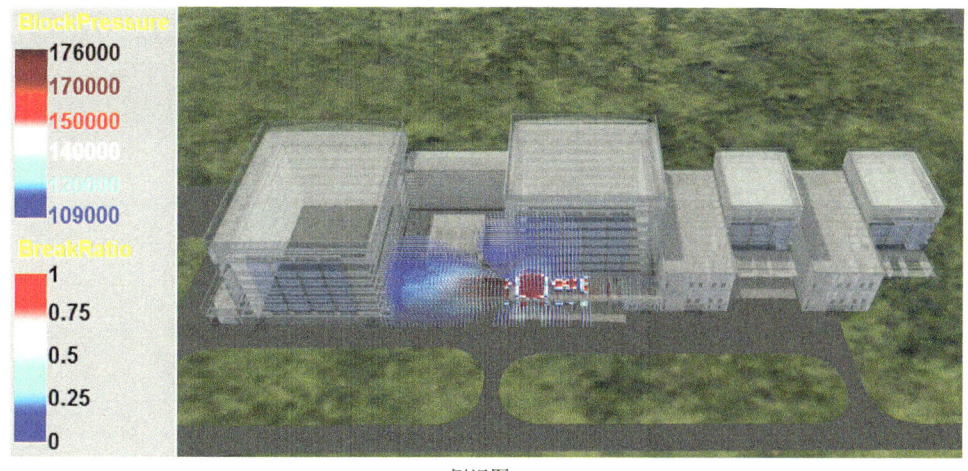

(a) 侧视图

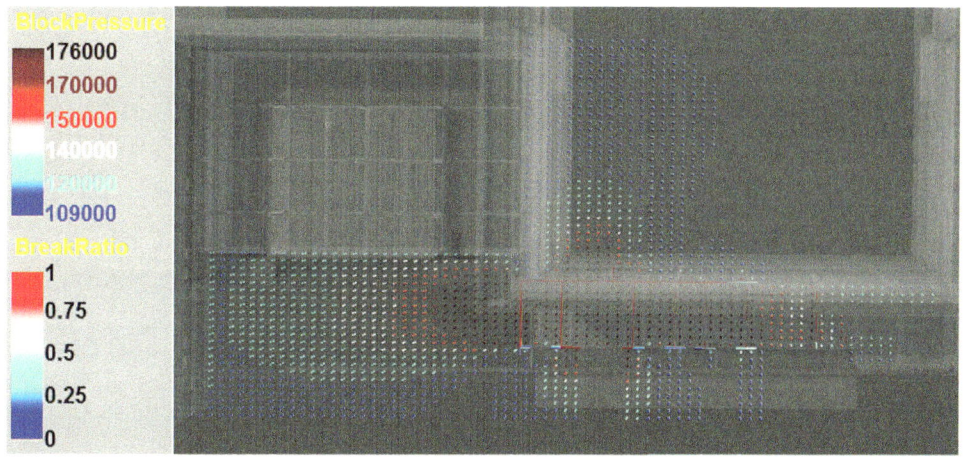

(b) 俯视图

图 2 - 41 02♯场区 21♯建筑的东侧燃烧剂加注设备间内 1 个加注罐 B 爆炸时的冲击波压力分布

危险区域的中心压力和人员伤害风险如表 2 - 26 所列。

表 2 - 26 02♯场区 21♯建筑的东侧燃料剂加注设备间内 1 个加注罐 B 爆炸时的危险区域分析

序 号	危险区域	中心压力/MPa	人员伤害风险	
			致死范围	致伤范围(含致死)
1	东侧燃烧剂加注设备间	>0.176	整个房间	整个房间
2	燃烧剂加注控制间	>0.176	整个房间	整个房间
3	氧化剂加注控制间	>0.176	整个房间	整个房间

续表 2 - 26

序 号	危险区域	超压峰值/MPa	人员伤害风险	
			致死范围	致伤范围(含致死)
4	东侧氧化剂加注设备间	0.151	靠近氧化剂加注控制间约 8 m×2 m	整个房间
5	加注扣罩厅	<0.109	靠近东侧燃烧剂加注设备间约 9 m×6 m	靠近东侧燃烧剂加注设备间约 15 m×25 m
6	推进配气间	>0.176	整个房间	靠近加注扣罩厅约 4 m×3 m
7	真空泵间	>0.176	整个房间	整个房间
8	技术协调室	约 0.130	无	北侧约 5 m×4 m
9	室外	—	东侧燃烧剂加注设备间北侧 8 m×10 m,真空泵间东侧 9 m×9 m	东侧燃烧剂加注设备间北侧 15 m×15 m,真空泵间东侧至整流罩准备厅

(3) 建筑结构破坏分析

将施加爆炸载荷后的计算文件提交给 LS - DYNA 进行计算,并将结果与预估的破坏区域进行对比(LS - DYNA 在计算时会删除破坏的单元)。从图 2 - 42 中可以看出,东侧燃烧剂加注设备间、燃烧剂加注控制间、推进配气间、氧化剂加注控制间、真空泵间的墙体均会被破坏。

图 2 - 42 02♯场区 21♯建筑的东侧燃烧剂加注设备间内 1 个加注罐 B 爆炸时的结构破坏情况

(4) 安全分析与防护建议

1) 安全分析

110 kgTNT 当量的加注罐 B 在 02♯场区 21♯建筑的东侧燃烧剂加注设备间爆炸后,东侧燃烧剂加注设备间及周边测试间墙体被严重破坏。因此,东侧燃烧剂加注设备间、加注扣罩厅、燃烧剂加注控制间、推进配气间、氧化剂加注控制间、东侧氧化剂加注设备间、真空泵间等房间以及东侧燃烧剂加注设备间和真空泵间外侧区域的人员均有受伤风险,整个东侧燃烧剂加注设备间、燃烧剂加注控制间、推进配气间、氧化剂加注控制间、真空泵间,以及加注扣罩厅、东侧氧化剂加注设备间的局部区域和东侧燃烧剂加注设备间与真空泵间外侧部分区域的人员有死亡风险。

2)防护建议

东侧燃烧剂加注设备间、加注扣罩厅、推进配气间、东侧氧化剂加注设备间、真空泵间等房间内的人员应全部撤离;东侧燃烧剂加注设备间北墙外 15 m 范围,以及真空泵间东侧至整流罩准备厅外墙之间的区域内禁止人员和车辆进入。减少加注罐 B 内的燃料量,加注罐 B 宜尽量远离两个加注控制间和加注扣罩厅放置。严格限制两个加注控制间和两个加注设备间内工作人员数量,在危险情况下迅速向建筑北侧远离危险源的方向疏散人员。

2.4.4　02#场区 22#建筑内的爆炸仿真分析

工况——4 个卫星和 1 个上面级 B(311 kgTNT 当量)

(1)建筑破坏区域预估

根据单向耦合和波阵面跟踪算法的计算结果,311 kgTNT 在 22#建筑内爆炸将会造成 02#场区 22#建筑较大程度的破坏,破坏区域主要集中在第九层至十二层,如图 2-43 所示。

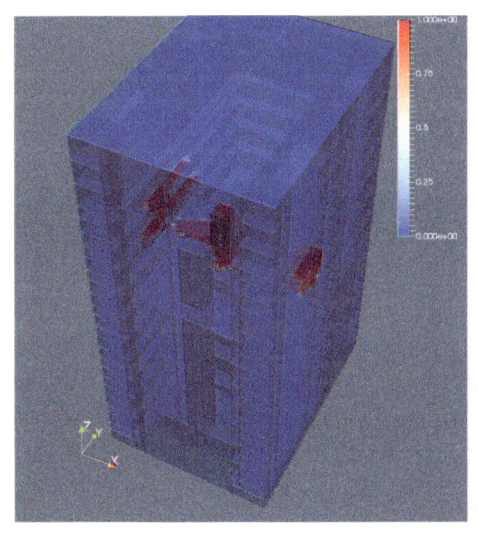 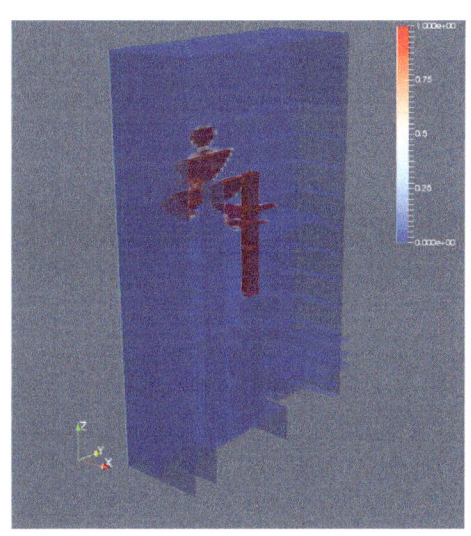

图 2-43　02#场区 22#建筑内 4 个卫星和 1 个上面级 B 爆炸时的破坏区域预估

(2)冲击波超压分析

选取压力在 0.009 MPa(人员受伤,建筑轻度破坏)~0.076 MPa(人员死亡,建筑完全破坏)的区域作为重点分析区域。从图 2-44 中可以看出,第六层以上均受到超压的影响。

(a) 正视图

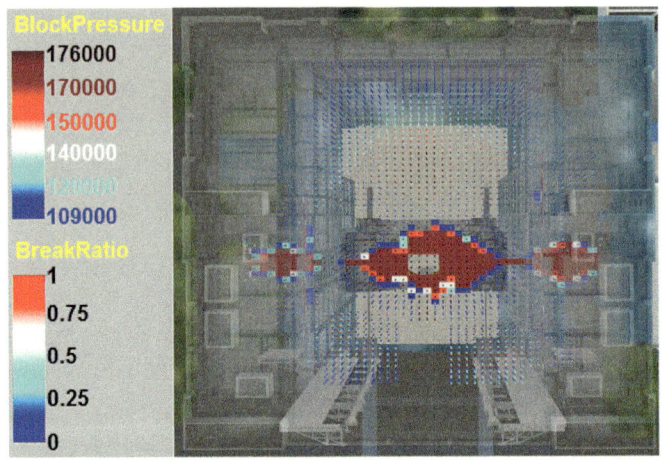

(b) 九层剖面俯视图

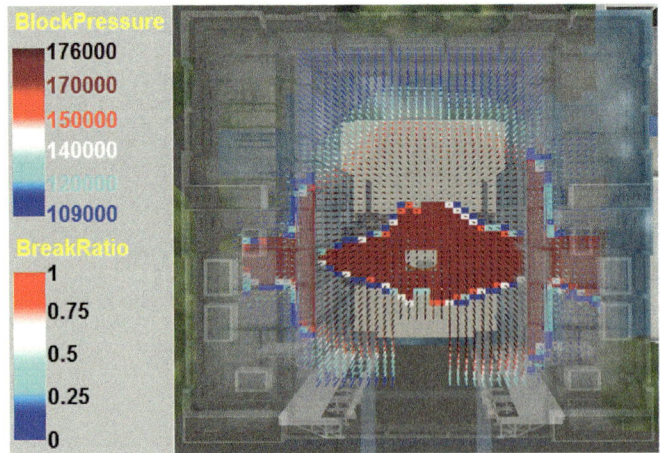

(c) 十层剖面俯视图

图 2-44　02＃场区 22＃建筑内 4 个卫星和 1 个上面级 B 爆炸时的冲击波压力分布

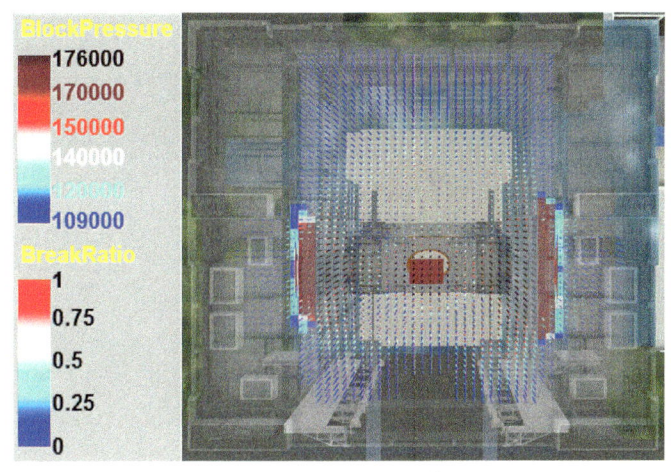

(d) 十一层剖面俯视图

图 2 - 44　02 # 场区 22 # 建筑内 4 个卫星和 1 个上面级 B 爆炸时的冲击波超压分布(续)

危险区域人员伤害风险如表 2 - 27 所列。

表 2 - 27　02 # 场区 22 # 建筑内 4 个卫星和 1 个上面级 B 爆炸时的危险区域分析

序　号	危险区域	人员伤害风险	
		致死范围	致伤范围(含致死)
1	控制天线设备间	无	靠近火箭 2 m×6 m
2	环控间	靠近火箭 2 m×2 m	整个房间
3	推进间	整个房间	整个房间
4	整流罩调温间	整个房间	整个房间
5	热控间	靠近整流罩调温间 3 m×6 m	整个房间
6	GNC 间	无	靠近火箭 3 m×6 m
7	测试间 1	无	靠近火箭 3 m×6 m
8	测控间	无	靠近火箭 3 m×6 m
9	总装工作间	无	靠近测控间 2 m×6 m
10	测试间 2	无	靠近火箭 2 m×2 m
11	整流罩空调机房	无	靠近火箭 2 m×6 m

(3) 建筑结构破坏分析

将施加爆炸载荷后的计算文件提交给 LS - DYNA 进行计算,并将结果与预估的破坏区域进行对比(LS - DYNA 在计算时会删除破坏的单元)。从图 2 - 45 中可以看出,第八到十层的房间侧墙和楼板均会遭到较大的破坏。

(4) 安全分析与防护建议

1) 安全分析

311 kgTNT 当量的 4 个卫星和 1 个上面级 B 在 02 # 场区 22 # 建筑爆炸后,会对九到十一层造成严重破坏。因此,控制天线设备间、环控间、推进间、整流罩调温间、热

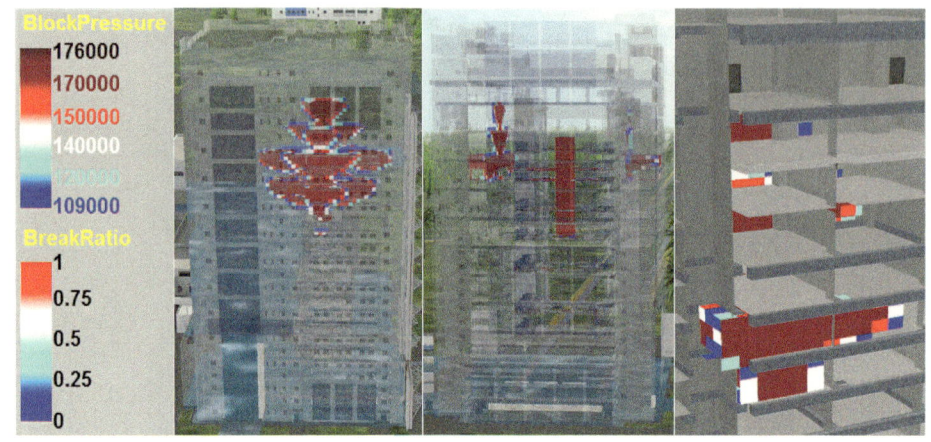

图 2－45　02♯场区 22♯建筑内 4 个卫星和 1 个上面级 B 爆炸时的结构破坏情况

控间、GNC 间、测试间、测控间、总装工作间、整流罩空调机房的人员均有受伤风险,整个推进间、整流罩调温间,以及热控间和环控间的局部人员有死之风险。在六层以上平台的人员均有受伤风险,在九到十一层平台的人员有死亡风险。

2）防护建议

严格控制进入建筑内的工作人员数量,九层至十一层测试间内不应长期有人,六层以上平台限制无关人员进入。

2.4.5　02♯场区 23♯建筑内的爆炸仿真分析

工况——4 个卫星和 1 个上面级 B（622 kgTNT 当量）

(1) 建筑破坏区域预估

根据单向耦合和波阵面跟踪算法的计算结果,622 kgTNT 在 23♯建筑爆炸将会造成 02♯场区 23♯建筑较大程度的破坏,破坏区域主要集中在第五层以上,其中第九层、十层破坏尤为严重,如图 2－46 所示。

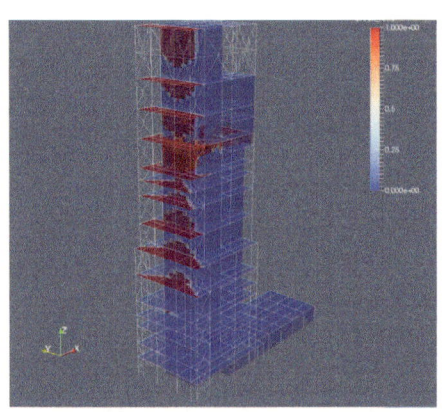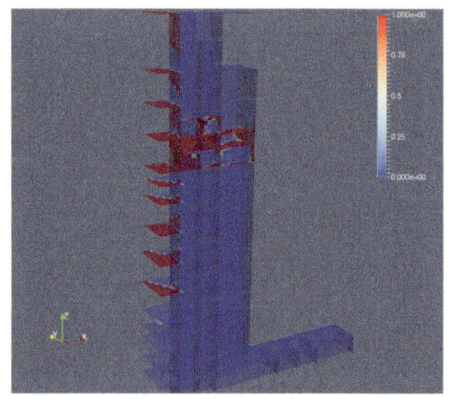

图 2－46　02♯场区 23♯建筑内 4 个卫星和 1 个上面级 B 爆炸时的破坏区域预估

（2）冲击波超压分析

冲击波从卫星位置向周边传播，选取压力在 0.009 MPa（人员受伤，建筑轻度破坏）～0.076 MPa（人员死亡，建筑完全破坏）的区域作为重点分析区域。从图 2 - 47 中可以看出，整个建筑靠近火箭的部分基本会受到冲击波的影响，九层整层都会布满冲击波。

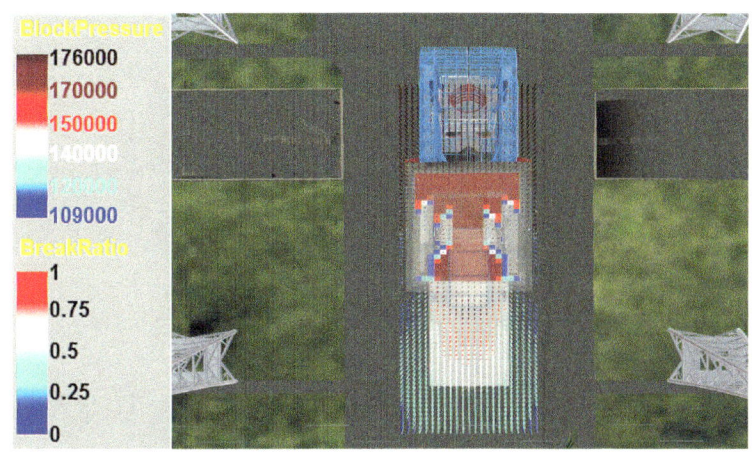

(a) 九层剖面俯视图

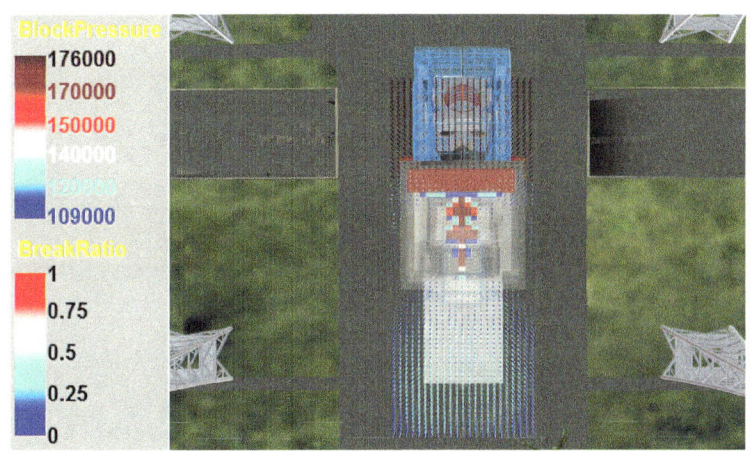

(b) 十层剖面俯视图

图 2 - 47　02＃场区 23＃建筑内 4 个卫星和 1 个上面 B 级爆炸时的冲击波压力分布

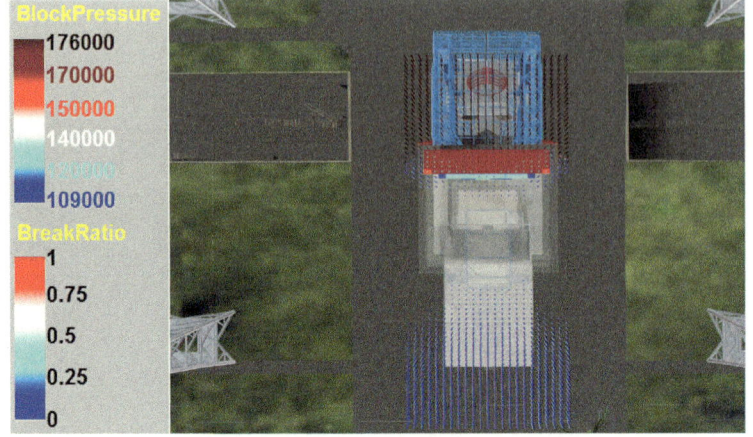

(c) 十一层剖面俯视图

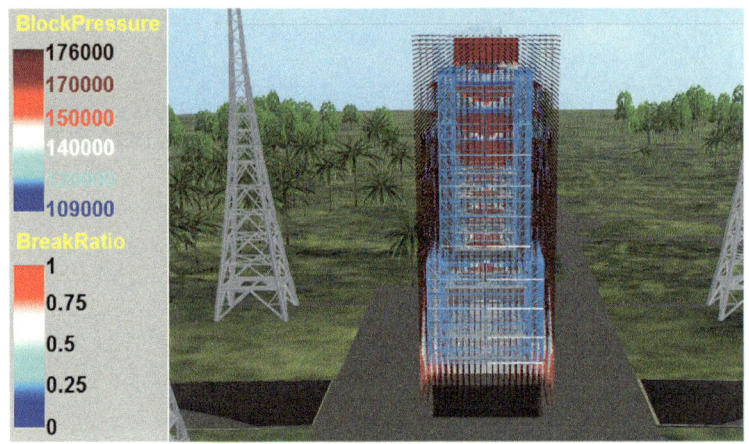

(d) 正视图

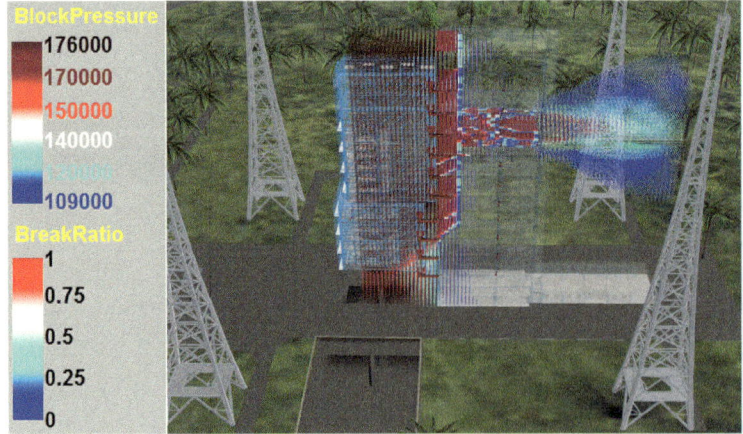

(e) 侧视图

图 2-47　02＃场区 23＃建筑内 4 个卫星和 1 个上面 B 级爆炸时的冲击波压力分布(续)

危险区域人员伤害风险如表 2 - 28 所列。

表 2 - 28 　 02♯场区 23♯建筑内 4 个卫星和 1 个上面级 B 爆炸时的危险区域分析

序　号	危险区域	人员伤害风险	
		致死范围	致伤范围（含致死）
1	供配气系统工作间	靠近火箭 1 m×6 m	靠近火箭 3 m×6 m
2	火箭总体网系统工作间	靠近火箭 1 m×6 m	整个房间
3	瞄准间 1	靠近火箭 1 m×6 m	整个房间
4	GNC 间（一级半）	靠近火箭 1 m×6 m	靠近火箭 3 m×6 m
5	瞄准间 2	靠近火箭 1 m×6 m	整个房间
6	GNC 间	整个房间	整个房间
7	热控工作间	整个房间	整个房间
8	毒气监测间	整个房间	整个房间
9	空调机房	整个房间	整个房间
10	通信工作间	整个房间	整个房间
11	整流罩空调机房	整个房间	整个房间
12	外安工作间	靠近火箭 3 m×6 m	整个房间
13	备件库	靠近火箭 1 m×6 m	整个房间
14	室外	无	以火箭为圆心、地面半径为 30 m 范围内（依据经验公式计算）

（3）建筑结构破坏分析

将施加爆炸载荷后的计算文件提交给 LS - DYNA 进行计算，并将结果与预估的破坏区域进行对比（LS - DYNA 在计算时会删除破坏的单元）。从图 2 - 48 中可以看出，破坏主要集中在五层以上区域，九层和十层的破坏最为严重，测试间的墙体也遭到较大破坏。

（4）安全分析与防护建议

1）安全分析

622 kgTNT 当量的 4 个卫星和 1 个上面级 B 在 02♯场区 23♯建筑发生爆炸后，将会造成五层以上楼板结构的破坏，以及九层和十层测试间外墙的破坏。因此，GNC间、热控工作间、毒气监测间、空调机房、通信工作间、整流罩空调机房的全部区域，以及供配气系统工作间、火箭总体网系统工作间、瞄准间 1、GNC 间（一级半）、瞄准间 2、外安工作间、备件库的局部区域的人员存在死亡风险；上述房间内的人员均存在受伤风险。同时，在建筑上靠近火箭 5～10 m 内处于暴露环境的人员均有受伤风险；在九层和十层靠近火箭 5 m 范围内处于暴露环境的人员存在死亡风险。

2）防护建议

严格控制 23♯建筑上工作人员数量，九层和十层测试间内不应长期有人，八层至十层以及各层靠近火箭 10 m 范围的空间限制无关人员进入。以火箭为圆心、半径约 30 m 范围的地面区域禁止人员和车辆进入。

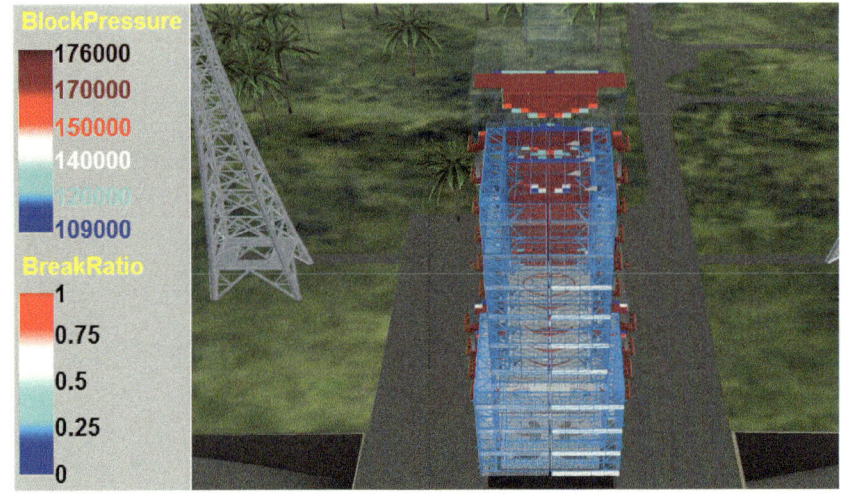

(a) 正视图

(b) 侧视图

图 2－48　02♯场区 23♯建筑内 4 个卫星和 1 个上面级 B 爆炸时的结构破坏情况

2.5　总　结

通过大量的算例分析可以看出,爆炸的破坏作用与距离密切相关。即便采取了泄压墙结构,13 kg 及以上 TNT 当量的危险品发生爆炸也会对建筑造成破坏。这是因为泄压墙对近距离爆炸的防护效果有限,拉开安全距离才是比较有效的措施。因此,一方面,应尽量减少危险品的数量;另一方面,应尽量使危险源远离人员和产品的聚集区。

泄压墙的主要作用是减少冲击波的反射,由于在爆炸计算过程中未考虑反射波的作用,因此无法对泄压墙的防护效能做出评价。

第 3 章 泄漏分析

泄漏事故仿真分析主要用于研究室内污染物的扩散,使用商用流体力学仿真程序 Fluent 计算泄漏事故情况下有毒气体的分布。算例主要涉及发射场内有卫星或加注罐的场所,如各加注厅、加注设备间等。

3.1 泄漏事故

3.1.1 污染源参数

由于泄漏事故模式复杂,泄漏口尺寸、流量等均存在不确定性,因此根据国内外常规研究方法,一般采用将污染源等效为一定面积液面的方法进行计算。考虑到卫星的特征尺寸一般在 3 m 左右,因此将加注厅内污染源等效为 3 m×3 m 的液面,且假设它位于大厅中部;加注罐等设备的特征尺寸一般为 2～3 m,因此将加注设备间内污染源等效为房间面积的 1/9,且假设它位于房间中部。对于室外泄漏工况,按照单位质量流量进行计算。

3.1.2 算 例

室内泄漏事故工况算例如表 3－1 所列。每种工况算例需要考虑开启空调、事故排风等因素,重点分析污染物的扩散过程以及事故排风的作用效果。

表 3－1 泄漏事故工况算例汇总

序 号	事故场所	危险源(污染物)
1	01♯场区 11♯建筑加注厅(1101 房间)	1 个卫星(偏二甲肼和四氧化二氮)
2	01♯场区 11♯建筑燃料剂加注设备间(1102 房间)	1 个加注罐(偏二甲肼)
3	01♯场区 11♯建筑氧化剂加注设备间(1103 房间)	1 个加注罐(四氧化二氮)
4	01♯场区 12♯建筑加注厅(1201 房间)	1 个卫星(四氧化二氮)
5	01♯场区 12♯建筑燃烧剂加注设备间(1202 房间)	1 个加注罐(偏二甲肼)
6	01♯场区 12♯建筑氧化剂加注设备间(1203 房间)	1 个加注罐(偏二甲肼和四氧化二氮)
7	02♯场区 21♯建筑加注扣罩厅(2102 房间)	1 个卫星(偏二甲肼和四氧化二氮)
8	02♯场区 21♯建筑燃烧剂加注设备间 0(2103 房间)	1 个加注罐(偏二甲肼)
9	02♯场区 21♯建筑氧化剂加注设备间 0(2104 房间)	1 个加注罐(四氧化二氮)

序　号	事故场所	危险源(污染物)
10	02♯场区 21♯建筑加注厅 1(2101 房间)	1 个卫星(偏二甲肼和四氧化二氮)
11	02♯场区 21♯建筑燃烧剂加注设备间 1(2105 房间)	1 个加注罐(偏二甲肼)
12	02♯场区 21♯建筑氧化剂加注设备间 1(2106 房间)	1 个加注罐(偏二甲肼和四氧化二氮)
13	02♯场区 22♯建筑	1 个卫星(偏二甲肼和四氧化二氮)

3.2　泄漏事故仿真方法

3.2.1　方法简介

由于易燃易爆有毒物质泄漏事故造成惨重损伤,因此国内外对此已有不少研究。

偏二甲肼和四氧化二氮的泄漏安全分析主要是对其毒性进行分析,可以分解为 3 个过程:液态泄漏过程、蒸发过程、气态扩散过程。

在液态泄漏过程中,污染物主要呈液态,其泄漏量主要与泄漏源的气压,以及泄漏口的尺寸、形状有关,持续时间较短、覆盖区域较小,因此可以忽略此过程。

蒸发过程涉及复杂的气液相变,数值模拟需要消耗大量的资源。已有学者通过实验手段对这一过程进行了研究,得到了一系列计算蒸发速率的经验公式。此系列经验公式简单方便,可以作为污染物气态扩散过程的输入条件,能极大地简化整个泄漏安全分析的仿真过程。

在气态扩散过程中,污染物毒性覆盖区域迅速扩大,对人员安全构成严重威胁,对救援措施指导意义重大,因此本章主要对此过程进行分析。

气态扩散过程满足微观质量守恒定律、动量守恒定律、能量守恒定律和组分输运方程:

$$\begin{cases} \dfrac{\partial \rho}{\partial t} + \dfrac{\partial (\rho u_j)}{\partial x_j} = 0 \\[2mm] \dfrac{\partial (\rho u_i)}{\partial t} + \dfrac{\partial (\rho u_i u_j)}{\partial x_j} = -\dfrac{\partial p}{\partial x_i} + \dfrac{\partial}{\partial x_j}\left(\mu \dfrac{\partial u_i}{\partial x_j} \right) + (\rho - \rho_a) g_i \\[2mm] \dfrac{\partial (\rho T)}{\partial t} + \dfrac{\partial (\rho u_j T)}{\partial x_j} = \dfrac{\partial}{\partial x_j}\left(\dfrac{k}{c_p} \dfrac{\partial T}{\partial x_j} \right) + S_T \\[2mm] \dfrac{\partial (\rho c_s)}{\partial t} + \dfrac{\partial (\rho u_j c_s)}{\partial x_j} = \dfrac{\partial}{\partial x_j}\left(D_s \dfrac{\partial (\rho c_s)}{\partial x_j} \right) \end{cases} \tag{3-1}$$

其中,ρ 为混合物密度,u 为速度,μ 为流体的动力黏度,p 为绝对压强,g 为重力加速度,ρ_a 为空气密度,c_p 为比定压热容,T 为温度,k 为流体传热系数,S_T 为内热源,c_s、D_s 分别为组分 s 的体积浓度、扩散系数。

直接利用数学方法求解方程组(3-1)比较困难,至今没有完善的解析解。在气体扩散过程的早期研究中,一系列经验数学模型被提出,例如高斯烟羽模型、高斯烟团模型、BM 模型、SUTTO 模型等,各模型特性比较如表 3-2 所列。但这些模型存在众多简化,使用受限,或者由试验数据拟合而得但具体模型参数并未公开,而且计算精度较低,难以满足需求。

表 3-2　各模型特性比较

模型名称	适用对象	使用范围	难易程度	计算量	精　度
高斯烟羽模型	中性气体	大规模、长时间	较易	少	较差
高斯烟团模型	中性气体	大规模、短时间	较易	少	较差
BM 模型	中性或重性气体	大规模、长时间	较易	少	一般
SUTTO 模型	中性气体	大规模、长时间	较易	少	较差

另外,随着数值模拟技术的发展,数值求解微分方程组(3-1)成为可能,而且出现了一系列优秀的流体动力学仿真软件,例如 Fluent、PHOENICS、STAR - CD、CFX、FIDAP 等。

使用 Fluent 的多物质输运模型能很好地模拟气体污染物在空气中的扩散过程。它能充分考虑扩散过程中的物质输运、能量交换,并且支持 UDF 编程对边界条件进行自定义设置,这极大地方便了模拟。

气体扩散模拟分析主要包括 3 个步骤:前处理、Fluent 求解、后处理,如图 3-1 所示。

图 3-1　气体扩散模拟分析流程

3.2.2　模型单位

各基本物理量单位如表 3 - 3 所列。

表 3 - 3　基本物理量单位

物理量	单　位
长度	m
时间	s
质量	kg

3.2.3　房间的几何参数

房间的典型结构如图 3 - 2 所示,包括门、墙壁、送风口(入风口)、排风口(出风口)、液面等。在通常情况下,门、窗关闭,故将它们视为墙壁。对于大房间,假设液面尺寸为 3 m×3 m;对于小房间,液面尺寸为房间底部面积的 1/9。

若不附加特别说明则采用坐标系:X 轴指向东方,Y 轴指向北方,Z 轴指向高度方向,房间位于坐标系第一象限。

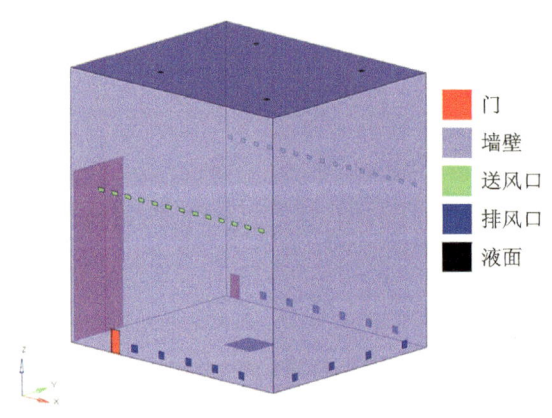

图 3 - 2　房间典型结构示意

3.2.4　网格划分

采用专业网格生成软件 HyperMesh 进行网格划分。

考虑对分析空间的精度要求(小于 1 m)以及典型结构尺寸,确定网格尺寸为 0.2~0.5 m。为减少网格数量,需要尽可能采用六面体规则网格。图 3 - 3 给出一个房间的典型网格划分。

图 3 - 3　房间的典型网格划分

需要注意的是,送、排风口一般为圆形,将它们简化为面积相等的正方形,以便于划分网格。

3.2.5　选择求解器及物理模型

选择求解器"Pressure-Based"。

另外,因为求解问题为变化流场,故时间上选择"Transient"。因为气体流动需要考虑传热,故选择能量方程"Energy Equations"。由于扩散计算需要考虑气体黏性,因此选择最常用的"标准 k－epsilon"模型。模拟涉及气体扩散输运,因而需要选择组分输运方程"Species Transport"。

3.2.6　设置材料参数

在计算工况下,压强变化微小,各气体采用不可压理想气体定律。空气可以采用Fluent 中默认的气体材料参数。污染物采用空气的基本材料参数,只将其物质的量(Molecular Weight)改为正确值。

主要计算两种污染物:偏二甲肼和四氧化二氮。由于四氧化二氮在常温下会分解为二氧化氮(NO_2),并且其毒性实际上为二氧化氮的毒性,因此在计算中直接计算二氧化氮的扩散过程。两种污染物材料参数如表 3 - 4 所列。

表 3 - 4　污染物材料参数

污染物	简　写	相对分子质量	常温常压密度/ (kg·m^{-3})	作业场所最高允许质量 浓度/(mg·m^{-3})	10 min 应急暴露 极限/(mg·m^{-3})
偏二甲肼	UDMH	60	2.496 6	0.5(0.2×10^{-6})	250(102×10^{-6})
二氧化氮	NO$_2$	46	1.914 1	5(2.8×10^{-6})	54(30×10^{-6})

污染物	30 min 应急 暴露极限/ (mg·m^{-3})	60 min 应急 暴露极限/ (mg·m^{-3})	废气排放最高 允许质量浓度/ (mg·m^{-3})	爆炸极限	
偏二甲肼	125(51×10^{-6})	75(30.6×10^{-6})	30	0.625%	
二氧化氮	36(20×10^{-6})	18(10×10^{-6})	420~1 700	—	

注:"()"内数值表示对应的污染物体积分数(摩尔分数);偏二甲肼爆炸的体积分数(爆炸极限)为 2.5%~ 78.5%,这里取其 1/4,即 0.625%。

采用污染物的 10 min 应急暴露极限作为中毒标准,将其对应的污染物体积分数作为后处理的标准值。另外,观察达到作业场所最高允许质量浓度、爆炸极限的污染物覆盖范围。

3.2.7　设置边界条件

不考虑房间与外界的热交换,将参考温度设置为各房间室温,将大气压设定为 101 325 Pa。考虑重力影响,将其加速度设置为 -9.8 m/s^2。

将房间墙壁设定为固定无滑移壁面,温度恒定,不考虑气体从墙壁及门缝进出。

将污染物蒸发液面设定为质量入口,温度恒定,其质量流量由 UDF 函数设置。该处参考了相关文献,其通过实验确定了偏二甲肼、四氧化二氮在贮存条件下的质量蒸发速率公式:

$$v_{\text{UDMH}} = 2.603\ 6A\gamma^{0.553}(0.001\ 935T^2 + 0.018\ 988T + 0.511\ 81)(-2H^2 + 4.46H - 0.026\ 5)$$

$$v_{\text{N}_2\text{O}_4} = 1.033\ 6A\gamma^{0.610\ 5}(0.004\ 207T^2 + 0.228\ 768T + 1.145\ 858)(4.5H^2 - 1.625H + 4.607\ 9)$$

其中,v 为质量蒸发速率,mg/min;A 为蒸发面积,cm^2;T 为环境温度,℃;γ 为表面风速,m/s;H 为环境相对湿度,[0,1]。

给定相对湿度

$$H = 0.5$$

则可以得到蒸发液面单位面积的污染物质量流量

$$q_{m,\text{UDMH}} = 7.392\ 1 \times 10^{-4}\gamma^{0.553}(0.001\ 935T^2 + 0.018\ 988T + 0.511\ 81)$$

$$q_{m,\text{NO}_2} = 8.476\ 2 \times 10^{-4}\gamma^{0.610\ 5}(0.004\ 207T^2 + 0.228\ 768T + 1.145\ 858)$$

其单位为 kg/(s·m^2)。

送、排风口给定了体积流量,由其截面积可以求得流速。对于封闭房间,为使得进出流量一致,只能在送风口或者排风口设置流量条件。将送风口设置为速度入口,速度恒定,温度恒定;将排风口设置为压强出口,压强为大气压,温度恒定。

采用湍流强度＋水力直径的方式设定各送排风口湍流条件。其中,湍流强度均取为 5%,水力直径 H 可由入风口截面积 S 和入风口周长 L 计算而得:

$$H = \frac{4S}{L}$$

另外,对于未开启事故排风时的循环风口(例如空调),从排风口排出的污染物会全部从对应送风口进入,这部分污染物的量是随时间变化的。采用 UDF 的方式实现了这种边界条件,如图 3-4 所示。

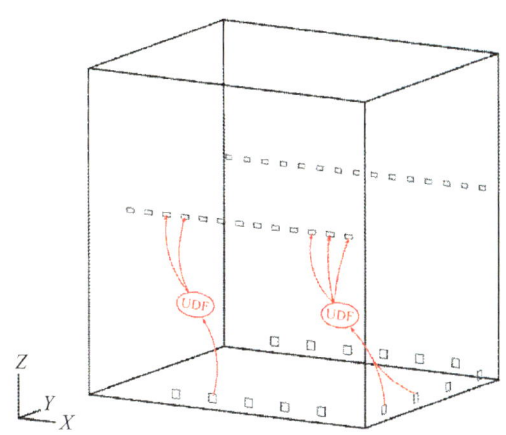

图 3-4　利用 UDF 实现循环风口边界条件的示意

3.2.8　设置求解控制参数

PISO 算法主要用于时间步长较大的瞬态问题模拟,而 SIMPLE/SIMPLEC 算法主要用于稳态问题计算。在压强速度耦合求解时选择 PISO 算法。

在空间离散方式中,设置"Gradient"为"Green-Gauss Node Based"、"Pressure"为"Body Force Weighted",将其余参数设置为默认值。

可将"Under-Relaxation Factors"的初始值设置为默认值,并试算。或者参照相关文献,将压强、动量、k、epsilon 分别设为 0.2、0.5、0.5、0.5,其余参数均设置为 0.7。

刚开始可以使用较大时间步长试算一步。如果残差曲线在此时间步长内并未收敛,则将时间步长调小,继续试算。

试算步采用时间步长 5 s,正式计算步采用时间步长 1 s(部分大房间后续计算采用时间步长 5 s)。

3.2.9　设置结果输出

主要结果输出有:污染物蒸发液面的质量流量随时间的变化曲线、房间内污染物的平均体积分数随时间的变化曲线、房间内污染物体积分数的等值面图及动画、高度为 1 m 的平面的污染物体积分数分布云图。

3.2.10　计算步骤

为更接近污染物泄漏的真实情况,将计算步骤分为两步:

① 试算步:获取较稳定的室内流场。

(a) 初始化时,流场静止,房间内污染物的质量浓度均为 0。

(b) 污染物从液面蒸发入口开始扩散。

(c) 监测液面蒸发入口的质量流量,利用它来衡量房间内部流场的稳定程度。

(d) 待它基本稳定后,可以认为房间内部流场基本稳定,近似为实际泄漏开始时的稳定流场。此时,中止试算。

② 正式计算步:获得污染物扩散过程。

(a) 直接修改 UDF 文件,设置"evap_start_time"为第①步获得的流场稳定时间。

(b) 重新编译 UDF,并重新初始化流场,重新开始计算。

3.3　泄漏事故仿真分析

3.3.1　试算步计算结果

试算步主要估计房间内流场达到稳定的时间。这里利用污染物蒸发液面的质量流量估算流场的稳定程度。当此质量流量基本稳定时,可以认为房间内流场基本稳定。

1. 污染物蒸发液面的质量流量随时间的变化曲线

图 3-5~图 3-16 给出了试算步中各个房间内各种污染物工质蒸发液面的质量流量随时间的变化曲线。

从图中可以看出,房间越大,流场稳定需要的时间越长;同一个房间内不同污染物工质蒸发液面的质量流量—时间曲线相似,说明流场稳定时间主要与房间风口结构相关;二氧化氮蒸发液面的质量流量约为偏二甲肼蒸发液面的质量流量的 4 倍。对于多风口的房间,流场可能不会稳定,这里的稳定时间只是近似的。

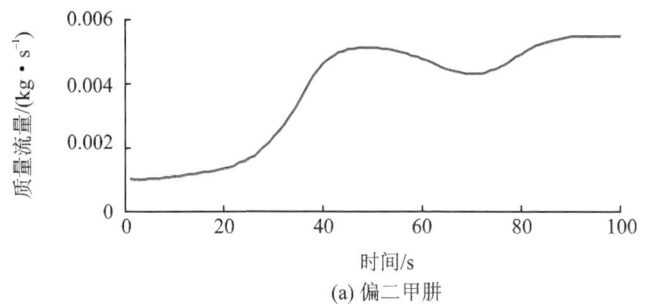

(a) 偏二甲肼

图 3-5　试算步中 01♯场区 11♯建筑 1101 房间内污染物蒸发液面的质量流量随时间的变化曲线

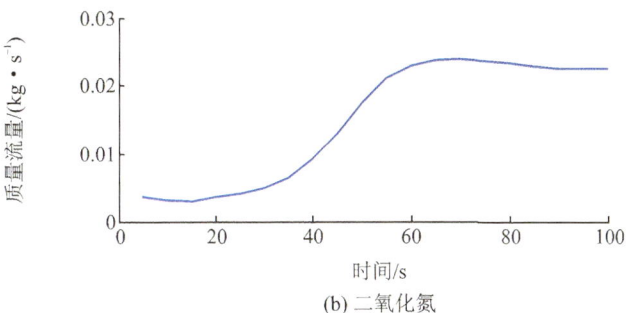

(b) 二氧化氮

图 3 - 5 试算步中 01♯场区 11♯建筑 1101 房间内污染物蒸发液面的质量流量随时间的变化曲线(续)

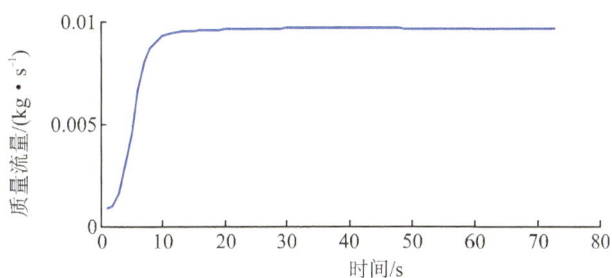

图 3 - 6 试算步中 01♯场区 11♯建筑 1102 房间内偏二甲肼蒸发液面的质量流量随时间的变化曲线

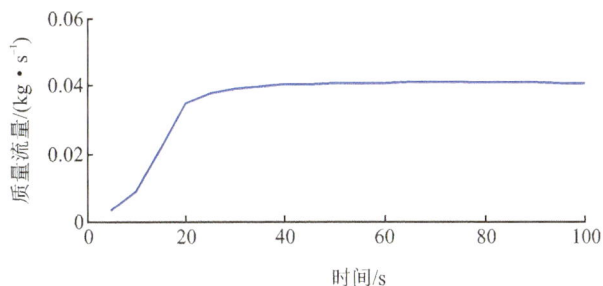

图 3 - 7 试算步中 01♯场区 11♯建筑 1103 房间内二氧化氮蒸发液面的质量流量随时间的变化曲线

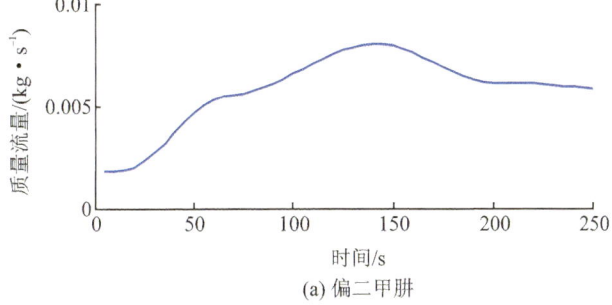

(a) 偏二甲肼

图 3 - 8 试算步中 02♯场区 21♯建筑 2102 房间内污染物蒸发液面的质量流量随时间的变化曲线

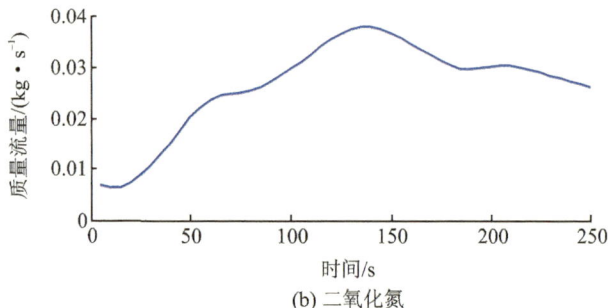

(b) 二氧化氮

图 3-8 试算步中 02♯场区 21♯建筑 2102 房间内污染物蒸发液面的质量流量随时间的变化曲线(续)

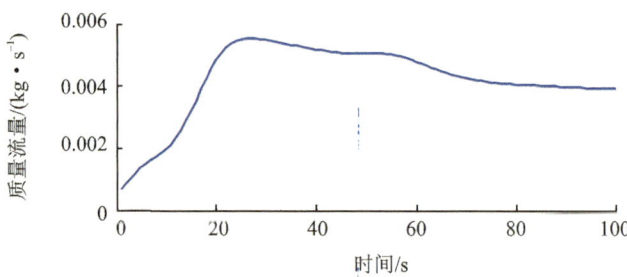

图 3-9 试算步中 02♯场区 21♯建筑 2103 房间内偏二甲肼蒸发液面的质量流量随时间的变化曲线

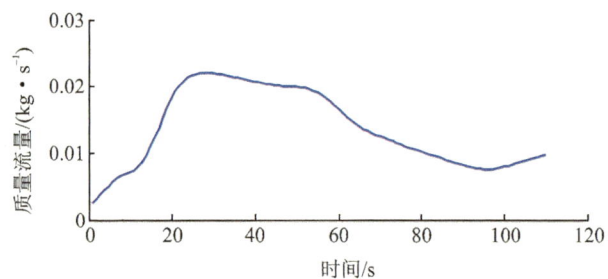

图 3-10 试算步中 02♯场区 21♯建筑 2104 房间内二氧化氮蒸发液面的质量流量随时间的变化曲线

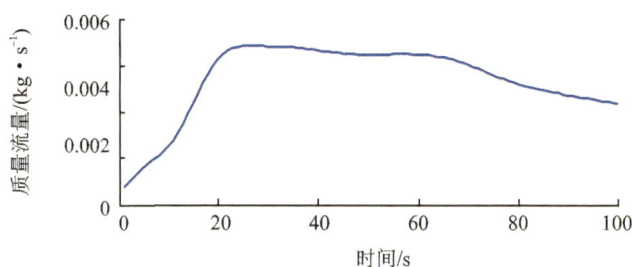

图 3-11 试算步中 02♯场区 21♯建筑 2105 房间内偏二甲肼蒸发液面的质量流量随时间的变化曲线

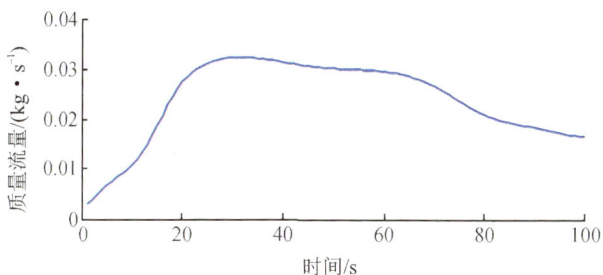

图 3 - 12　试算步中 02♯场区 21♯建筑 2106 房间内二氧化氮蒸发液面的质量流量随时间的变化曲线

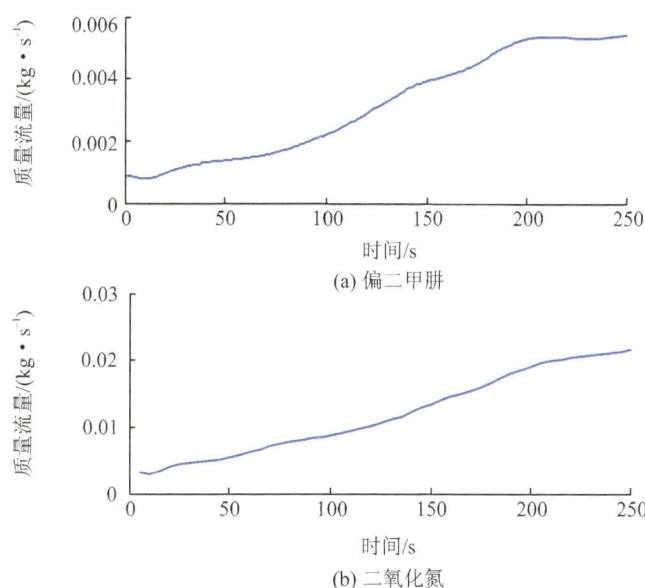

图 3 - 13　试算步中 02♯场区 21♯建筑 2101 房间内污染物蒸发液面的质量流量随时间的变化曲线

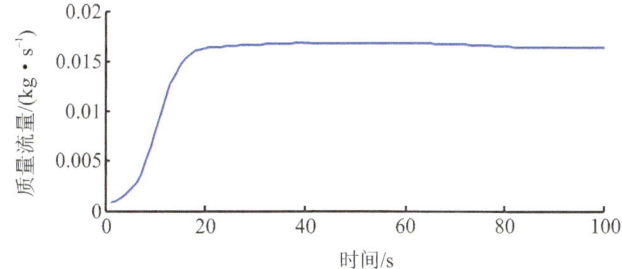

图 3 - 14　试算步中 01♯场区 12♯建筑 1201 房间内二氧化氮蒸发液面的质量流量随时间的变化曲线

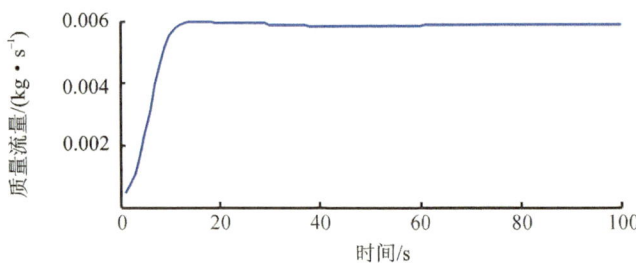

图 3－15　试算步中 01＃场区 12＃建筑 1202 房间内偏二甲肼蒸发液面的质量流量随时间的变化曲线

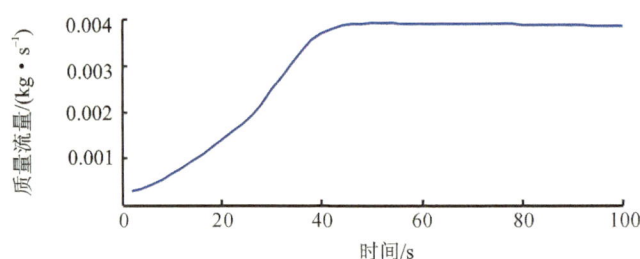

图 3－16　试算步中 01＃场区 12＃建筑 1203 房间内偏二甲肼蒸发液面的质量流量随时间的变化曲线

2. 近似稳定流场的速度分布

图 3－17～图 3－28 给出试算步获得的各个房间的近似稳定流场的速度分布。

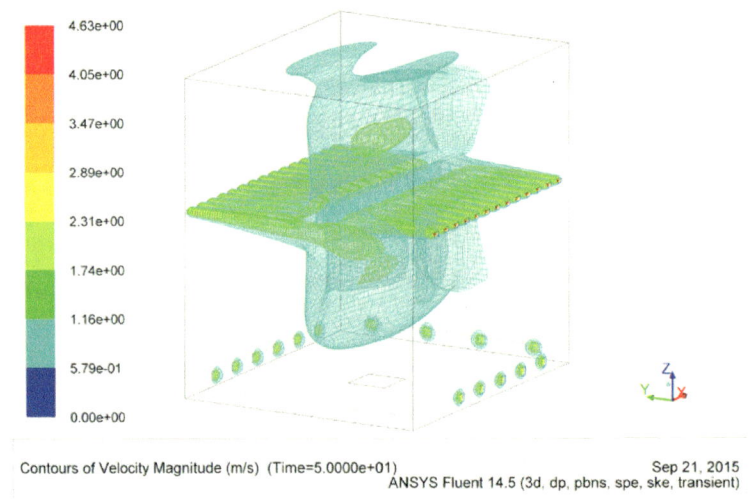

(a) $t=50$ s

图 3－17　01＃场区 11＃建筑 1101 房间的近似稳定流场的速度分布

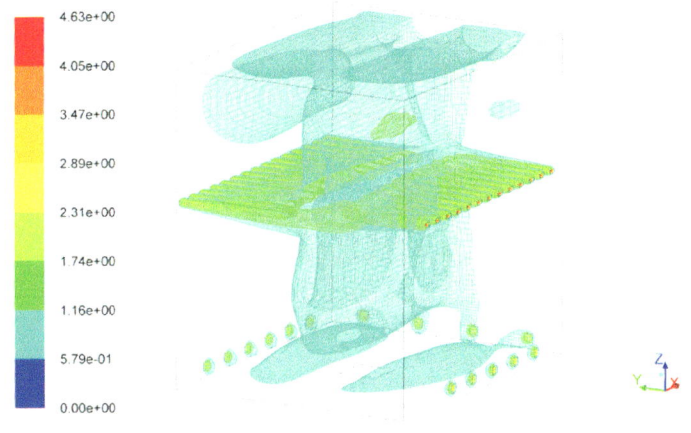

Contours of Velocity Magnitude (m/s) (Time=7.0000e+01)   Sep 21, 2015
                                ANSYS Fluent 14.5 (3d. dp, pbns. spe, ske, transient)

(b) *t*=70 s

图 3 - 17   01♯场区 11♯建筑 1101 房间的近似稳定流场的速度分布(续)

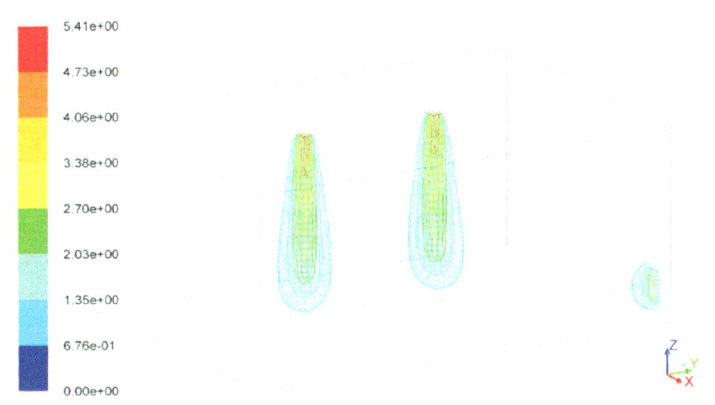

Contours of Velocity Magnitude (m/s) (Time=1.5000e+01)   Sep 21, 2015
                                ANSYS Fluent 14.5 (3d. dp, pbns. spe, ske, transient)

图 3 - 18   01♯场区 11♯建筑 1102 房间的近似稳定流场的速度分布($t=15$ s)

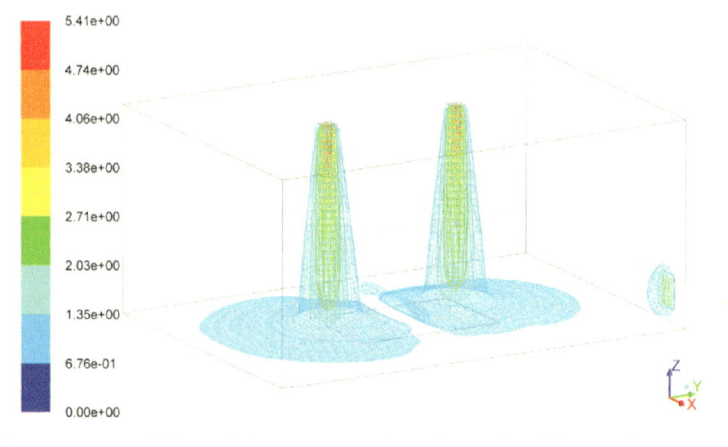

图 3 - 19　01♯场区 11♯建筑 1103 房间的近似稳定流场的速度分布($t=40$ s)

图 3 - 20　02♯场区 21♯建筑 2102 房间的近似稳定流场的速度分布($t=200$ s)

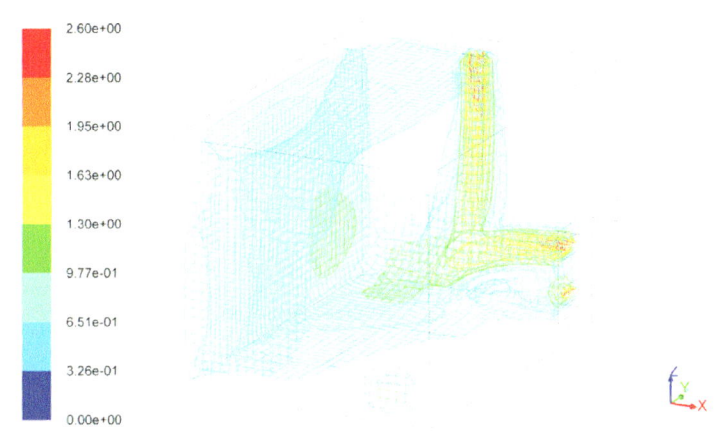

Contours of Velocity Magnitude (m/s) (Time=4.0000e+01)   Sep 21, 2015
                              ANSYS Fluent 14.5 (3d, dp, pbns, spe, ske, transient)

图 3 – 21 　02♯场区 21♯建筑 2103 房间的近似稳定流场的速度分布($t=40\,\text{s}$)

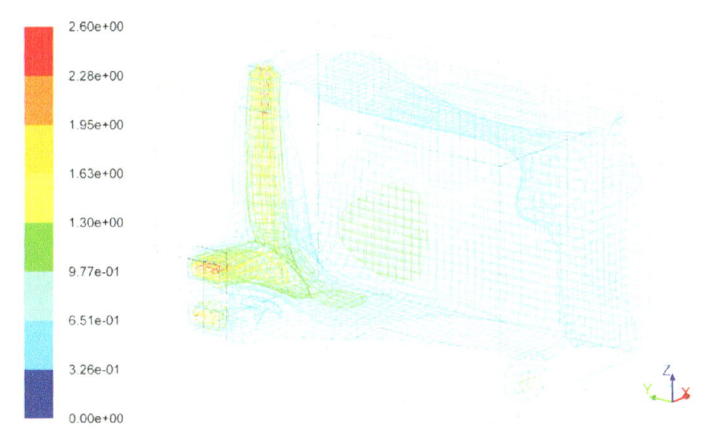

Contours of Velocity Magnitude (m/s) (Time=4.0000e+01)   Sep 21, 2015
                              ANSYS Fluent 14.5 (3d, dp, pbns, spe, ske, transient)

图 3 – 22 　02♯场区 21♯建筑 2104 房间的近似稳定流场的速度分布($t=40\,\text{s}$)

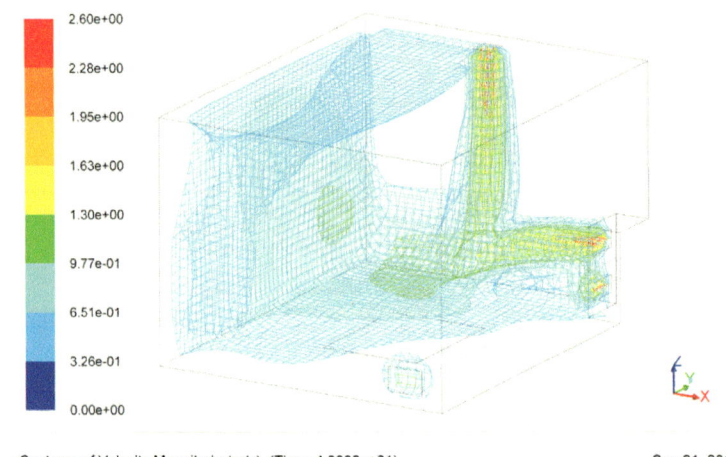

Contours of Velocity Magnitude (m/s) (Time=4.0000e+01)   Sep 21, 2015
                                                    ANSYS Fluent 14.5 (3d, dp, pbns, spe, ske, transient)

图 3 - 23　02♯场区 21♯建筑 2105 房间的近似稳定流场的速度分布($t=40$ s)

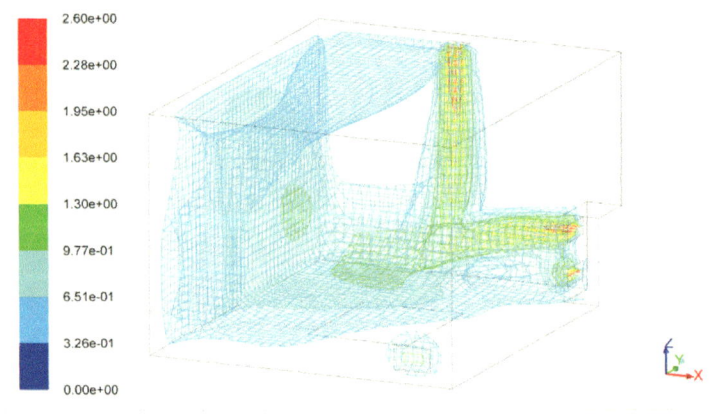

Contours of Velocity Magnitude (m/s) (Time=4.0000e+01)   Sep 21, 2015
                                                    ANSYS Fluent 14.5 (3d, dp, pbns, spe, ske, transient)

图 3 - 24　02♯场区 21♯建筑 2106 房间的近似稳定流场的速度分布($t=40$ s)

Contours of Velocity Magnitude (m/s) (Time=2.5000e+02)   Sep 21, 2015
ANSYS Fluent 14.5 (3d, dp, pbns, spe, ske, transient)

图 3 - 25　02♯场区 21♯建筑 2101 房间的近似稳定流场的速度分布($t = 250$ s)

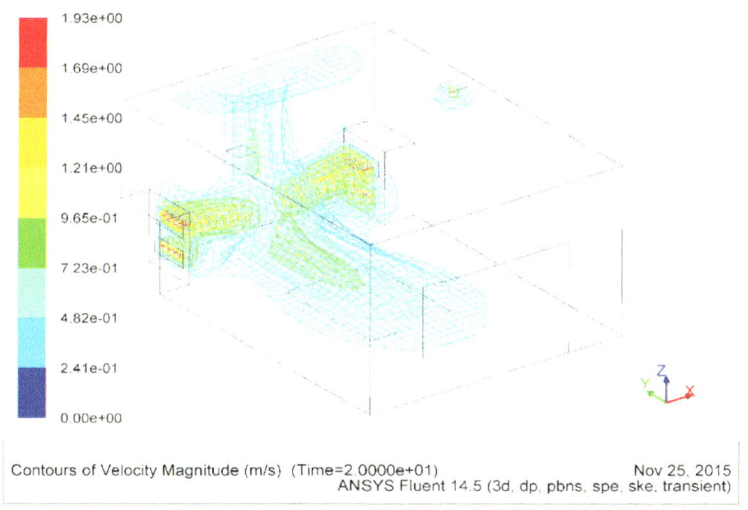

Contours of Velocity Magnitude (m/s) (Time=2.0000e+01)   Nov 25, 2015
ANSYS Fluent 14.5 (3d, dp, pbns, spe, ske, transient)

图 3 - 26　01♯场区 12♯建筑 1201 房间的近似稳定流场的速度分布($t = 20$ s)

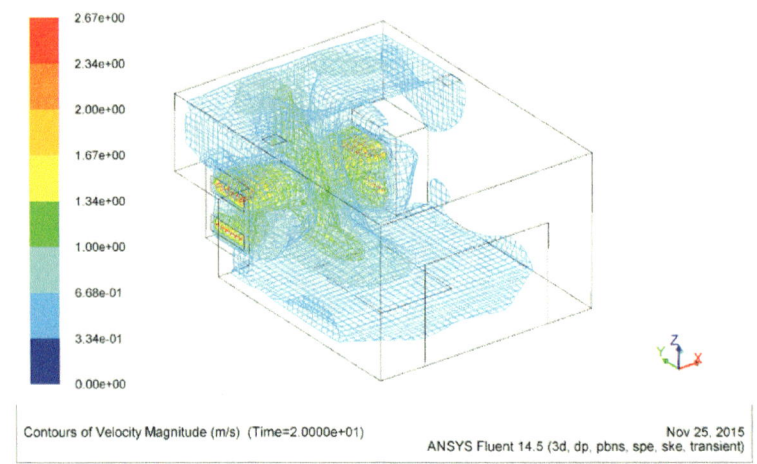

图 3 - 27　01♯场区 12♯建筑 1202 房间的近似稳定流场的速度分布（$t = 20$ s）

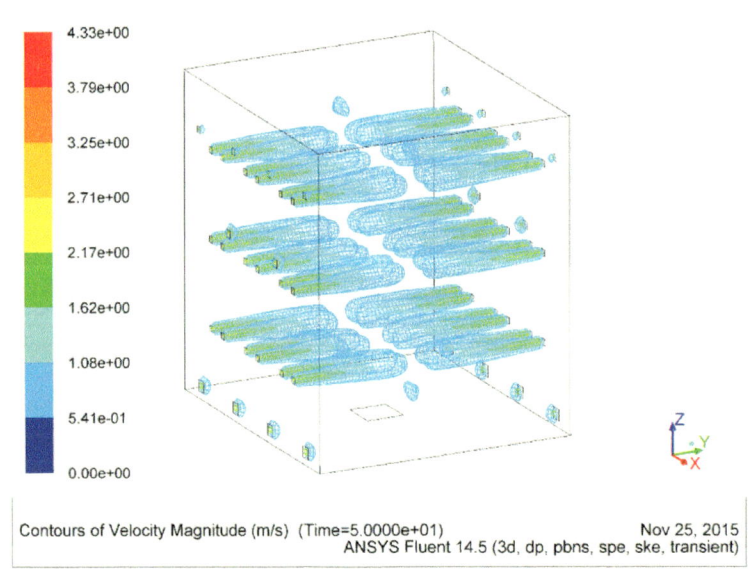

图 3 - 28　01♯场区 12♯建筑 1203 房间的近似稳定流场的速度分布（$t = 50$ s）

3.3.2　01♯场区 11♯建筑内的泄漏事故仿真分析

1. 1101 房间内污染物的扩散过程

给定房间参数如下:送风量为 80 000 m³/h,其中,新风量为 12 000 m³/h,回风量为 68 000 m³/h;最下边一排风口为排风口,底标高为 500 mm,尺寸为 630 mm× 630 mm,排风量为 4 000 m³/h;中间一排风口为送风口,底标高均为 13 500 mm;北墙上的送风口尺寸为 500 mm×320 mm,送风量为 2 666 m³/h;南墙上的送风口尺寸为 630 mm×320 mm,送风量为 3 076 m³/h;最上边 4 个风口为回风口,尺寸为 420 mm ×420 mm,回风量为 2 000 m³/h(这 4 个回风口只用于建立初始环境用,可暂时不考虑);房间内压力基本平衡,送风量减去回风量的富余风量都按照从建筑墙体、门缝泄漏出去考虑。

分别计算偏二甲肼和二氧化氮在两种工况下的扩散过程。两种工况为:一是污染物泄漏后没有开启事故排风,所有的回风(含有毒气体)都被重新送回到房间内,即 Normal 工况;二是污染物泄漏后开启空调和事故排风,空调回风全部排走,送风内不含有毒气体,即 AE 工况。

(1) 偏二甲肼在 Normal 工况下的扩散过程

图 3-29、图 3-30 给出 01♯场区 11♯建筑 1101 房间内的偏二甲肼在 Normal 工况下的扩散过程。简述如下:扩散开始时,偏二甲肼沿地面分为两支朝房间南北方向扩散;15 s 时,其中一个分支到达南墙;50 s 时,另一个分支到达北墙;100 s 时,北墙分支被稀释,原南墙分支继续扩大并摆动向西北角;190 s 时,偏二甲肼在西北角不断集聚;270 s 时,该聚团又摆动至西南角;340 s 时,该聚团又摆动至西北角,并且聚团体积明显增大;450 s 时,该聚团充满房间西侧南北墙之间的区域,之后朝房间东部扩散;750 s 时,$Z=1$ m 平面的偏二甲肼的质量浓度基本上全部达到其 10 min 应急暴露极限值。

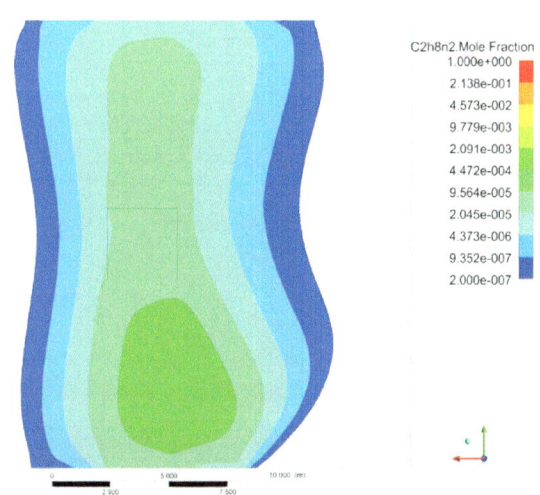

图 3-29　扩散 15 s 达到偏二甲肼的作业场所最高允许质量浓度的区域($Z=1$ m 平面)

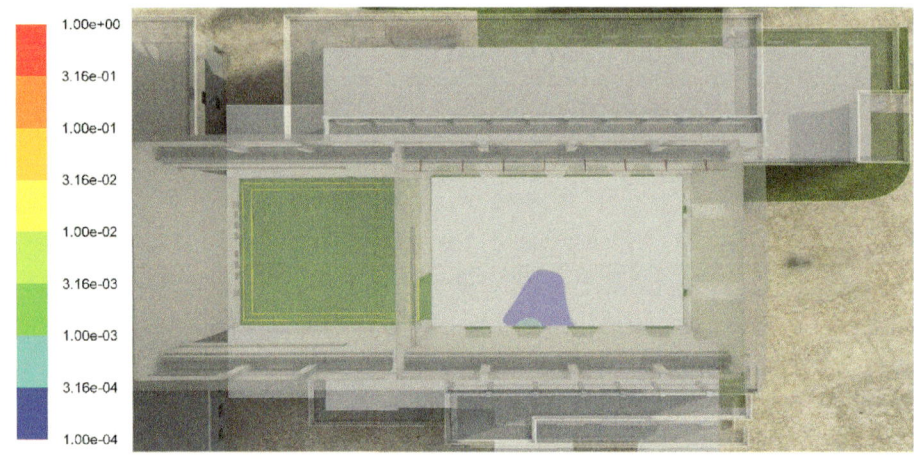

(a) 第75 s

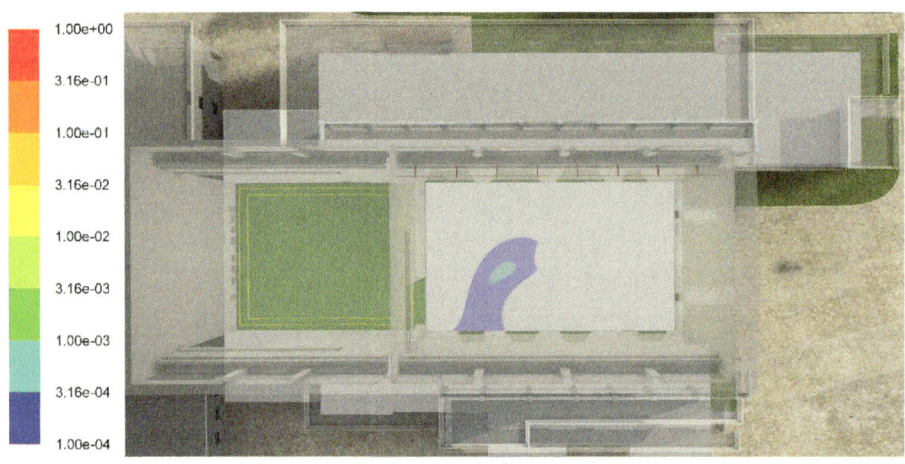

(b) 第110 s

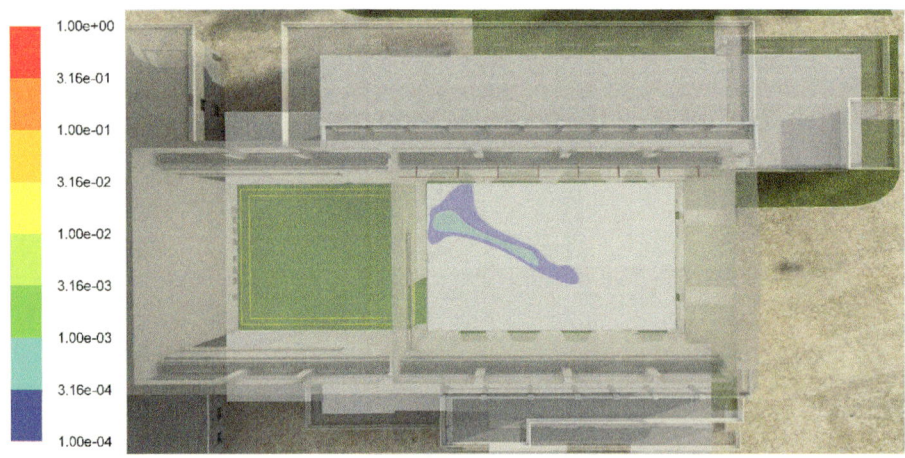

(c) 第160 s

图 3 - 30　偏二甲肼的质量浓度达到其 10 min 应急暴露极限的覆盖区域($z=1$ 平面)

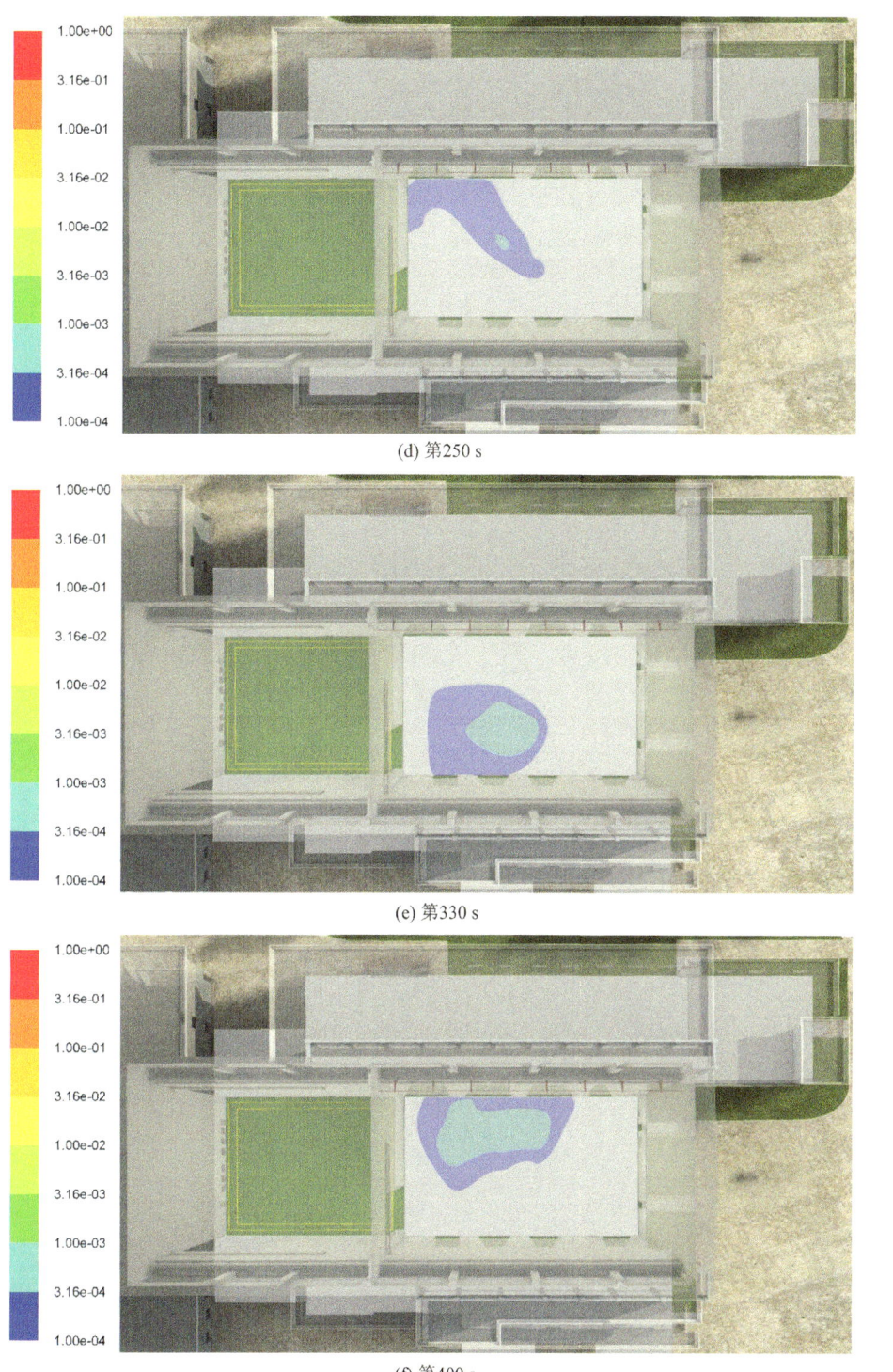

(d) 第250 s

(e) 第330 s

(f) 第400 s

图 3-30 偏二甲肼的质量浓度达到其 10 min 应急暴露极限的覆盖区域($z=1$ 平面)(续)

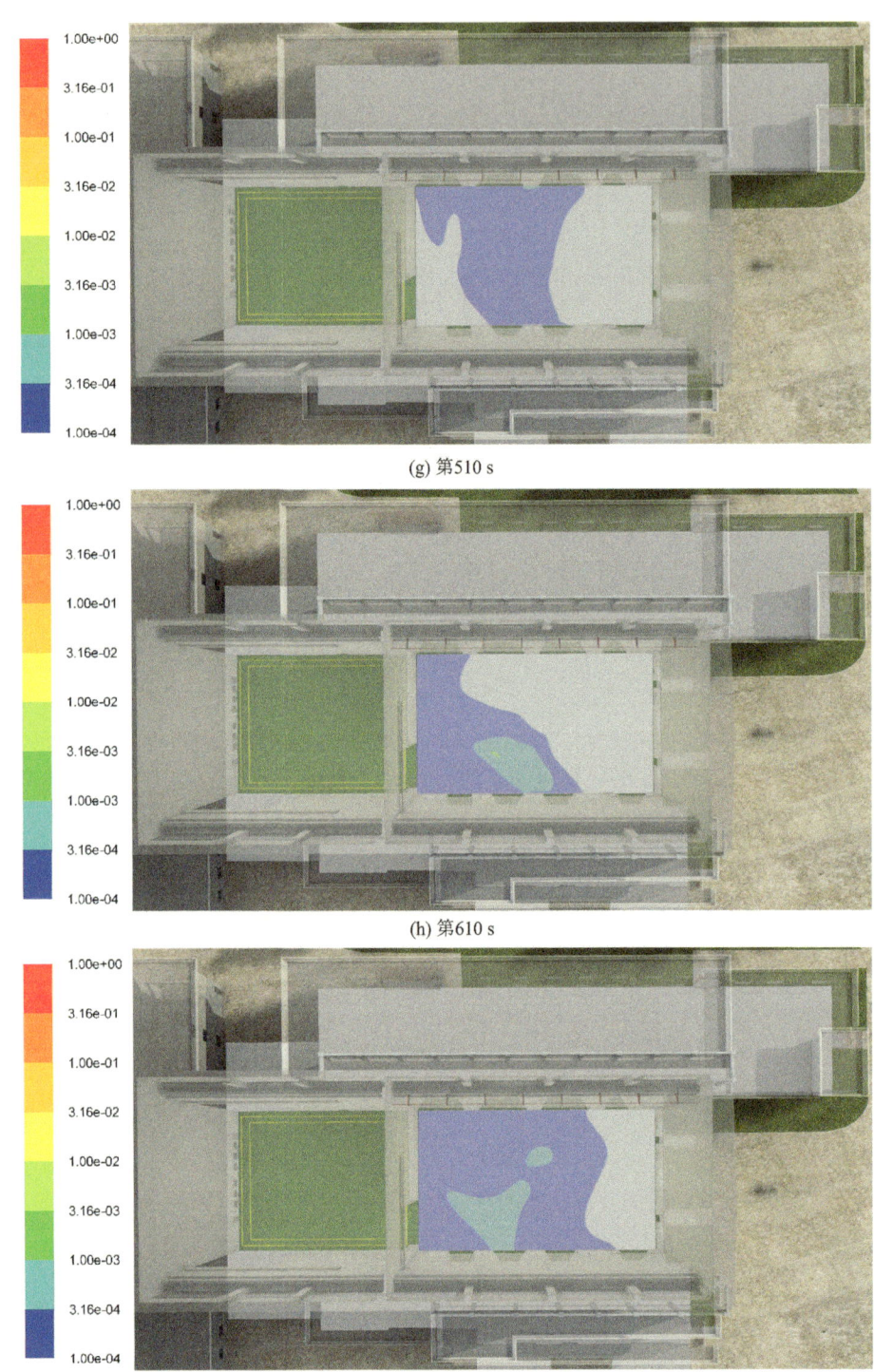

(g) 第510 s

(h) 第610 s

(i) 第710 s

图 3-30　偏二甲肼的质量浓度达到其 10 min 应急暴露极限的覆盖区域($z=1$ 平面)(续)

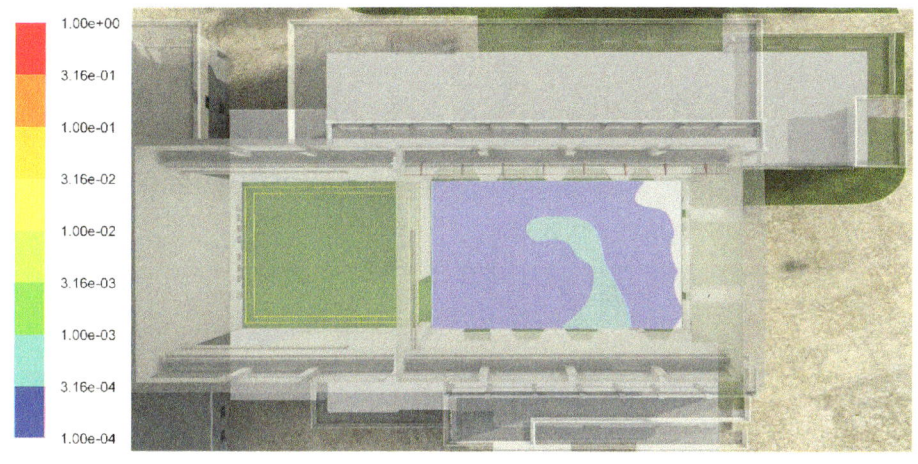

(j) 第810 s

图 3 - 30 偏二甲肼的质量浓度达到其 10 min 应急暴露极限的覆盖区域($z=1$ 平面)(续)

图 3 - 31 给出偏二甲肼蒸发液面的质量流量随时间的变化曲线。由于南、北墙送风口相对,对流明显,导致房间内流场较难稳定,因此偏二甲肼蒸发液面的流量波动较大。

房间内偏二甲肼的平均体积分数随时间的变化曲线如图 3 - 32 所示。

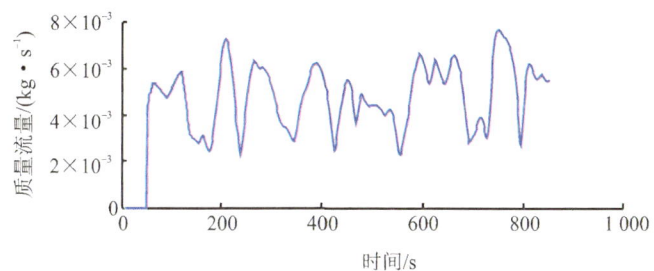

图 3 - 31 偏二甲肼蒸发液面的质量流量随时间的变化曲线

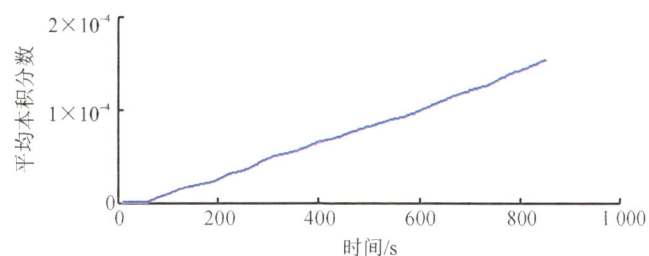

图 3 - 32 房间内偏二甲肼的平均体积分数随时间的变化曲线

图 3 - 33 给出南一排风口与南一送风口的偏二甲肼的质量流量随时间的变化曲线的对比,可以看出,两者基本重合,说明 UDF 函数成功地将从排风口流出的偏二甲肼转移至对应送风口,模拟了 Normal 工况下的真实情况。

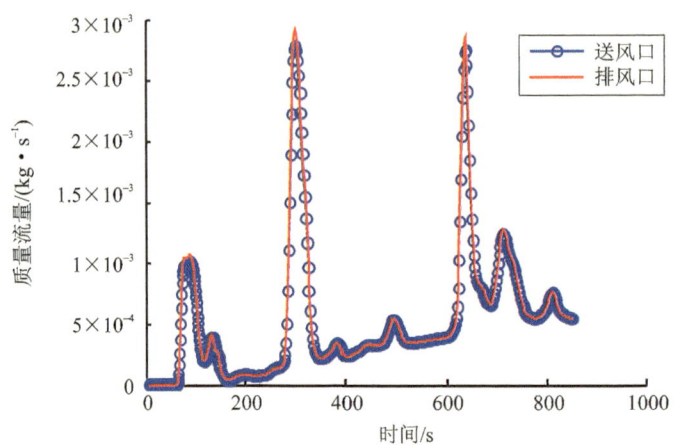

图 3-33　南一排风口与南一送风口的偏二甲肼的质量流量随时间的变化曲线的对比

图 3-34 给出泄露 800 s 达到偏二甲肼爆炸极限的区域(仅在泄漏源附近)。

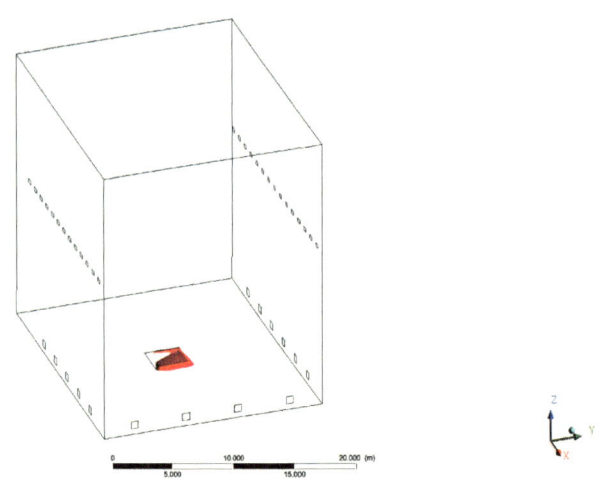

图 3-34　泄漏 800 s 房间内达到偏二甲肼爆炸极限的区域

(2) 偏二甲肼在 AE 工况下的扩散过程

图 3-35、图 3-36 给出 01♯场区 11♯建筑 1101 房间内的偏二甲肼在 AE 工况下的扩散过程。简述如下:在前 150 s,房间内的偏二甲肼较少,事故排风的效果不明显,其扩散过程类似于 Normal 工况下的扩散过程;在 150 s 之后,事故排风排出了大部分偏二甲肼,房间内的偏二甲肼相比于 Normal 工况下低很多,但是房间底部偏二甲肼聚团的摆动规律与 Normal 工况下基本一致;计算至 750 s,房间内的偏二甲肼的体积分数仍较少,未充满 $Z=1\text{ m}$ 平面及房间。

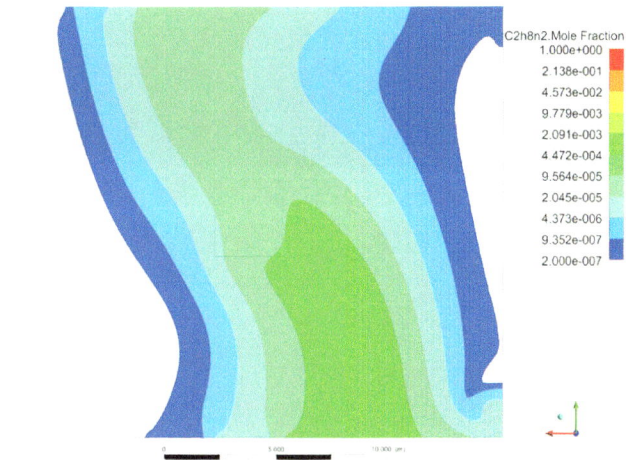

图 3 - 35   扩散 50 s 达到偏二甲肼的作业场所最高允许质量浓度的区域($Z=1$ m 平面)

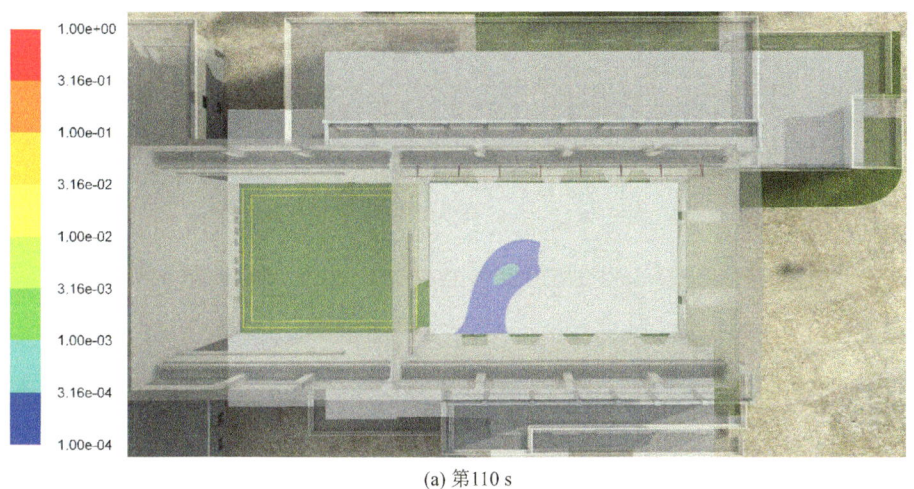

(a) 第110 s

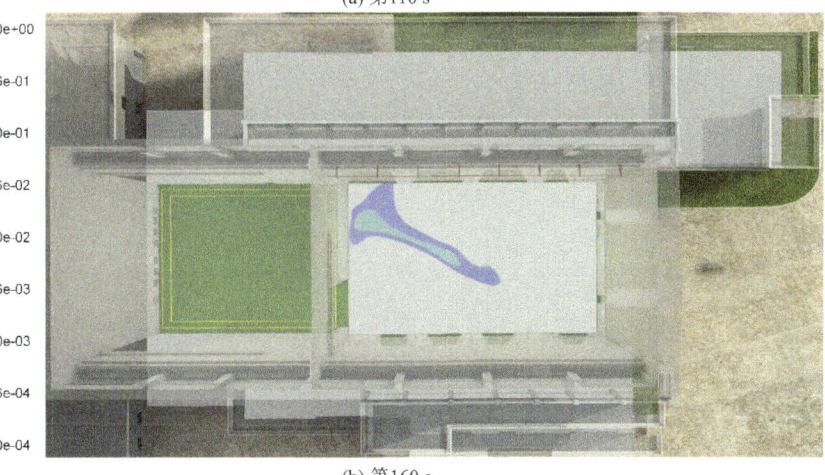

(b) 第160 s

图 3 - 36   偏二甲肼的质量浓度达到其 10 min 应急暴露极限的覆盖区域($Z=1$ m 平面)

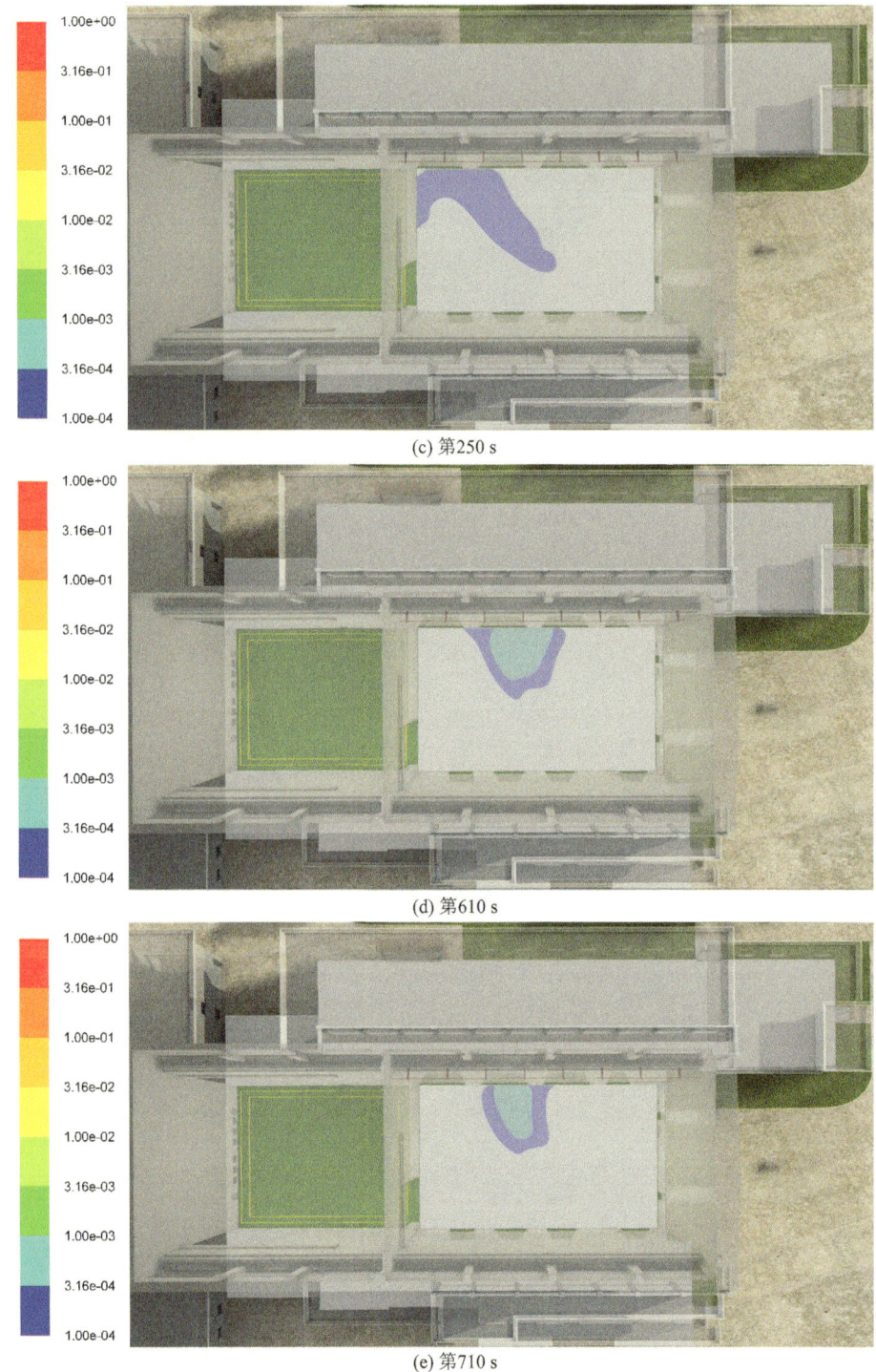

(c) 第250 s

(d) 第610 s

(e) 第710 s

图 3-36　偏二甲肼的质量浓度达到其 10 min 应急暴露极限的覆盖区域($Z=1$ m 平面)(续)

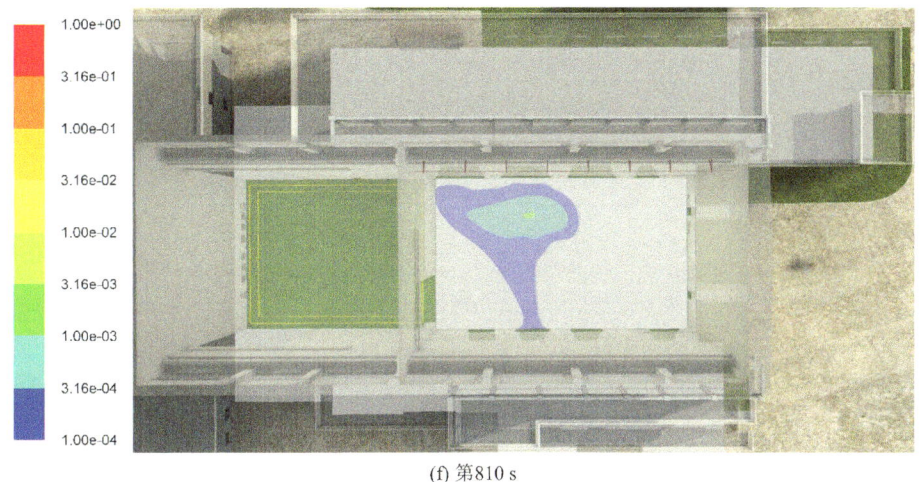

(f) 第810 s

图 3 - 36　偏二甲肼的质量浓度达到其 10 min 应急暴露极限的覆盖区域($Z=1$ m 平面)(续)

图 3 - 37 给出泄漏 850 s 达到偏二甲肼爆炸极限的区域。

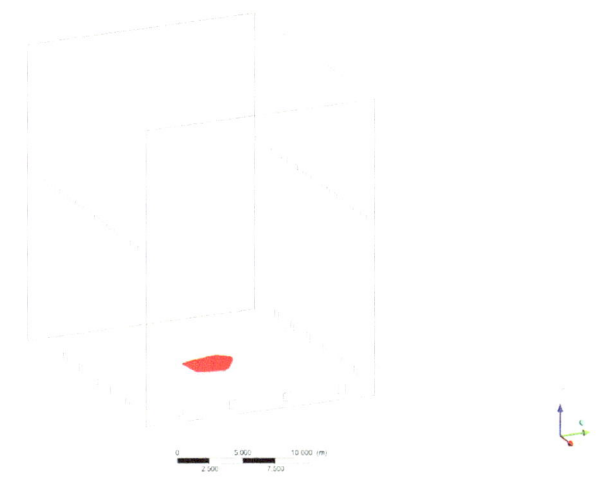

图 3 - 37　泄漏 850 s 房间内达到偏二甲肼爆炸极限的区域

（3）偏二甲肼在两种工况下的扩散过程的对比

图 3 - 38、图 3 - 39 分别给出 Normal 工况和 AE 工况下偏二甲肼蒸发液面的质量流量、房间内偏二甲肼的平均体积分数随时间的变化曲线的对比。可以看出,开启事故排风对偏二甲肼蒸发液面的质量流量的影响不大;但是 AE 工况下房间内偏二甲肼的平均体积分数明显低于 Normal 工况下房间内偏二甲肼的平均体积分数,这说明事故排风的排污效果明显。

（4）二氧化氮在 Normal 工况下的扩散过程

图 3 - 40、图 3 - 41 给出 01♯场区 11♯建筑 1101 房间二氧化氮在 Normal 工况下

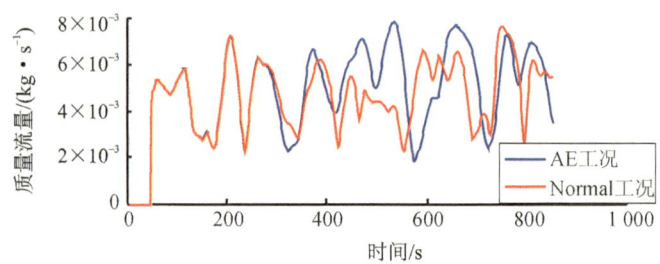

图 3-38　监测的偏二甲肼蒸发液面的质量流量随时间的变化曲线的对比（Normal 工况与 AE 工况）

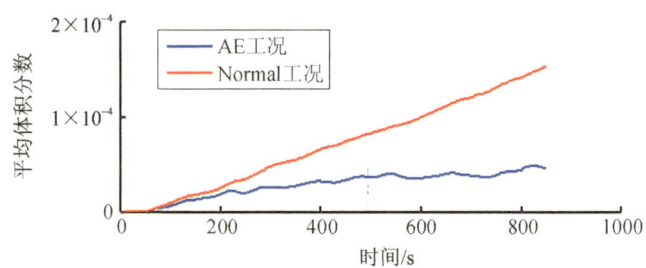

图 3-39　房间内偏二甲肼的平均体积分数随时间的变化曲线的对比（Normal 工况与 AE 工况）

的扩散过程。简述如下：扩散开始时，二氧化氮沿地面分为两支朝房间南北方向扩散；10 s 时，其中一个分支到达南墙，另一个分支到达北墙；20 s 时，二氧化氮分别在南北墙底部集聚，并沿墙向上扩散；40 s 时，向上扩散的二氧化氮与从送风口进入的二氧化氮相遇、混合；70 s 时，房间西侧空间基本充满二氧化氮，之后二氧化氮聚团向房间东侧扩散；160 s 时，$Z=1$ m 平面的二氧化氮的质量浓度基本上全部达到其 10 min 应急暴露极限值。

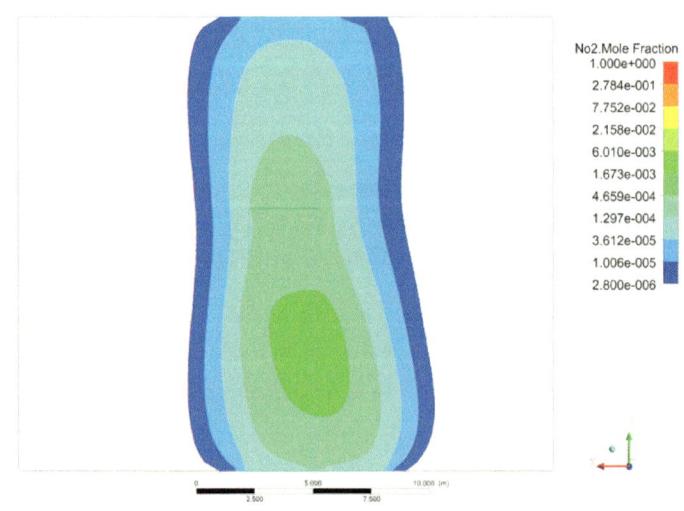

图 3-40　扩散 10 s 达到二氧化氮的作业场所最高允许质量浓度的区域（$Z=1$ 平面）

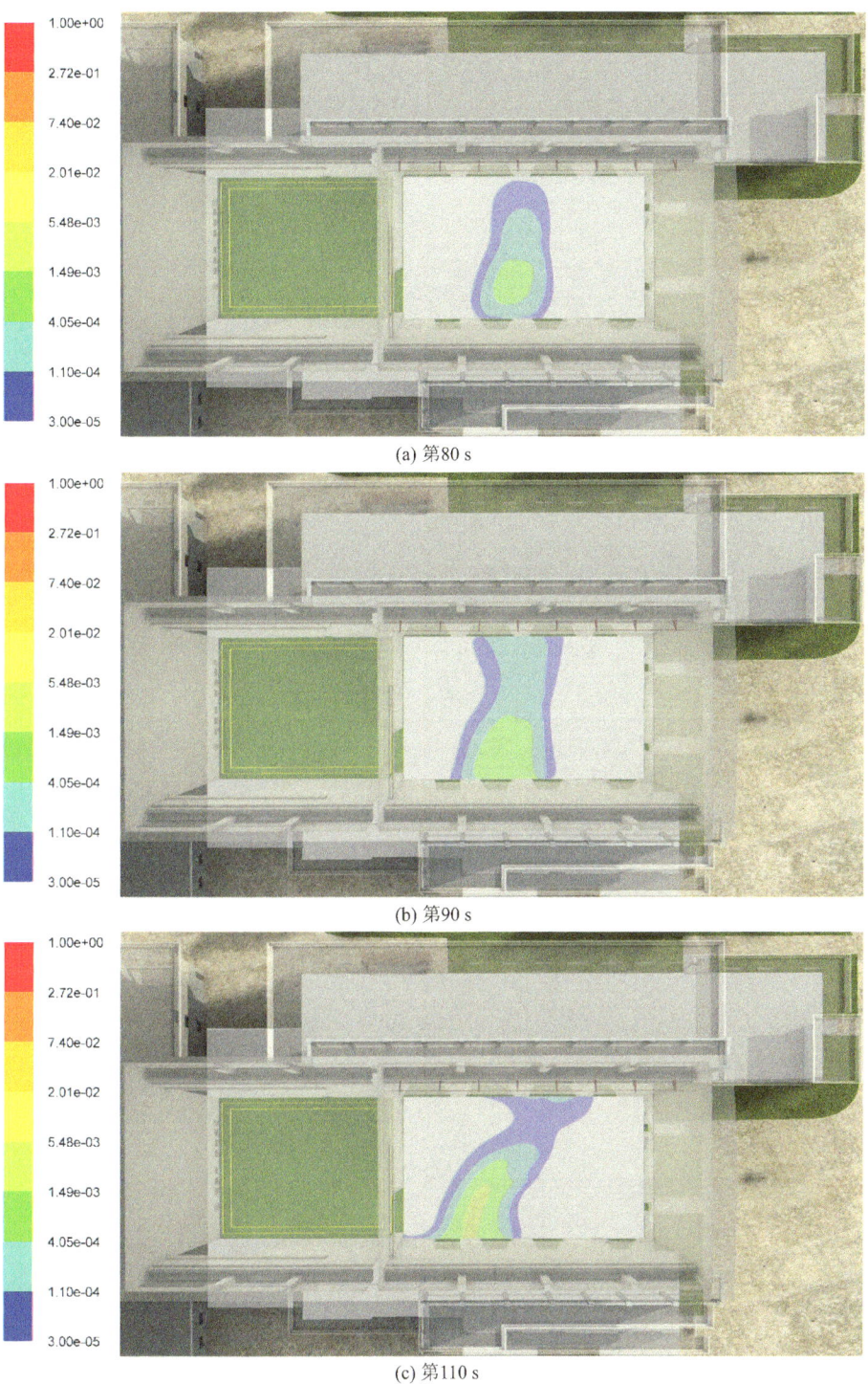

(a) 第80 s

(b) 第90 s

(c) 第110 s

图 3 - 41　二氧化氮的质量浓度达到其 10 min 应急暴露极限的覆盖区域(Z=1 m平面)

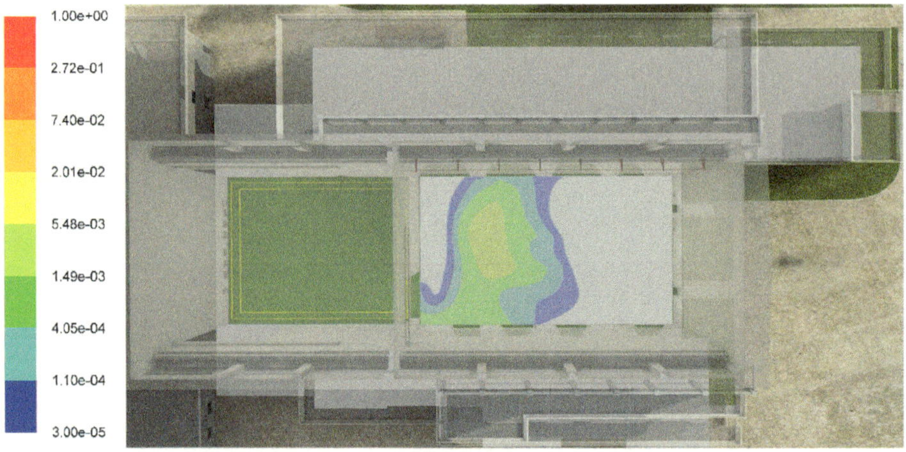

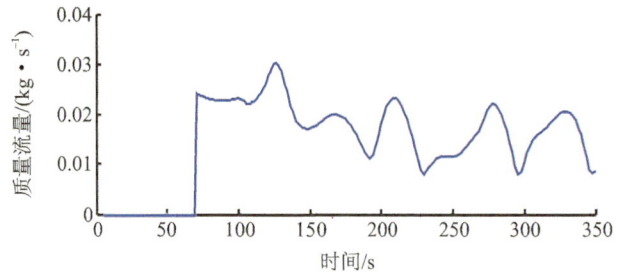

(d) 第140 s

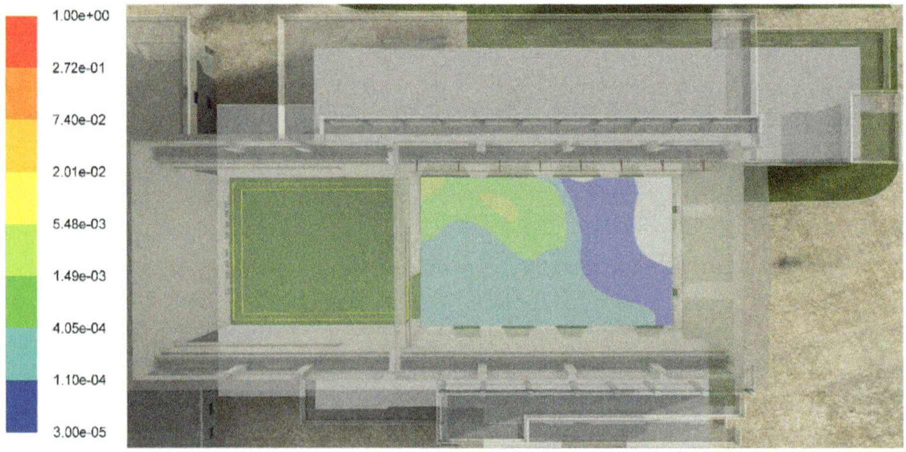

(e) 第230 s

图 3 - 41　二氧化氮的质量浓度达到其 10 min 应急暴露极限的覆盖区域($Z=1$ m 平面)(续)

二氧化氮蒸发液面的质量流量随时间的变化曲线如图 3 - 42 所示。房间内二氧化氮的平均体积分数随时间的变化曲线如图 3 - 43 所示。

图 3 - 42　二氧化氮蒸发液面的质量流量随时间的变化曲线

(5) 二氧化氮在 AE 工况下的扩散过程

图 3 - 44、图 3 - 45 给出 01♯场区 11♯建筑 1101 房间内的二氧化氮在 AE 工况下

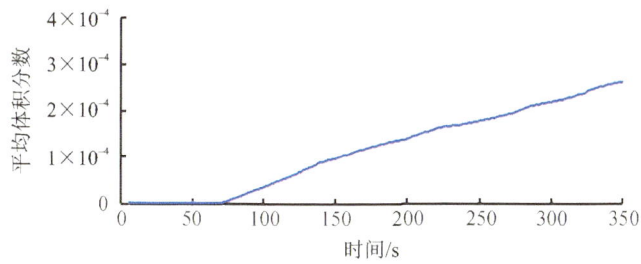

图 3 - 43　房间内二氧化氮的平均体积分数随时间的变化曲线

的扩散过程。整个扩散过程与 Normal 工况下的扩散过程基本一致,只是由于开启了事故排风,房间内二氧化氮增加得更慢,到 180 s 时,$Z = 1$ m 平面的二氧化氮的质量浓度基本上全部达到其 10 min 应急暴露极限值。

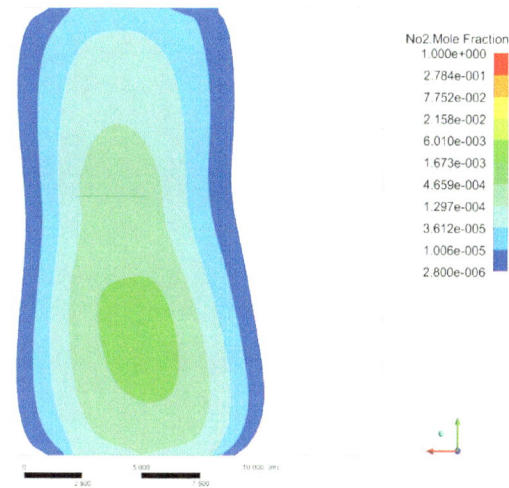

图 3 - 44　扩散 10 s 达到二氧化氮的作业场所最高允许质量浓度的区域($Z = 1$ m 平面)

(a) 第80 s

图 3 - 45　二氧化氮的质量浓度达到其 10 min 应急暴露极限的覆盖区域($Z = 1$ m 平面)

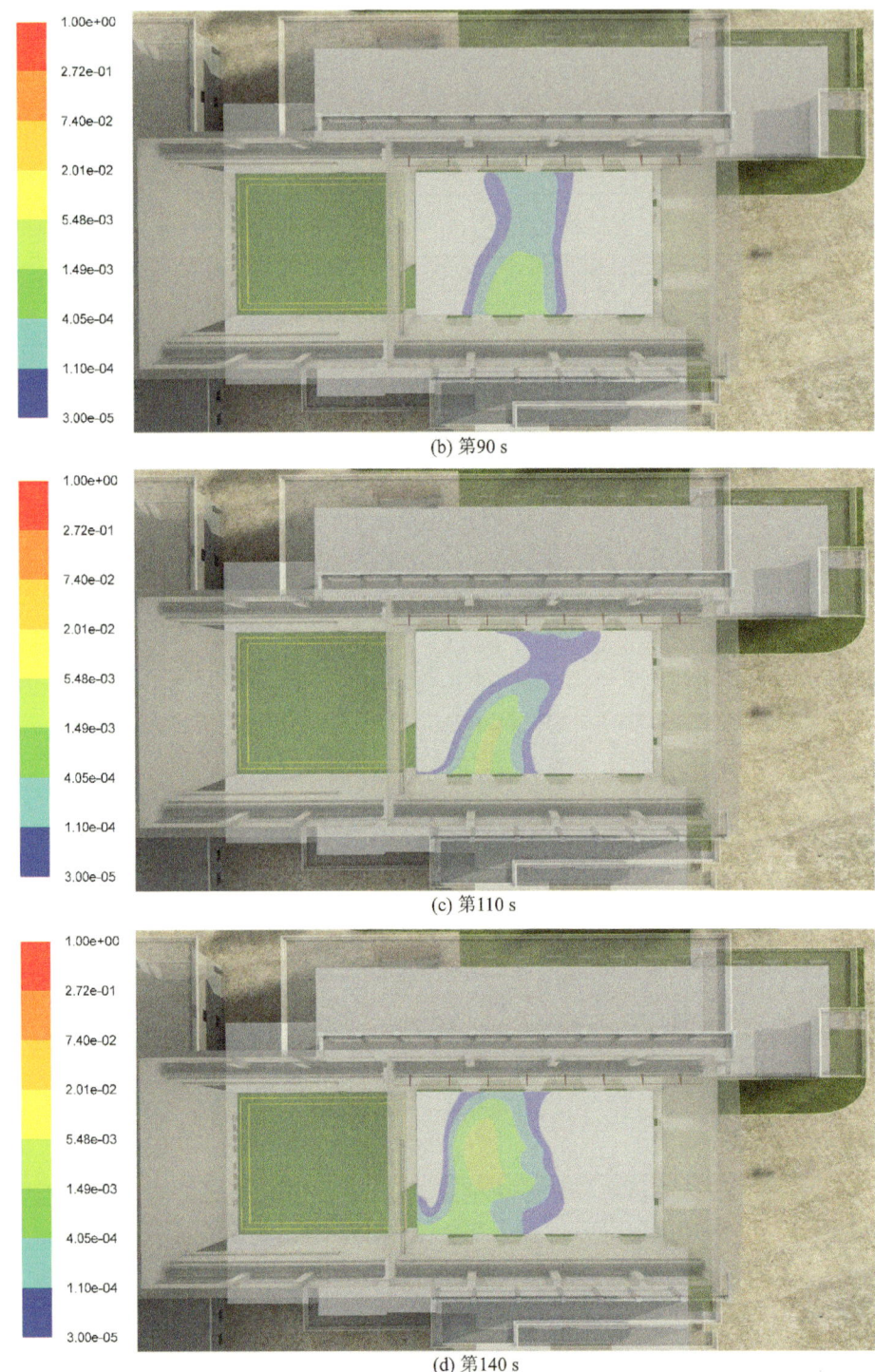

(b) 第90 s

(c) 第110 s

(d) 第140 s

图 3-45　二氧化氮的质量浓度达到其 10 min 应急暴露极限的覆盖区域($Z=1$ m 平面)(续)

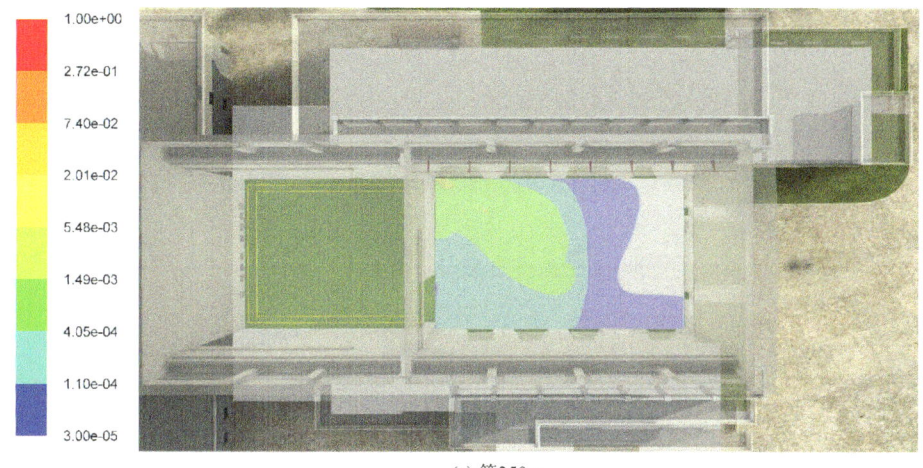

(e) 第250 s

图 3-45　二氧化氮的质量浓度达到其 10 min 应急暴露极限的覆盖区域($Z=1$ m 平面)(续)

（6）二氧化氮在两种工况下面扩散过程的对比

图 3-46、图 3-47 分别给出 Normal 工况和 AE 工况下二氧化氮蒸发液面的质量流量、房间内二氧化氮的平均体积分数随时间的变化曲线的对比。可以看出，开启事故排风对二氧化氮蒸发液面的质量流量的影响不大，但是事故排风的排污效果明显。

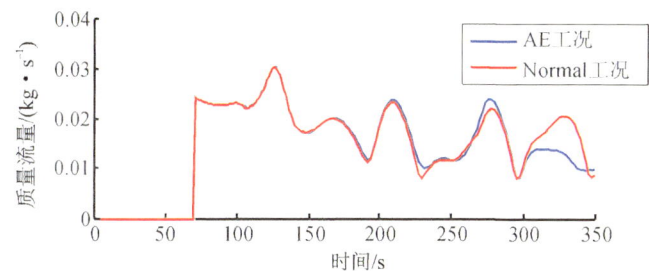

图 3-46　二氧化氮蒸发液面的质量流量随时间的变化曲线的对比（Normal 工况与 AE 工况）

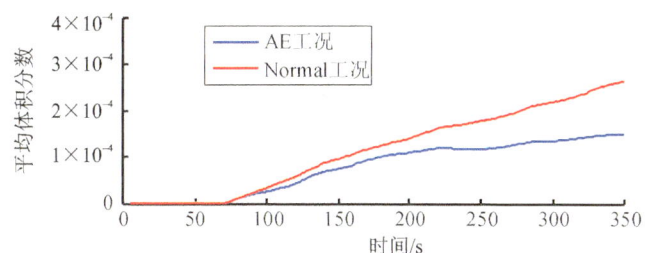

图 3-47　房间内二氧化氮的平均体积分数随时间的变化曲线的对比（Normal 工况与 AE 工况）

2. 1102 房间内污染物的扩散过程

给定房间参数如下：最上边两个风口为送风口，尺寸为 320 mm×320 mm，送风量为 1 500 m³/h；下边一个风口为排风口，尺寸为 400 mm × 500 mm，排风量为 4 000 m³/h；房间内负压为 $-30\sim-20$ Pa。

计算偏二甲肼在两种工况下的扩散过程。两种工况为:一是污染物泄漏后开启空调和事故排风,空调回风全部排走,送风内不含有毒气体,即 AE 工况;二是污染物泄漏后关闭空调,仅开启事故排风,即 NoAC 工况。

(1) 偏二甲肼在 AE 工况下的扩散过程

图 3-48 给出 01♯场区 11♯建筑 1102 房间内的偏二甲肼在 AE 工况下的扩散过程。扩散开始时,偏二甲肼朝房间东、北、西 3 个方向扩散;7 s 时,偏二甲肼到达房间东、西墙壁;12 s 时,偏二甲肼到达北侧墙壁;25 s 时,偏二甲肼到达房顶;50 s 时,整个房间基本充满偏二甲肼。

图 3-49、图 3-50 分别给出偏二甲肼蒸发液面的质量流量随时间的变化曲线和整个房间内偏二甲肼的平均体积分数随时间的变化曲线。由于此房间只有单个排风口,房间内流场基本稳定,因此偏二甲肼蒸发液面的质量流量也基本稳定。

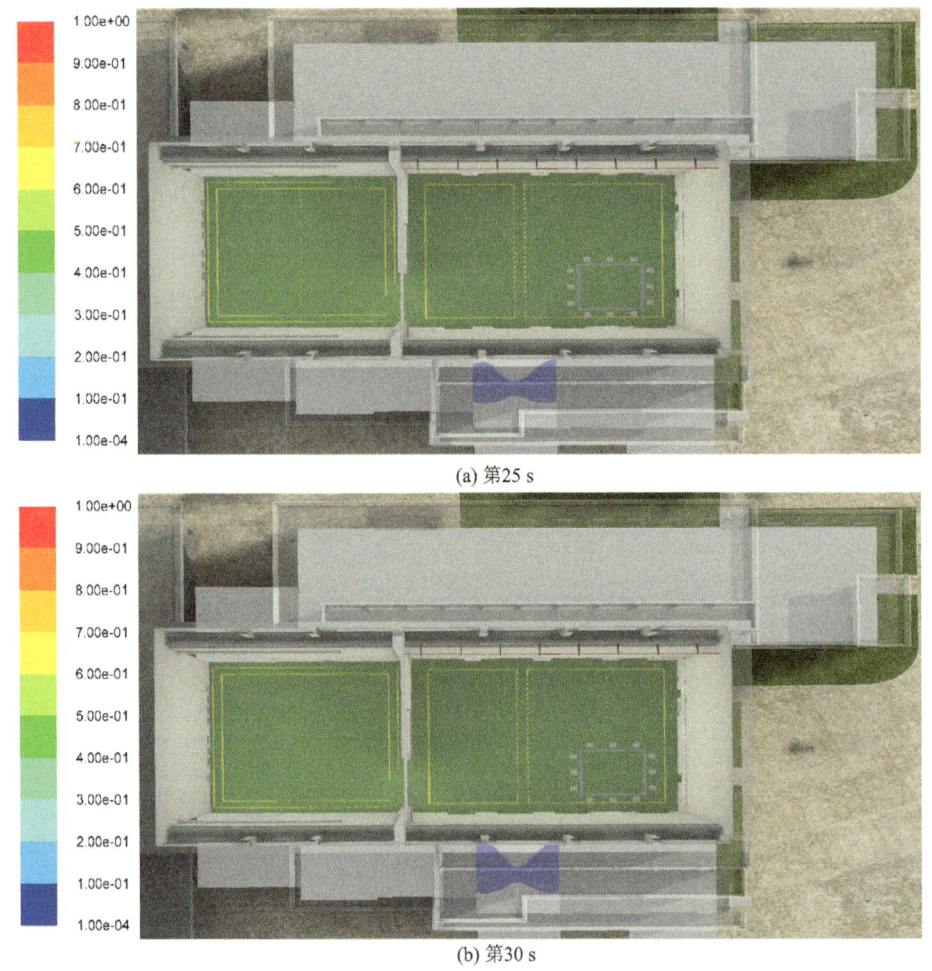

(a) 第25 s

(b) 第30 s

图 3-48　偏二甲肼的质量浓度达到其 10 min 应急暴露极限的覆盖区域($Z=1$ m 平面)

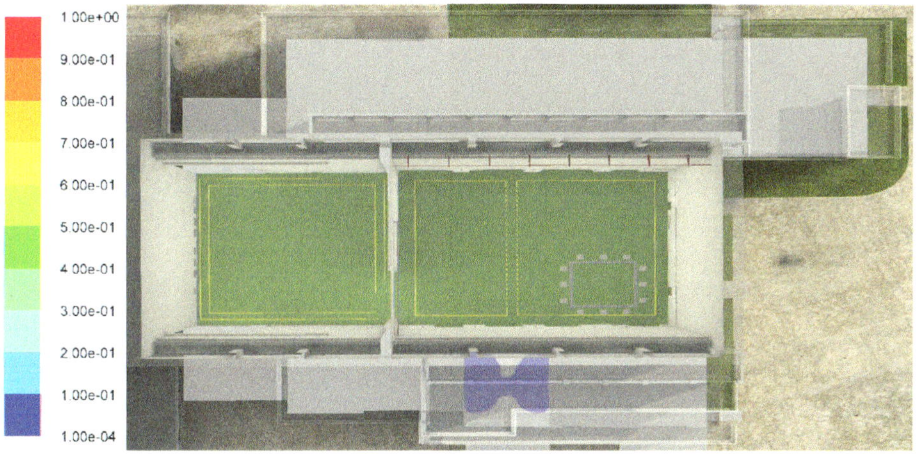

(c) 第43 s

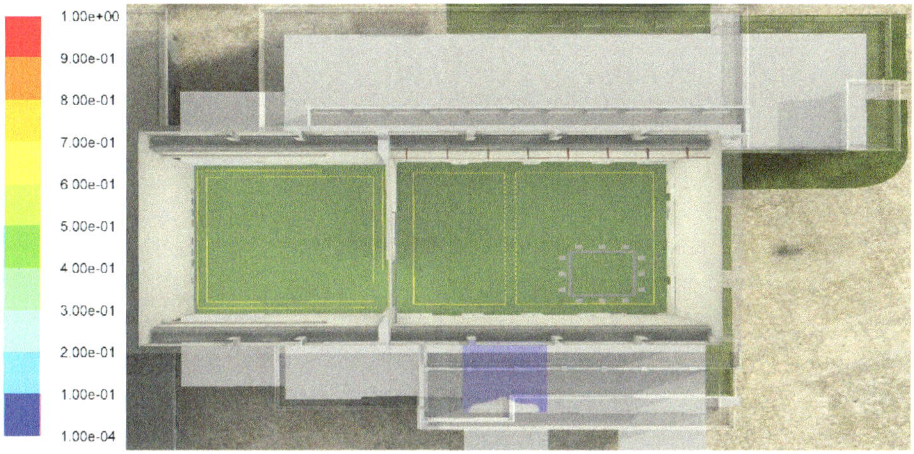

(d) 第68 s

图 3 - 48   偏二甲肼的质量浓度达到其 10 min 应急暴露极限的覆盖区域($Z=1$ m 平面)(续)

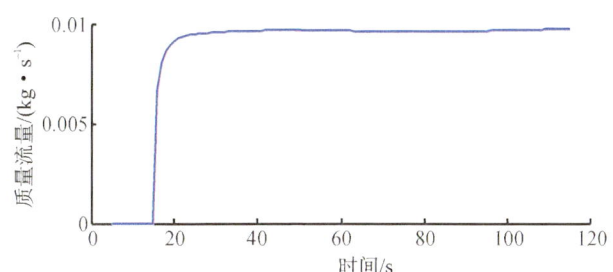

图 3 - 49   偏二甲肼蒸发液面的质量流量随时间的变化曲线

（2）偏二甲肼在 NoAC 工况下的扩散过程

泄漏300 s 时房间内偏二甲肼的体积分数分布如图 3 - 51(a)所示,此时房间内偏二甲肼的体积分数基本上都高于$1×10^{-3}$。

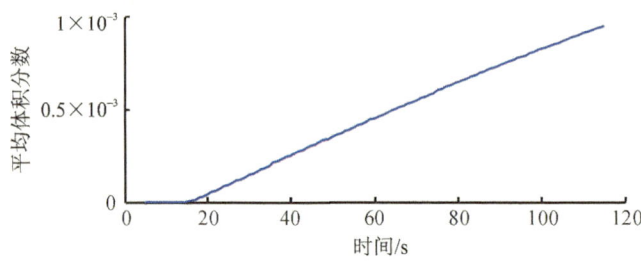

图 3 - 50　房间内偏二甲肼的平均体积分数随时间的变化曲线

关闭泄漏源继续排污 620 s，房间内偏二甲肼的体积分数仍然高于 1×10^{-4}，如图 3 - 51(b)所示。

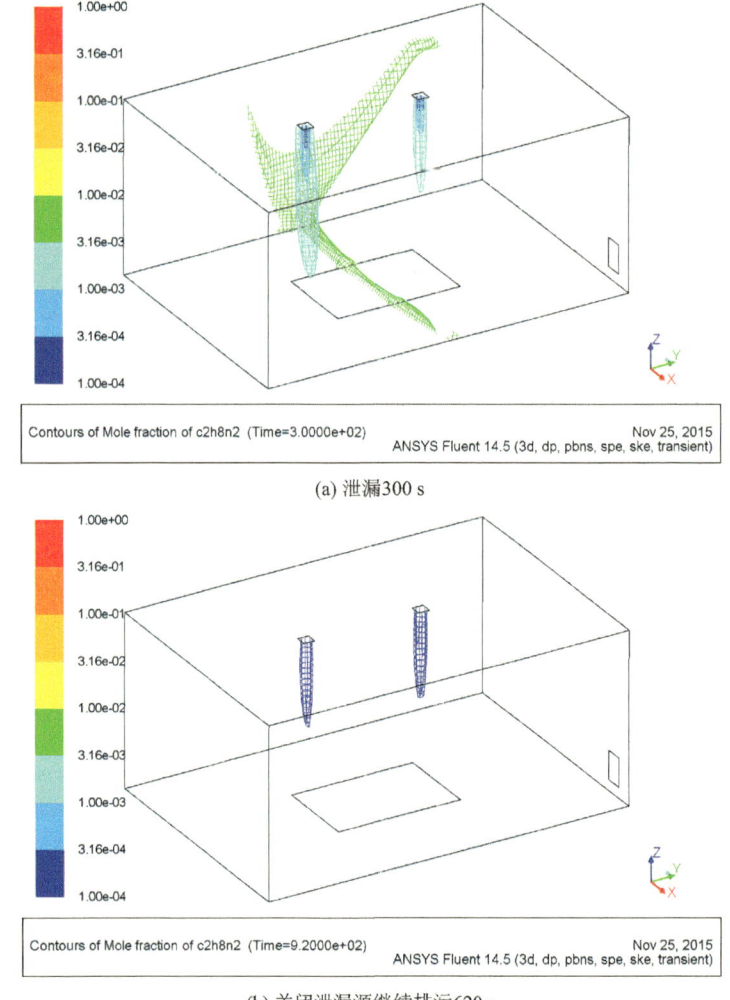

(a) 泄漏300 s

(b) 关闭泄漏源继续排污620 s

图 3 - 51　房间内偏二甲肼的体积分数分布

　　偏二甲肼蒸发液面的质量流量随时间的变化曲线如图 3 - 52 所示。房间内偏二甲肼的平均体积分数随时间的变化曲线如图 3 - 53 所示。

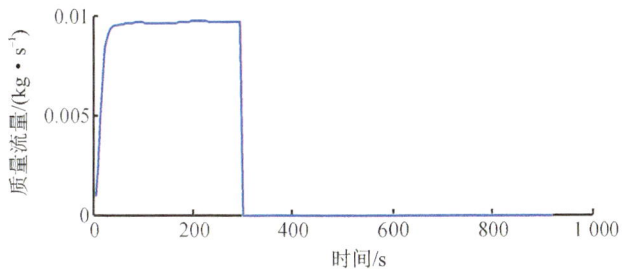

图 3 - 52　监测的偏二甲肼蒸发液面的质量流量随时间的变化曲线

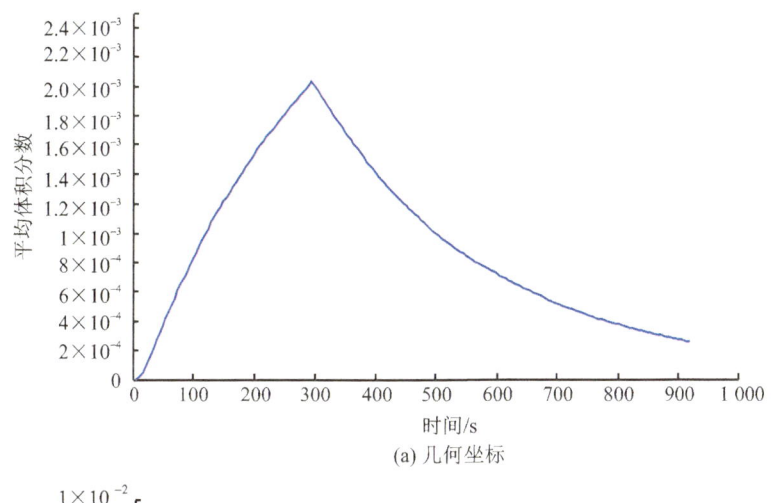

(a) 几何坐标

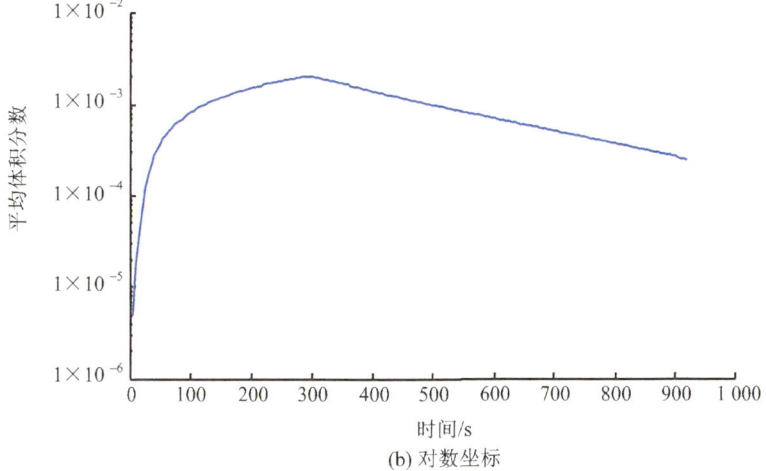

(b) 对数坐标

图 3 - 53　房间内偏二甲肼的平均体积分数随时间的变化曲线

3. 1103 房间内污染物的扩散过程

给定房间参数如下:最上边两个风口为送风口,尺寸为 320 mm×320 mm,送风量为 1 500 m³/h;下边一个风口为排风口,尺寸为 400 mm×500 mm,排风量为 4 000 m³/h;房间内负压为−30～−20 Pa。

计算二氧化氮在两种工况下的扩散过程。两种工况为:一是污染物泄漏后开启空调和事故排风,空调回风全部排走,送风内不含有毒气体,即 AE 工况;二是污染物泄漏后关闭空调,仅开启事故排风,即 NoAC 工况。

(1) 二氧化氮在 AE 工况下的扩散过程

图 3-54 给出 01♯场区 11♯建筑 1103 房间内的二氧化氮在 AE 工况下的扩散过程。此扩散过程与 01♯场区 11♯建筑 1102 房间内的偏二甲肼在 AE 工况下的扩散过

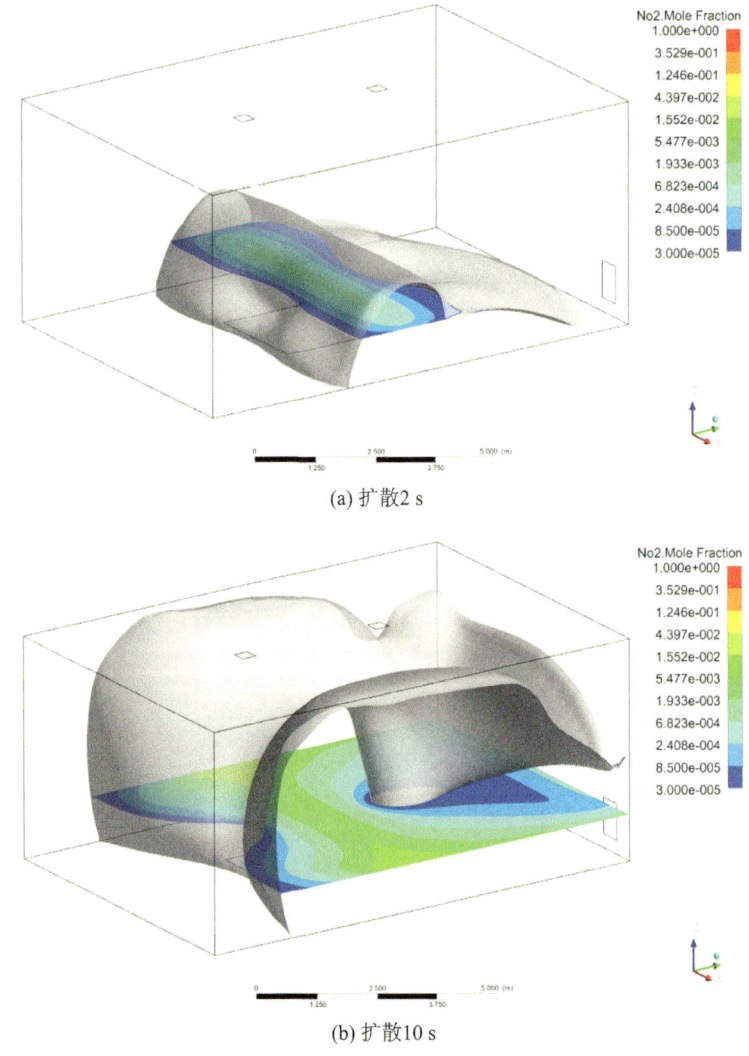

(a) 扩散 2 s

(b) 扩散 10 s

图 3-54　二氧化氮的质量浓度达到其 10 min 应急暴露极限的覆盖区域(Z=1 m 平面)

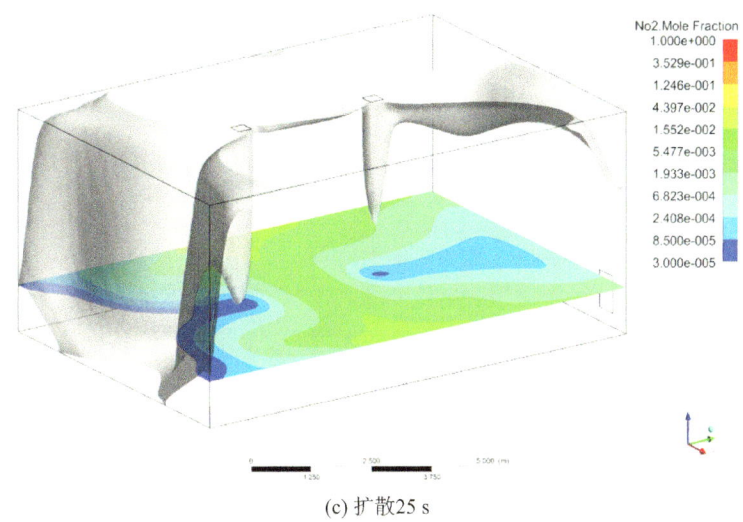

(c) 扩散25 s

图 3 - 54　二氧化氮的质量浓度达到其 10 min 应急暴露极限的覆盖区域($Z=1$ m 平面)(续)

程基本一致,但是扩散得更快。扩散开始时,二氧化氮朝房间东、北、西 3 个方向扩散;
2 s 时,二氧化氮到达北侧墙壁;10 s 时,二氧化氮到达房顶;25 s 时,整个房间基本充满
二氧化氮。

二氧化氮蒸发液面的质量流量随时间的变化曲线如图 3 - 55 所示。房间内二氧化
氮的平均体积分数随时间的变化曲线如图 3 - 56 所示。

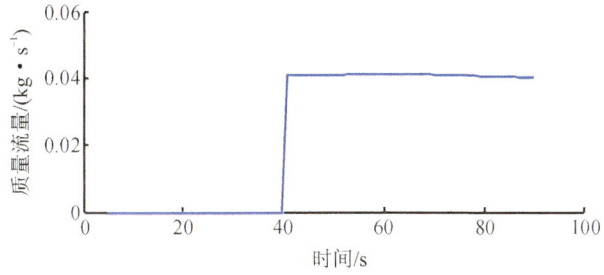

图 3 - 55　二氧化氮蒸发液面的质量流量随时间的变化曲线

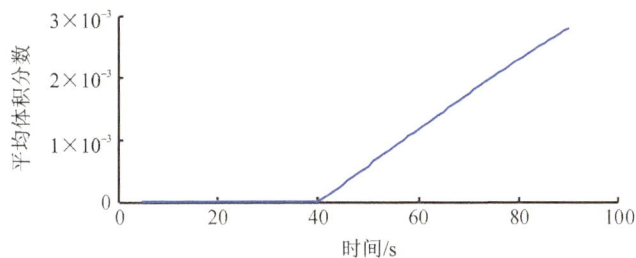

图 3 - 56　房间内二氧化氮的平均体积分数随时间的变化曲线

（2）二氧化氮在 NoAC 工况下的扩散过程

0 s 时泄漏蒸发开始，开启事故排风；300 s 时关闭泄漏源，继续事故排风，此时房间内二氧化氮的体积分数基本上均高于 5.48×10^{-3}，如图 3-57(a)所示。

关闭泄漏源继续排风 1 200 s 后（第 1 500 s），房间内二氧化氮的体积分数基本上仍高于 1.1×10^{-4}，如图 3-57(b)所示。

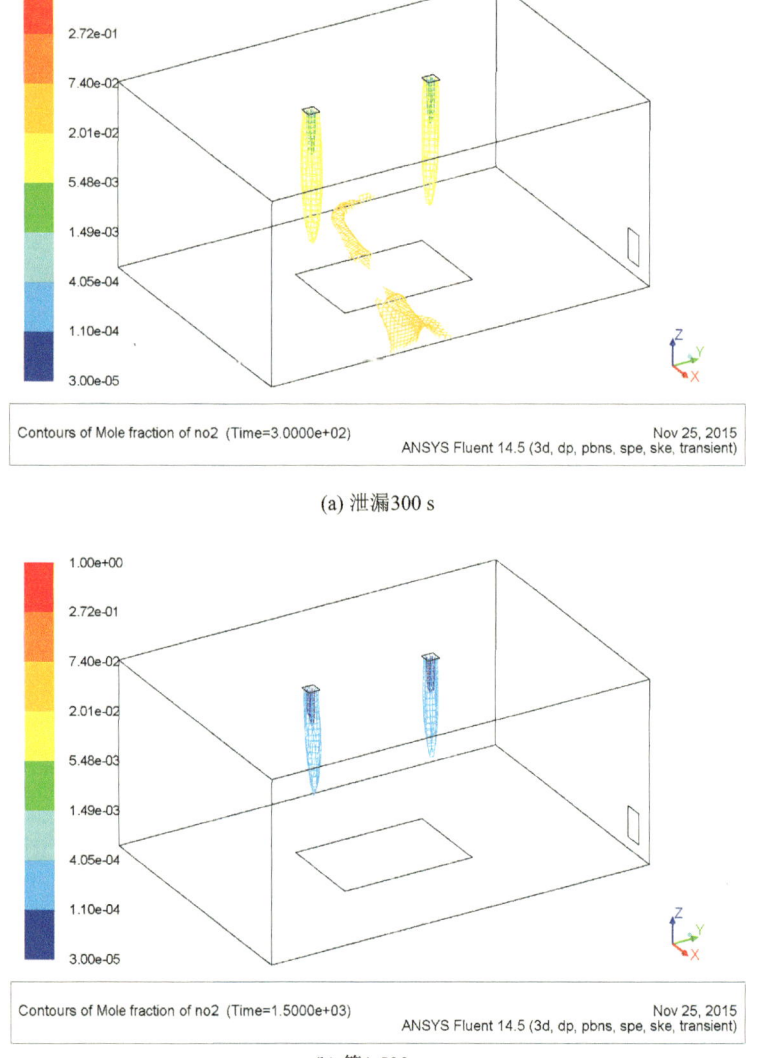

(a) 泄漏300 s

(b) 第1 500 s

图 3-57　房间内二氧化氮的体积分数分布

二氧化氮蒸发液面的质量流量随时间的变化曲线如图 3-58 所示。房间内二氧化氮的平均体积分数随时间的变化曲线如图 3-59 所示。

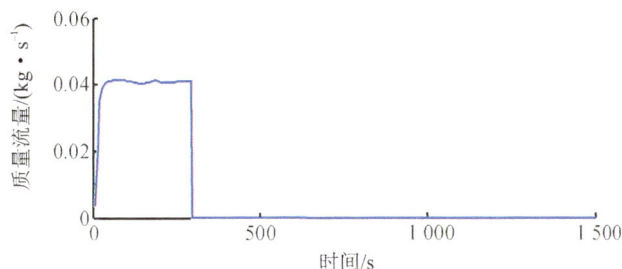

图 3 - 58　二氧化氮蒸发液面的质量流量随时间的变化曲线

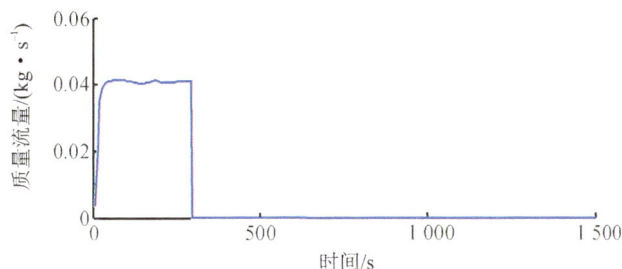

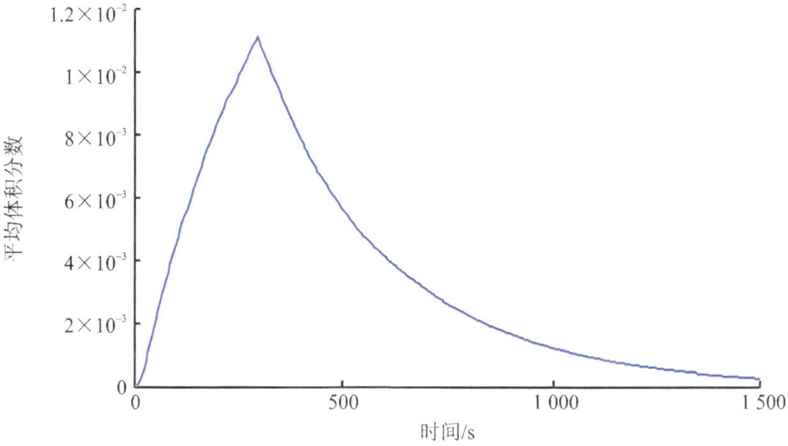

(a) 几何坐标

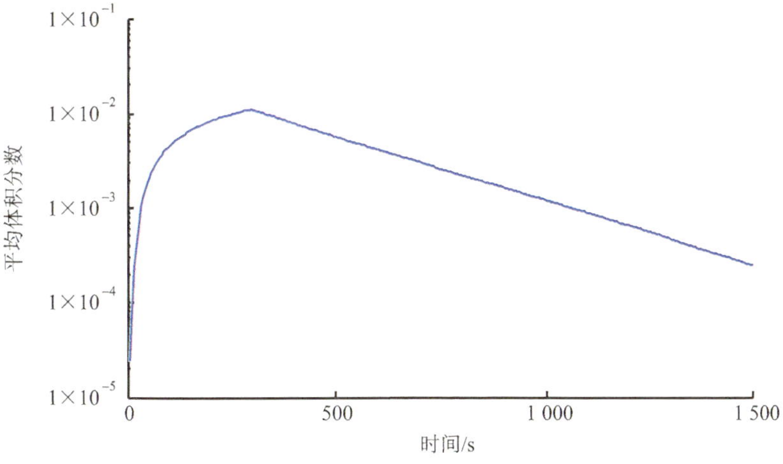

(b) 对数坐标

图 3 - 59　房间内二氧化氮的平均体积分数随时间的变化曲线

3.3.3　01♯场区 12♯建筑内的泄漏事故仿真分析

1. 1201 房间内污染物的扩散过程

给定房间参数如下：房间温度为 10 ℃，湿度为 70％；正南方有一扇门，尺寸为 3 500 mm×2 600 mm；最上边有一个排风口，尺寸为 400 mm×400 mm，正常情况下的排风量为 5 次/h，事故情况下的排风量为 15 次/h；房间内设两台空调，空调进、出风口尺寸均为 900 mm×400 mm，风量均为 2 500 m³/h；房间体积为 6 m×8 m×4 m＝192 m³。

根据以上参数可得：排风量 5 次/h 即为 960 m³/h(0.266 667 m³/s)，排风量 15 次/h 即为 2 880 m³/h(0.8 m³/s)，这里将排风口设定为压强出口，通过设置门的风速来保证此风量，算得风速为 0.029 304 0 m/s(正常排风)、0.087 912 1 m/s(事故排风)；根据空调进出口尺寸及风量算得风速为 1.929 01 m/s。

计算二氧化氮在两种工况下的扩散过程。两种工况为：一是污染物泄漏后没有开启事故排风，所有的回风(含有毒气体)都被重新送回到房间内，即 Normal 工况；二是污染物泄漏后开启空调和事故排风，空调回风全部排走，送风内不含有毒气休，即 AE 工况。

图 3-60 给出此房间内的二氧化氮在两种工况下的扩散过程，可以看出两种工况下结果基本一致。两种工况扩散过程：泄漏 5 s 时，二氧化氮朝房间南侧扩散，到达门；泄漏 30 s 时，二氧化氮从房间南侧开始集聚，之后基本充满整个房间。

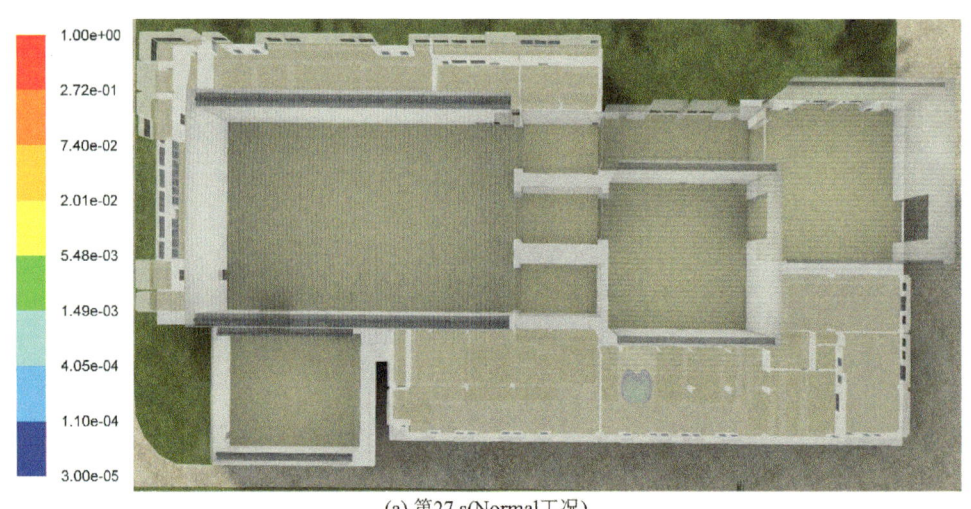

(a) 第27 s(Normal工况)

图 3-60　二氧化氮的质量浓度达到其 10 min 应急暴露极限的覆盖区域($Z＝1$ m 平面)

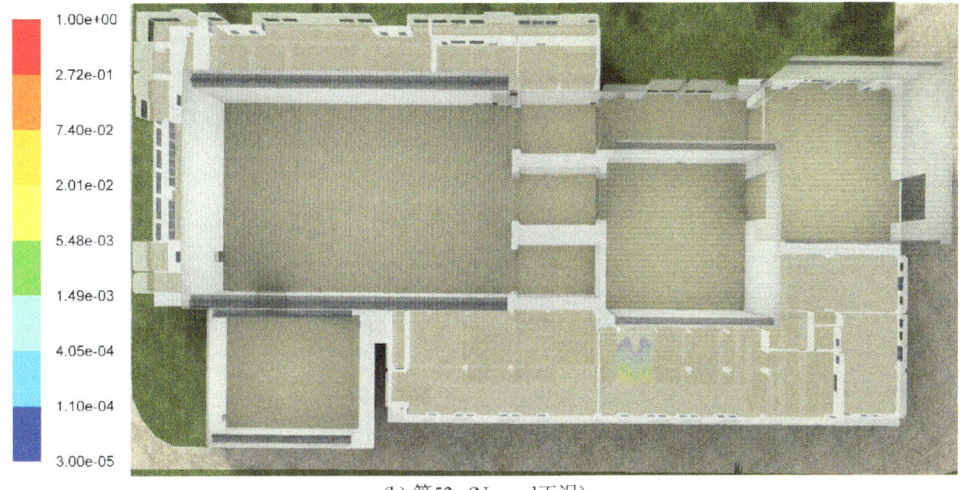

(b) 第52 s(Normal工况)

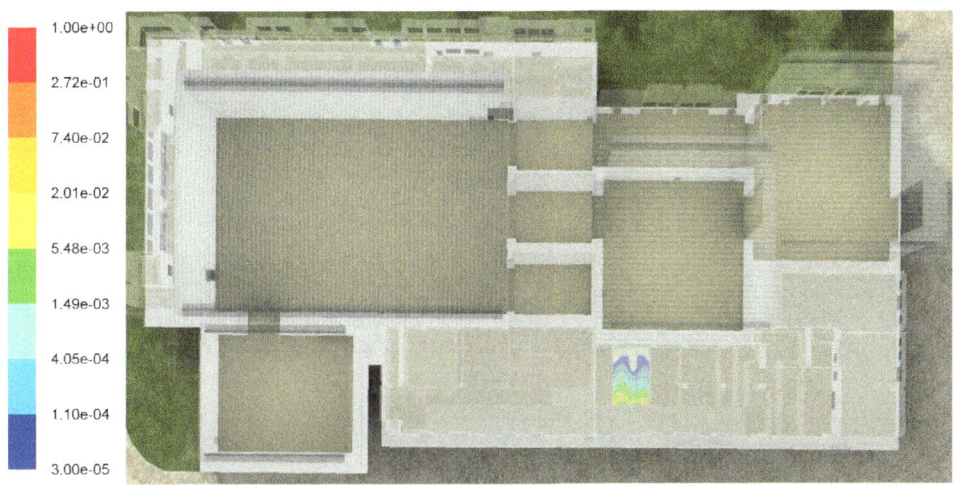

(c) 第52 s(AE工况)

图 3-60 二氧化氮的质量浓度达到其 10 min 应急暴露极限的覆盖区域($Z=1$ m 平面)(续)

在 Normal 工况和 AE 工况下,二氧化氮蒸发液面的质量流量随时间的变化曲线的对比如图 3-61 所示,房间内二氧化氮的平均体积分数随时间的变化曲线的对比如图 3-62 所示,顶部排风口风速对比如图 3-63 所示。可以看出,由于风量较小,且排风口(房间顶部)远离泄漏位置,因此开启事故排风对整个泄漏过程影响不大。

2. 1202 房间内污染物的扩散过程

给定房间参数如下:房间温度为 15 ℃,湿度为 70%;正南方有一扇门,尺寸为 3 500 mm×2 600 mm;最上边有一个排风口,尺寸为 400 mm×400 mm,正常情况下的排风量为 5 次/h,事故情况下的排风量为 15 次/h;房间内设两台空调,空调进、出口尺寸均为 1 300 mm×400 mm,风量均为 5 000 m³/h;房间体积为 6 m×8 m×4 m＝192 m³。

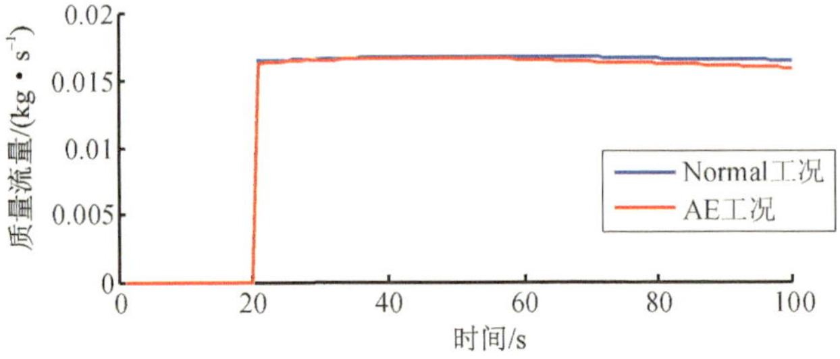

图 3-61　二氧化氮蒸发液面的质量流量随时间的变化曲线的对比(Normal 工况与 AE 工况)

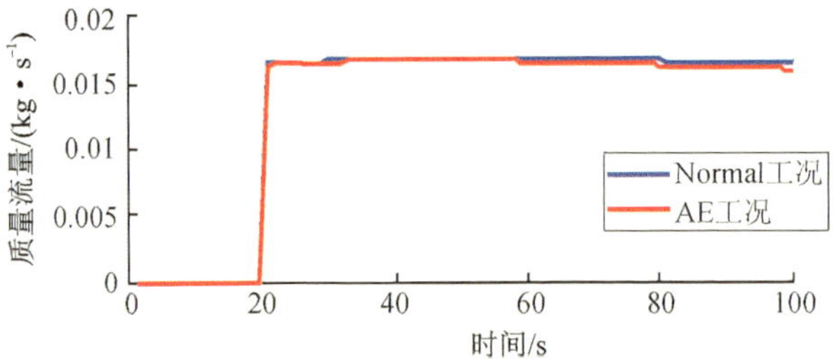

图 3-62　房间内二氧化氮的平均体积分数随时间的变化曲线的对比(Normal 工况与 AE 工况)

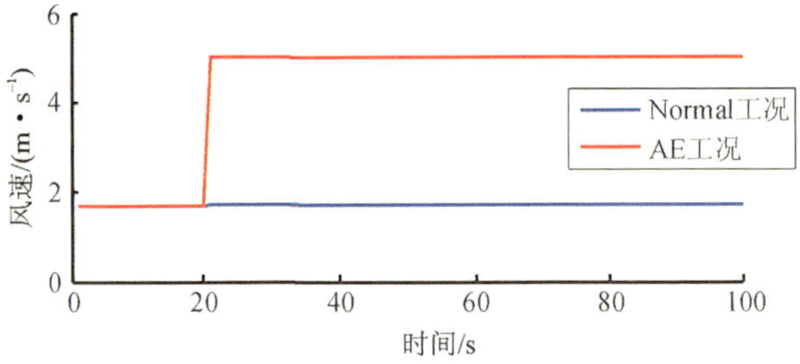

图 3-63　顶部排风口风速对比(Normal 工况与 AE 工况)

根据以上参数可得:排风量 5 次/h 即为 960 m^3/h(0.266 667 m^3/s),排风量 15 次/h 即为 2 880 m^3/h(0.8 m^3/s),这里将排风口设定为压强出口,通过设置门的风速来保证此风量,算得风速为 0.029 304 0 m/s(正常排风)、0.087 912 1 m/s(事故排风);可以推测出排风口的平均风速为 1.666 67 m/s(正常排风)、5 m/s(事故排风);根据空调进、出口尺寸及风量算得风速为 2.670 94 m/s。

计算偏二甲肼在两种工况下的扩散过程。两种工况为:一是污染物泄漏后没有开启事故排风,所有的回风(含有毒气体)都被重新送回到房间内,即 Normal 工况;二是污染物泄漏后开启空调和事故排风,空调回风全部排走,送风内不含有毒气体,即 AE 工况。

图 3-64 给出此房间内的偏二甲肼在两种工况下的扩散过程,可以看出两种工况下结果者基本一致。两种工况扩散过程:扩散 5 s 时,偏二甲肼朝房间南侧扩散,到达门;扩散 40 s 时,偏二甲肼从房间南侧开始集聚,之后基本充满整个房间。

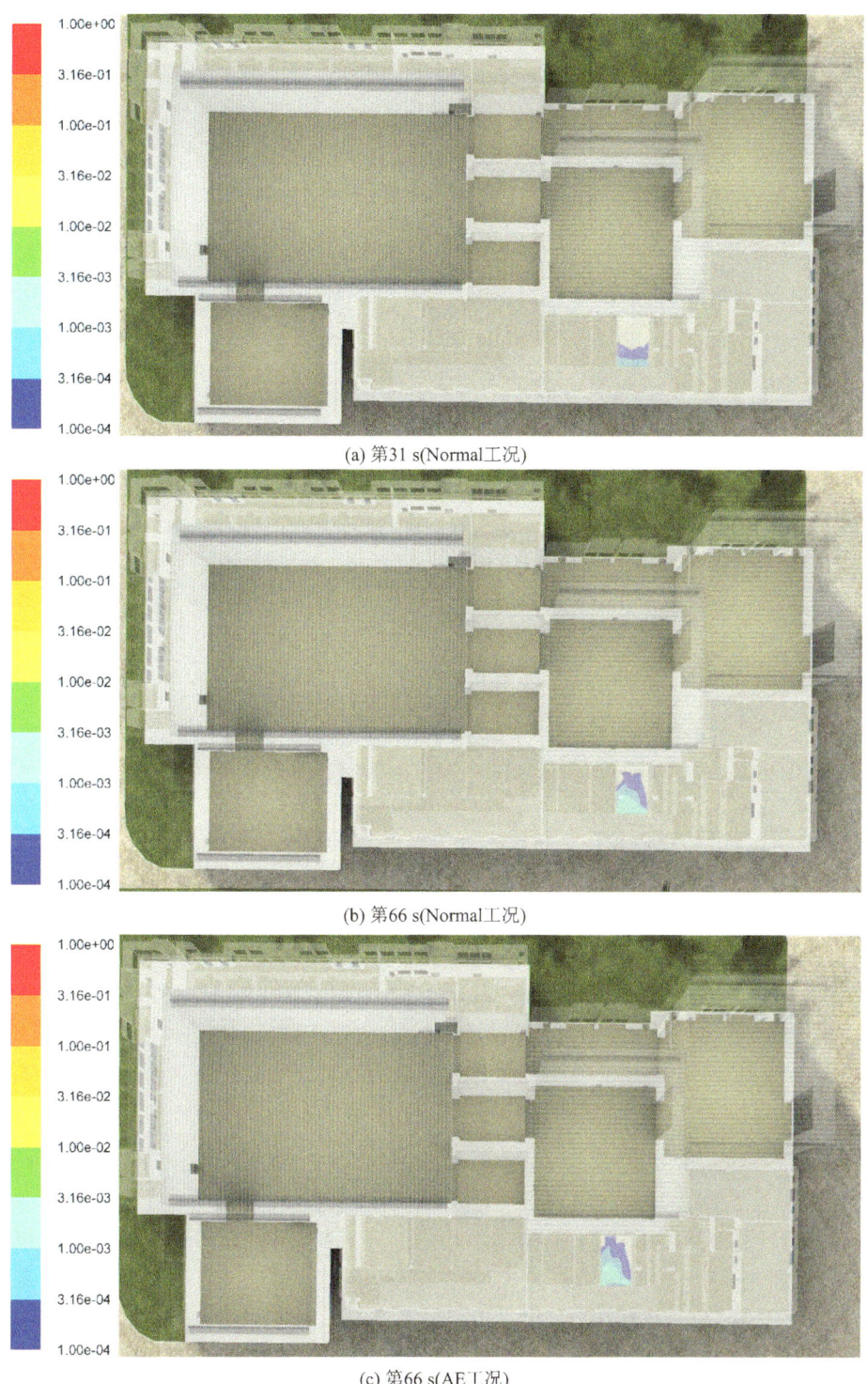

(a) 第31 s(Normal工况)

(b) 第66 s(Normal工况)

(c) 第66 s(AE工况)

图 3 - 64　偏二甲肼的质量浓度达到其 10 min 应急暴露极限的覆盖区域($Z=1$ m 平面)

在 Normal 工况和 AE 工况下,偏二甲肼蒸发液面的质量流量随时间的变化曲线的对比如图 3 - 65 所示,房间内偏二甲肼的平均体积分数随时间的变化曲线的对比如图 3 - 66 所示,顶部排风口风速对比如图 3 - 67 所示。可以看出,开始事故排风提高了排风速度,但是对房间内偏二甲肼的扩散基本无影响。

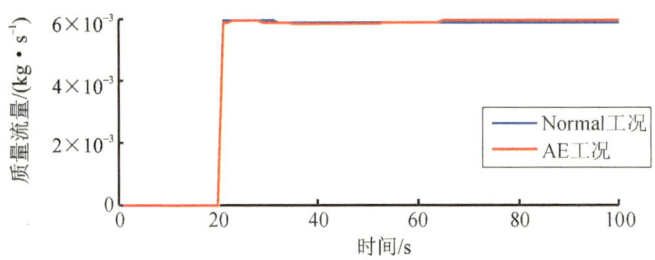

图 3 - 65　偏二甲肼蒸发液面的质量流量随时间的变化曲线的对比(Normal 工况与 AE 工况)

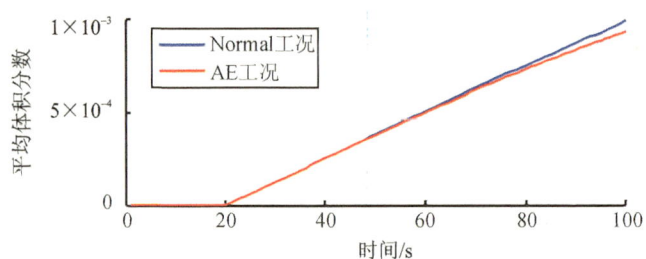

图 3 - 66　房间内偏二甲肼的平均体积分数随时间的变化曲线的对比(Normal 工况与 AE 工况)

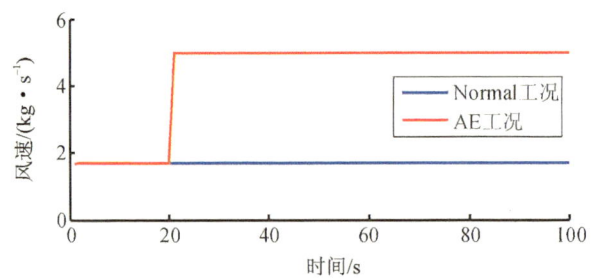

图 3 - 67　顶部排风口风速对比(Normal 工况与 AE 工况)

在 Normal 工况与 AE 工况下,泄漏 80 s 达到偏二甲肼爆炸极限的区域如图 3 - 68 所示。

另外,1202 房间与 1201 房间的结构基本一致,只是污染物不同。通过对比可以看出,偏二甲肼在 1202 房间内的扩散过程与二氧化氮在 1201 房间内的扩散过程基本一致,但由于偏二甲肼密度更大,因此它扩散得更慢,而且更贴近地面。

3. 1203 房间内污染物的扩散过程

给定房间参数如下:假设湿度为 0.7,环境温度为 15℃;送风量为 110 000 m³/h,其中,新风量为 40 000 m³/h,循环回风量为 70 000 m³/h;房间内正压为 10 Pa;南北墙上

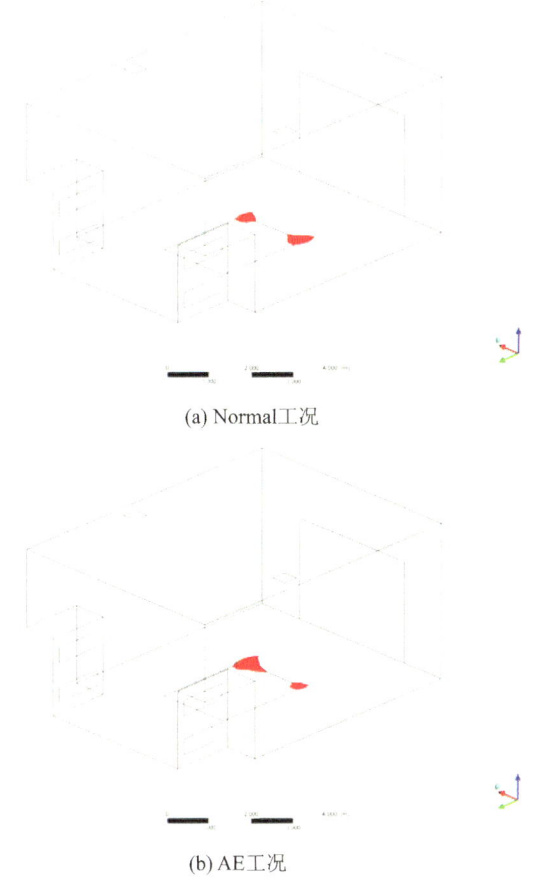

(a) Normal 工况

(b) AE 工况

图 3-68 泄漏 80 s 房间内达到偏二甲肼爆炸极限的区域

的风口对称布置,以南墙为例——最上排为 4 个 500 mm×500 mm 的紫色回风口,中间 3 排为直径 560 mm 的绿色送风口,最下边为 4 个 900 mm×900 mm 的紫色回风口。南北墙(中间)上共有 4 个黄色的日常排风口(南北墙各 2 个),日常排风机的排风量为 6 000×4 m³/h,正常情况下均开启;事故情况下,所有的回风均直接排风,风量为 26 000×6 m³/h,送风口风量与它进行匹配。

各风口的风量按照总风量除以总风口面积得平均风速,再分配。根据以上参数可得:16 个紫色回风口的总面积为 8 m×0.5 m×0.5 m+8 m×0.9 m×0.9 m=8.48 m²,总的回风量为 70 000 m³/h,算得这些风口的平均风速为 2.292 98 m/s;对于 4 个日常排风口,单个风口面积为 0.384 845 m²(直径为 700 mm),单个风口的排风量为 6 000 m³/h,算得风速为 4.330 75 m/s;36 个绿色送风口的总面积为 8.866 83 m²,总的送风量取为 70 000 m³/h+24 000 m³/h=94 000 m³/h,算得平均风速为 2.94 481 m/s;开启事故排风时,紫色回风口风量增大为 26 000 m³/h×6=156 000 m³/h,对应的平均风速为 5.110 16 m/s;开启事故排风时,绿色送风口风量增大为 156 000 m³/h+

24 000 m³/h＝180 000 m³/h,对应的平均风速为 5.638 99 m/s。

计算偏二甲肼和二氧化氮两种污染物在三种工况下的扩散过程。三种工况为:一是污染物泄漏后未开启事故排风,所有的回风和(含有毒气体)都被重新送回到房间内,即 Normal 工况;二是污染物泄漏后开启空调和事故排风,空调回风全部排走,送风不含有毒气体,即 AE 工况;三是污染物泄漏后关闭空调,仅开启事故排风,即 NoAC 工况。

(1) 偏二甲肼在 Normal 工况与 AE 工况下的扩散过程

图 3 - 69、图 3 - 70 给出此房间内的偏二甲肼在 Normal 工况与 AE 工况下的扩散

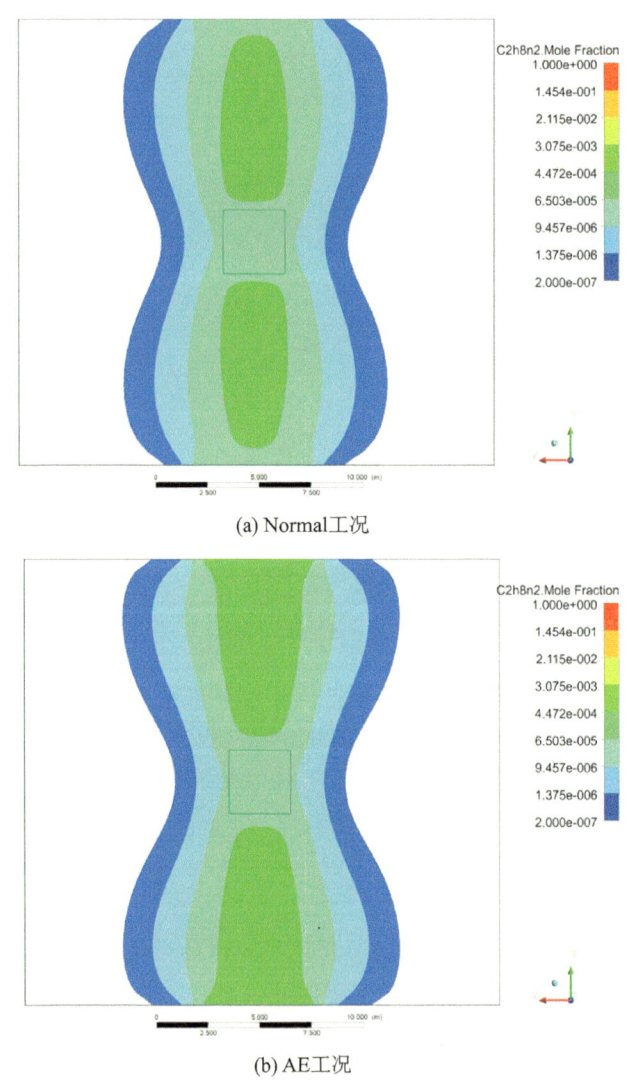

(a) Normal工况

(b) AE工况

图 3 - 69　扩散 20 s 达到偏二甲肼的作业场所最高允许质量浓度的区域(Z＝1 m 平面)

过程,两者过程基本一致。偏二甲肼从蒸发液面开始沿南北方向扩散,到达南北墙之后,在墙底端集聚。在 Normal 工况与 AE 工况下,偏二甲肼蒸发液面的质量流量随时间的变化曲线的对比如图 3-71 所示,房间内偏二甲肼的平均体积分数随时间的变化曲线的对比如图 3-72 所示。开启事故排风时,风量增大,偏二甲肼蒸发速率增大,但是由于风口的排污效果明显,因此整个房间内的偏二甲肼比未开启事故排风时大大减少。而且开始事故排风时,房间内的偏二甲肼在 600 s 后基本保持恒定,不会充满整个房间。

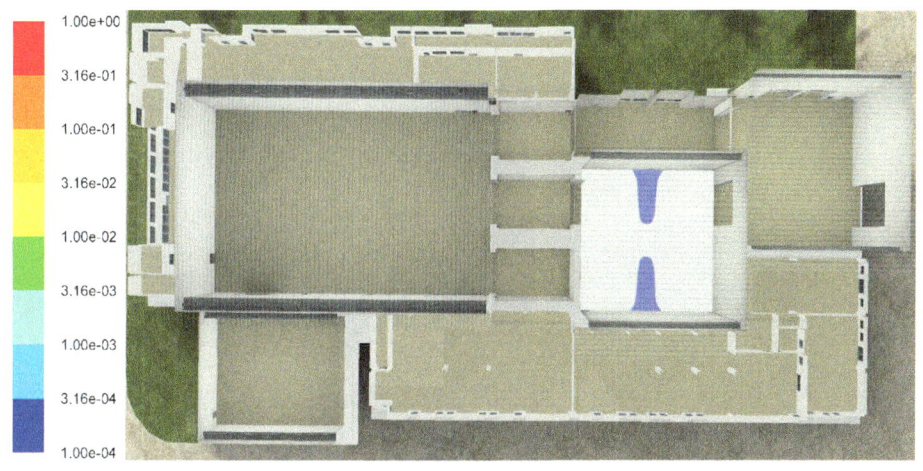

(a) 第84 s(Normal工况)

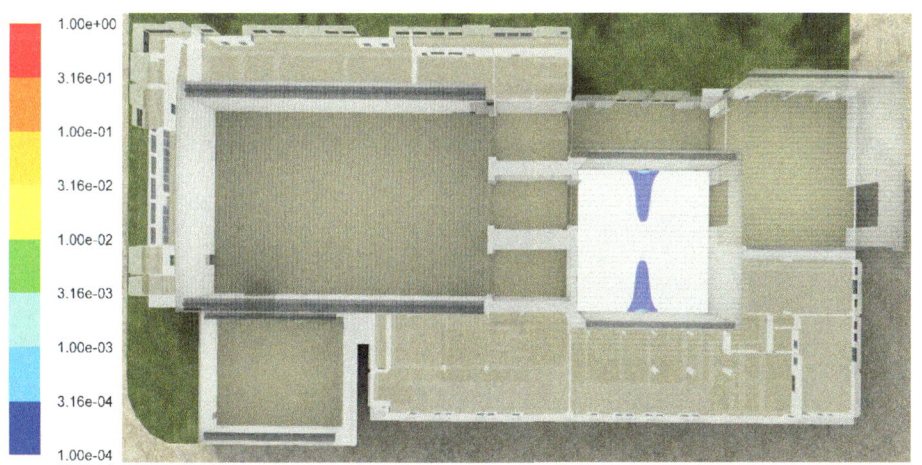

(b) 第84 s(AE工况)

图 3-70　偏二甲肼的质量浓度达到其 10 min 应急暴露极限的覆盖区域($Z=1$ m 平面)

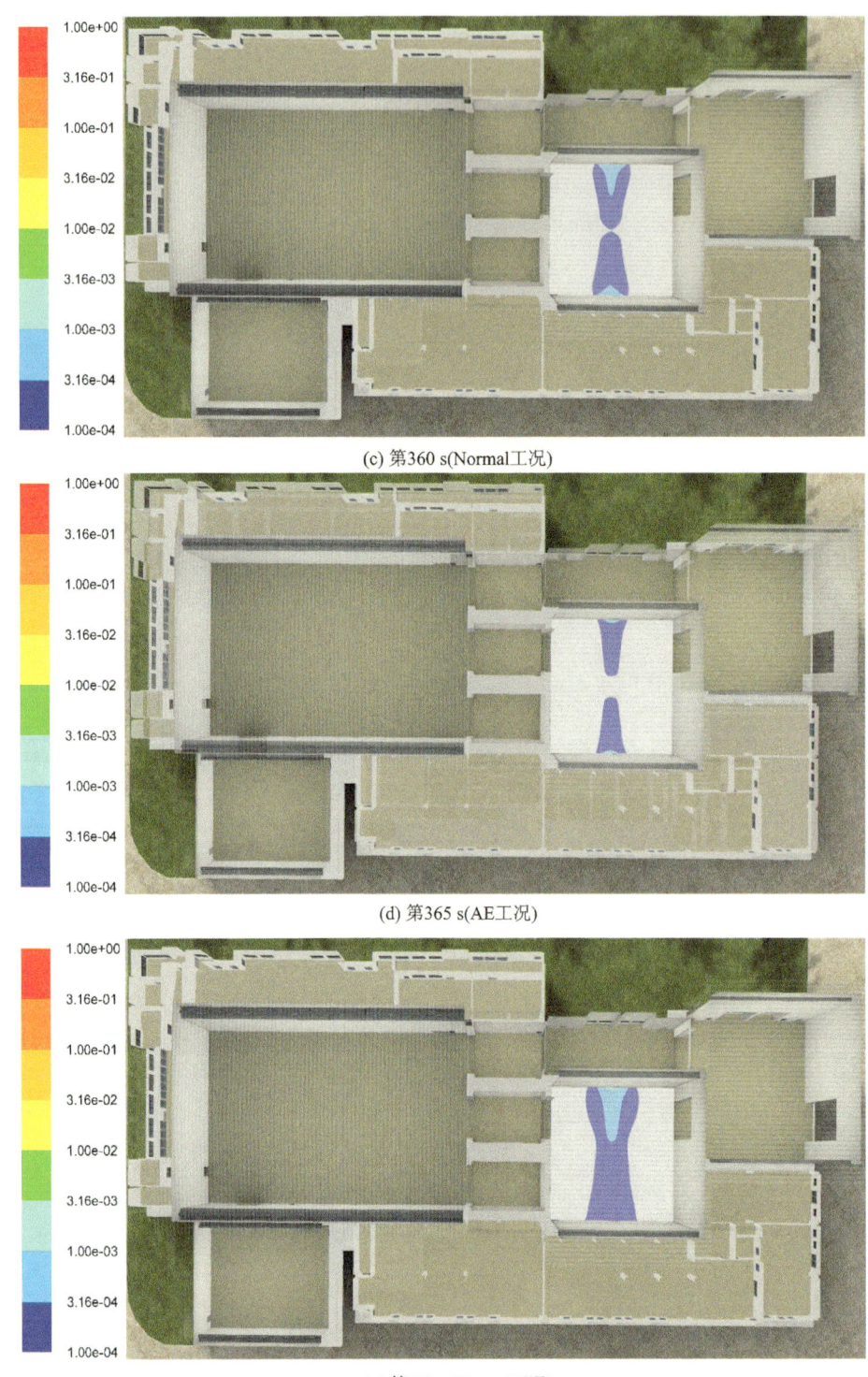

(c) 第360 s(Normal工况)

(d) 第365 s(AE工况)

(e) 第650 s(Normal工况)

图 3-70　偏二甲肼的质量浓度达到其 10 min 应急暴露极限的覆盖区域(Z=1 m 平面)(续)

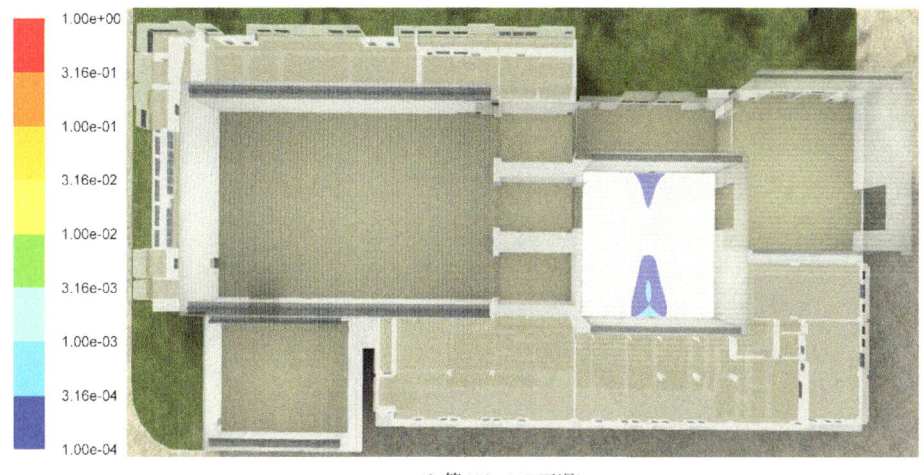

(f) 第650 s(AE工况)

图 3-70　偏二甲肼的质量浓度达到其 10 min 应急暴露极限的覆盖区域($Z=1$ m 平面)(续)

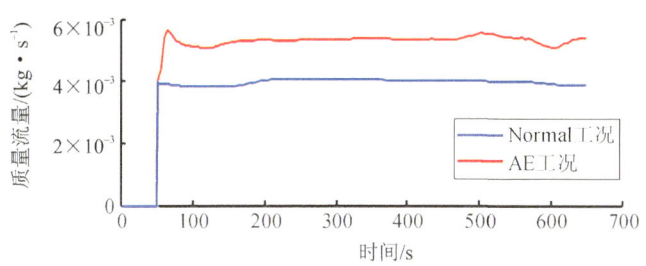

图 3-71　偏二甲肼蒸发液面的质量流量随时间的变化曲线的对比(Normal 工况与 AE 工况)

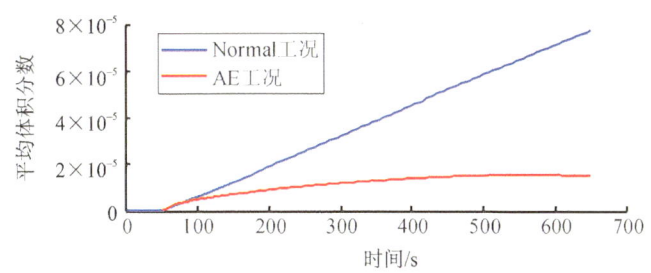

图 3-72　房间内偏二甲肼的平均体积分数随时间的变化曲线的对比(Normal 工况与 AE 工况)

在 Normal 工况与 AE 工况下,扩散 600 s 房间内达到偏二甲肼爆炸极限的区域如图 3-73 所示。

(2) 二氧化氮在 Normal 工况与 AE 工况下的扩散过程

图 3-74、图 3-75 给出此房间内的二氧化氮在 Normal 工况与 AE 工况下的扩散过程。可以看出,扩散开始时,二氧化氮在两种工况下的扩散规律基本一致,分别沿着南北方向扩散,之后在墙底部集聚。在 Normal 工况与 AE 工况下,二氧化氮蒸发液面

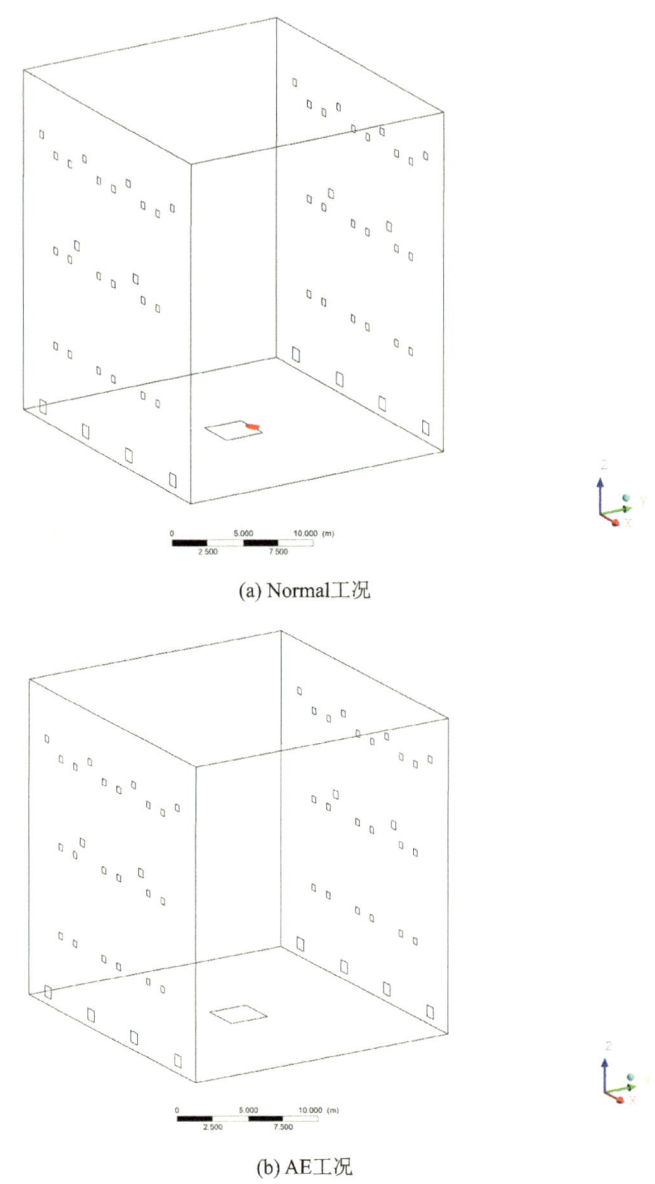

(a) Normal工况

(b) AE工况

图 3-73　扩散 600 s 房间内达到偏二甲肼爆炸极限的区域($Z=1$ m 平面)

的质量流量随时间的变化曲线的对比如图 3-76 所示,房间内二氧化氮的平均体积分数随时间的变化曲线的对比如图 3-77 所示。未开启事故排风时,从底部排风口排出的二氧化氮又从送风口进入房间,并迅速充满整个房间,在泄漏 110 s 左右 $Z=1$ m 平面基本充满二氧化氮。开启事故排风时,风量增大,液面的蒸发速率增大,但是其排污效果良好,房间内二氧化氮的体积分数比未开启事故排风时大大降低,在泄漏 240 s 左右 $Z=1$ m 平面基本充满二氧化氮。

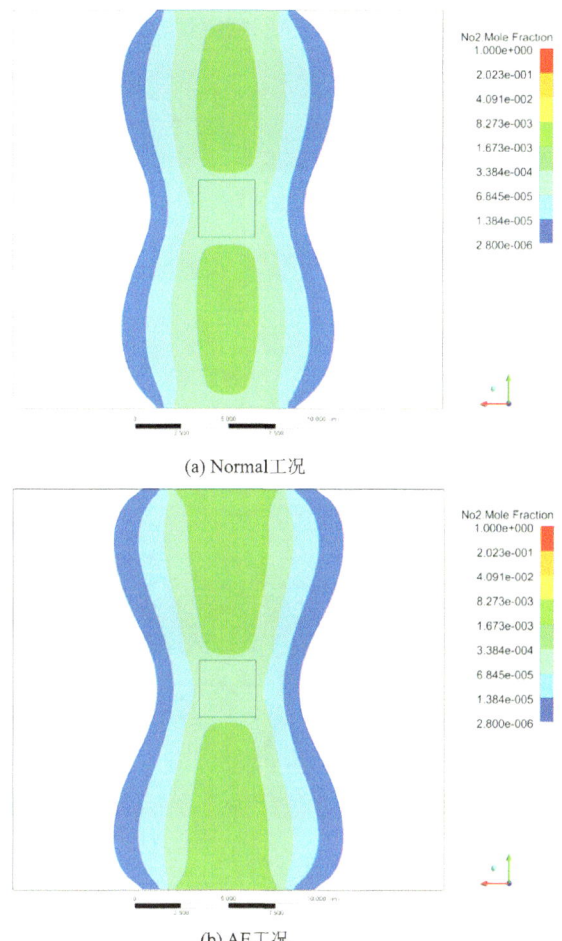

(a) Normal工况

(b) AE工况

图 3 - 74　扩散 20s 达到二氧化氮的作业场所最高允许质量浓度的区域($Z=1$ m 平面)

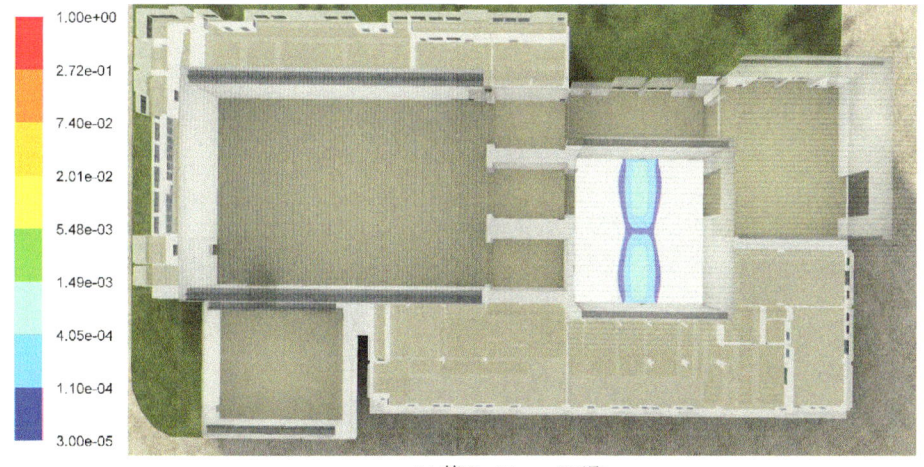

(a) 第72 s(Normal工况)

图 3 - 75　二氧化氮的质量浓度达到其 10 min 应急暴露极限的覆盖区域($Z=1$ m 平面)

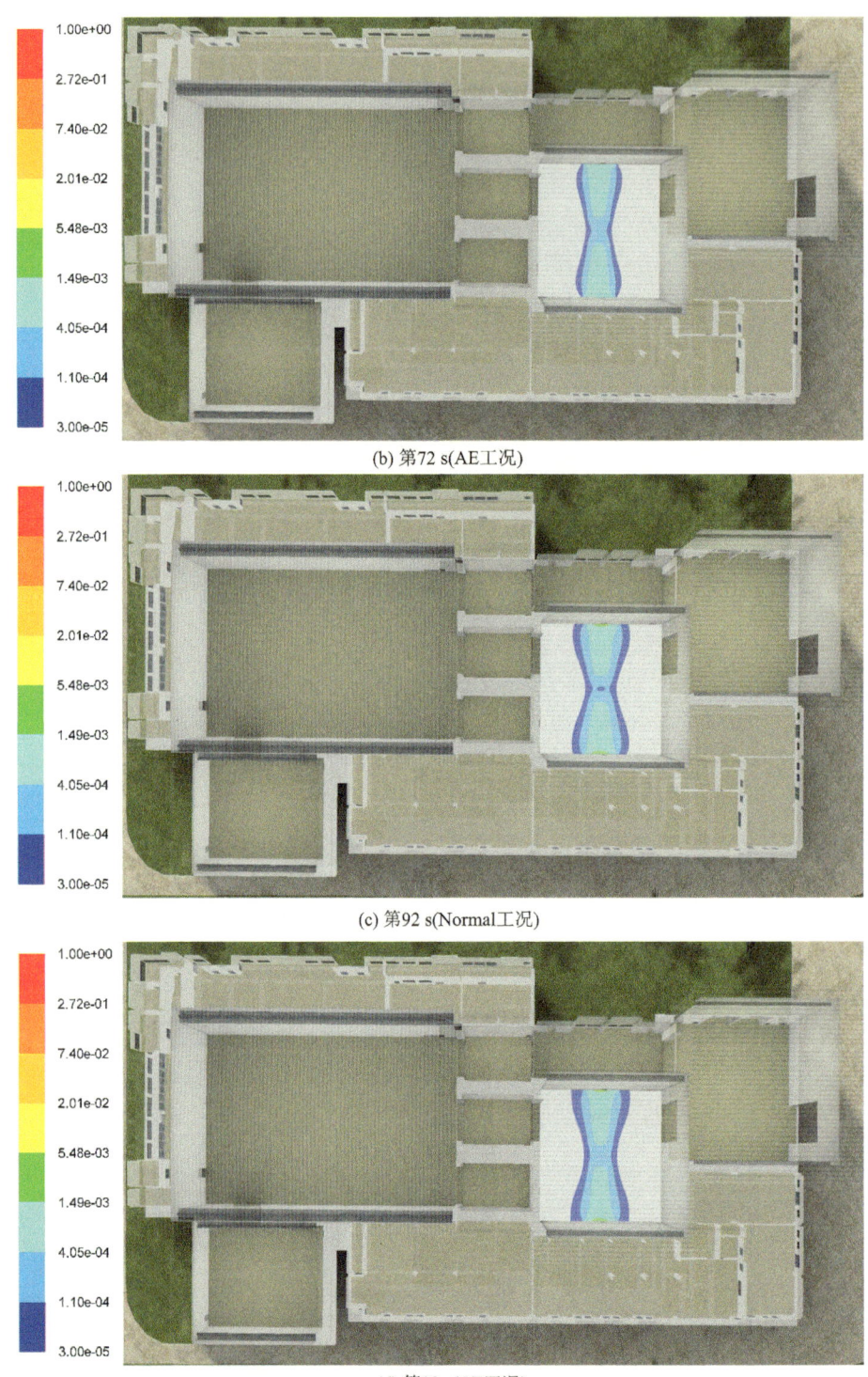

(b) 第72 s(AE工况)

(c) 第92 s(Normal工况)

(d) 第92 s(AE工况)

图 3-75　二氧化氮的质量浓度达到其 **10 min 应急暴露极限的覆盖区域**($Z=1$ m 平面)（续）

(e) 第160 s(Normal工况)

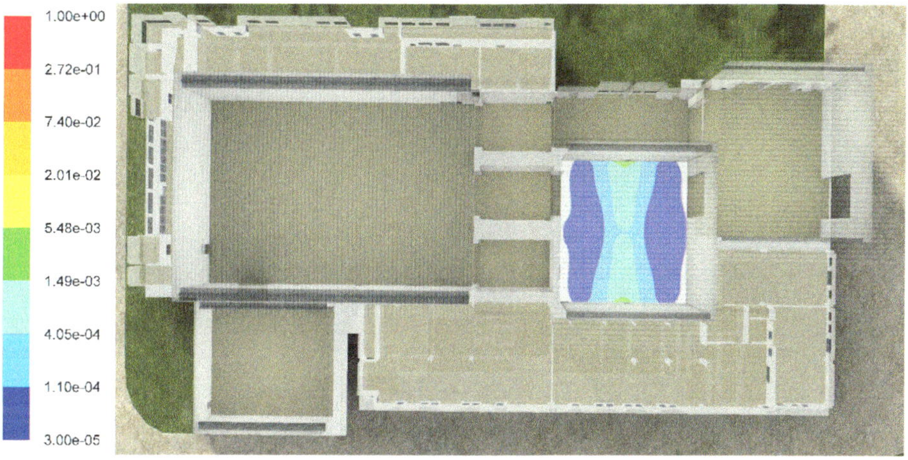

(f) 第290 s(AE工况)

图 3 - 75 二氧化氮的质量浓度达到其 10 min 应急暴露极限的覆盖区域($Z=1$ m 平面)(续)

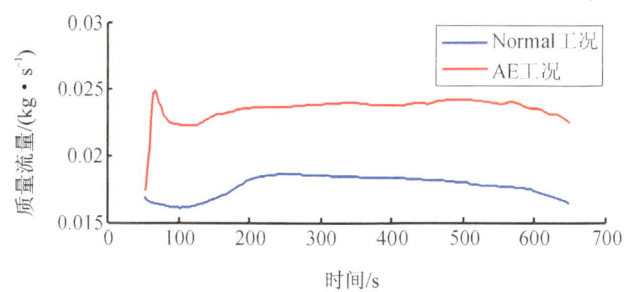

图 3 - 76 二氧化氮蒸发液面的质量流量随时间的变化曲线的对比(Normal 工况与 AE 工况)

(3) 偏二甲肼在 NoAC 工况下的扩散过程

试算步得 50 s 时,流场基本平衡,之后偏二甲肼开始泄漏蒸发,泄漏 600 s 时房间内偏二甲肼的体积分数分布如图 3 - 78(a)所示。偏二甲肼在 NoAC 工况下的扩散过程与它在 Normal 工况、AE 工况下的扩散过程类似。第 650 s 关闭泄漏源,大约经过 40 s 排污过程,房间内污染物基本排尽,如图 3 - 78(b)所示。

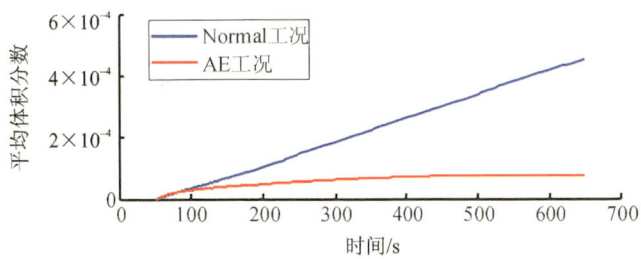

图 3 - 77　房间内二氧化氮的平均体积分数随时间的变化曲线的对比（Normal 工况与 AE 工况）

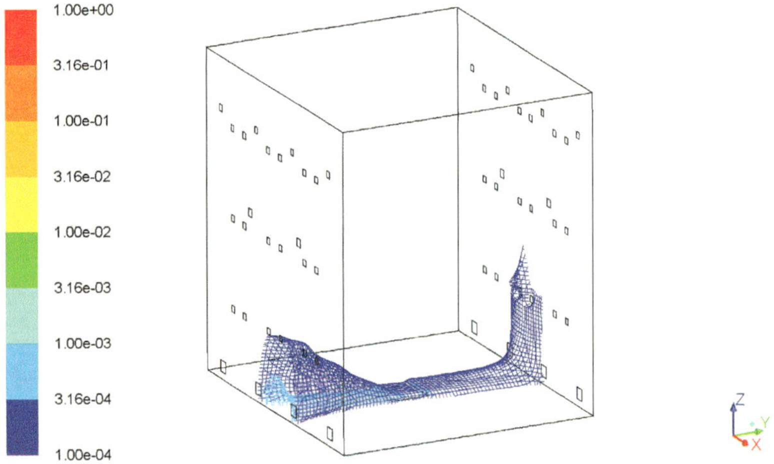

(a) 泄漏600 s

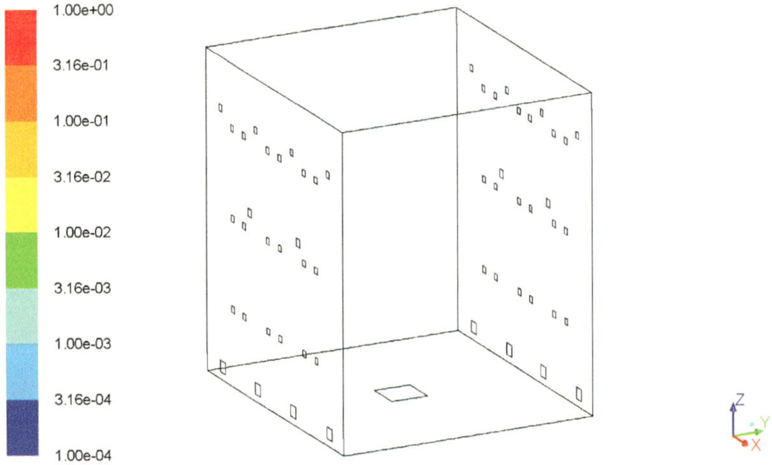

(b) 关闭泄漏源40 s

图 3 - 78　房间内偏二甲肼的体积分数分布

排污过程中房间内偏二甲肼的平均体积分数随时间的变化曲线如图 3-79 所示。

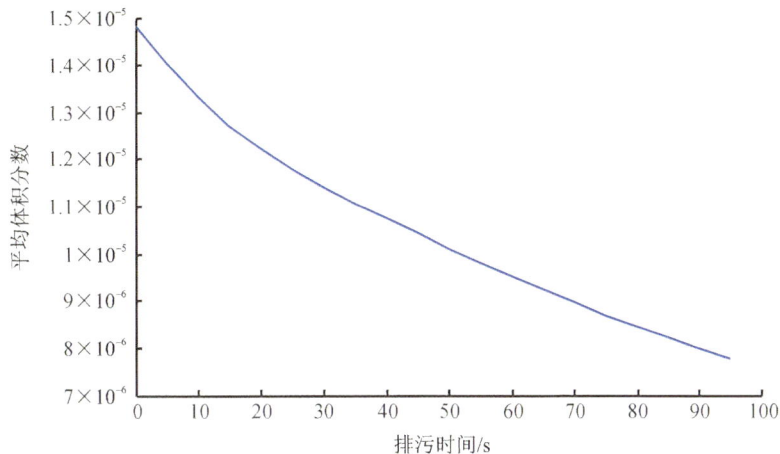

图 3-79　排污过程中房间内偏二甲肼的平均体积分数随时间的变化曲线

（4）二所化氮在 NoAC 工况下的扩散过程

试算步得 50 s 时，流场基本平衡，之后二氧化氮开始泄漏蒸发，泄漏 600 s 时房间内二氧化氮的体积分数分布如图 3-80(a) 所示。二氧化氮在 NoAC 工况下的扩散过程与它在 Normal 工况、AE 工况下的扩散过程类似。第 650 s 关闭泄漏源，大约经过 40 s 排污过程，房间内污染物基本排尽，如图 3-80(b) 所示。

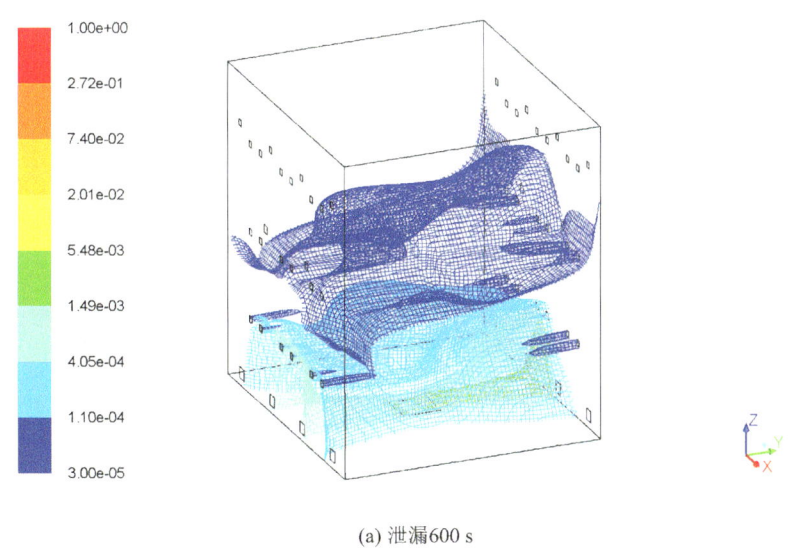

(a) 泄漏600 s

图 3-80　房间内二氧化氮的体积分数分布

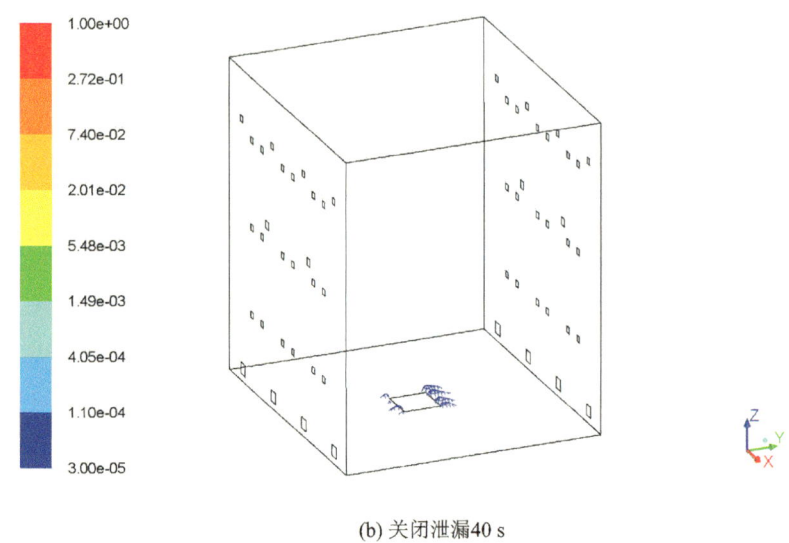

(b) 关闭泄漏40 s

图 3 - 80   房间内二氧化氮的体积分数分布(续)

排污过程中房间内二氧化氮的平均体积分数随时间的变化曲线如图 3 - 81 所示。

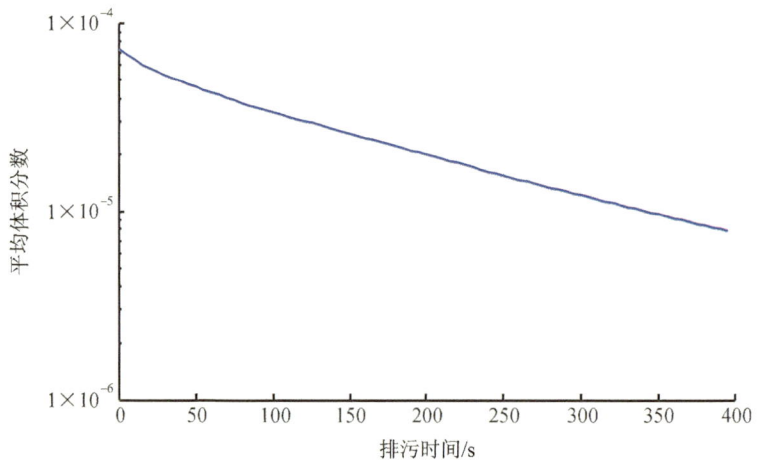

图 3 - 81   排污过程中房间内二氧化氮的平均体积分数随时间的变化曲线

3.3.4   02♯场区 21♯建筑内的泄漏事故仿真分析

1. 2102 房间内污染物的扩散过程

给定房间参数如下:房间送风量为 129 600 m^3/h,其中,新风量为31 104 m^3/h,回风量为 98 496 m³/h。

房间内正压为 10 Pa。

北侧墙上有事故排风机,靠西侧的排风量为 32 343×3 m³/h(排风口尺寸为 1 m×3.5 m、平均风速为 7.700 7 m/s),靠东侧的排风量为 32 343×4 m³/h(排风口尺寸为 1 m×4.5 m、平均风速为 7.985 9 m/s),正常情况下均不开启。

南侧墙上有事故送风机和自循环过滤系统两部分:事故送风机共 4 台,每台的送风量为 27 000 m³/h(送风口半径为 0.625 m、平均风速为 6.111 7 m/s),正常情况下不开启;自循环过滤系统有 4 套,每套包括下边一个回风口和上边两个送风口,每个回风口的风量为 2 000 m³/h、尺寸为 0.8 m×1.8 m、平均风速为 0.385 8 m/s,每个送风口的风量为 1 000 m³/h、半径为 0.315 m、平均风速为 0.891 1 m/s。

自循环过滤系统就是从房间内抽空气,过滤掉尘埃(不考虑能过滤有毒气体)后再送回房间内。

东侧墙下侧有 6 个回风口,单个风口的回风量为 16 500 m³/h、尺寸为 1.4 m×1.8 m、平均风速为 1.818 8 m/s;中部有 45 个送风口,单个风口的送风量为 2 000 m³/h、半径为 0.315 m、平均风速为 1.782 2 m/s。所有的新风与 6 个回风口的回风混合后通过这 45 个送风口进入房间内。

分别计算偏二甲肼和二氧化氮两种污染物在 3 种工况下的扩散过程。3 种工况为:一是污染物泄漏后没有开启事故排风,所有的回风(含有毒气体)都被重新送回到房间内,即 Normal 工况;二是污染物泄漏后开启空调和事故排风,空调回风全部排走,送风内不含有毒气体,即 AE 工况;三是污染物泄漏后关闭空调,仅开启事故排风,即 No-AC 工况。

(1) 偏二甲肼的扩散过程

1) 偏二甲肼在 Normal 工况下的扩散过程

图 3-82、图 3-83 给出 02♯场区 21♯建筑 2102 房间内的偏二甲肼在 Normal 工况下的扩散过程。简述如下:扩散开始时,偏二甲肼沿地面朝房间东南角方向扩散;50 s 时,偏二甲肼到达东南角,之后沿东侧墙壁向上扩散;110 s 时,偏二甲肼从东侧墙壁翻转;310 s 时,偏二甲肼翻转至西侧墙壁,然后开始大幅向地面跌落;400 s 时,偏二甲肼跌落至地面;500 s 时,$Z=1$ m 平面的偏二甲肼的质量浓度基本上全部达到其 10 min 应急暴露极限值。

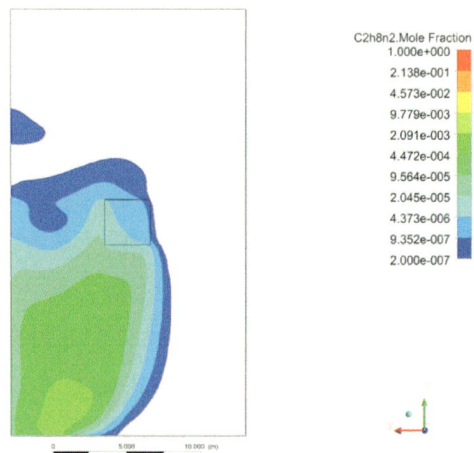

图 3 - 82　扩散 50 s 达到偏二甲肼的作业场所最高允许质量浓度的区域($Z=1$ m 平面)

(a) 第260 s

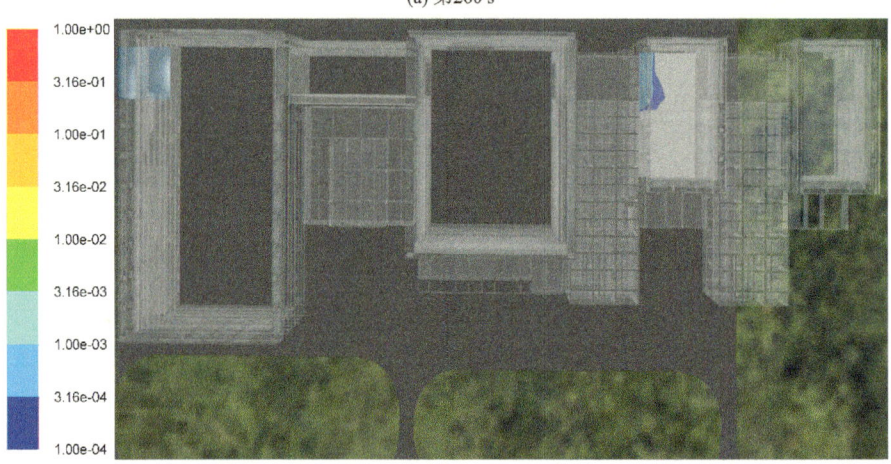

(b) 第320 s

图 3 - 83　偏二甲肼的质量浓度达到其 10 min 应急暴露极限的覆盖区域($Z=1$ m 平面)

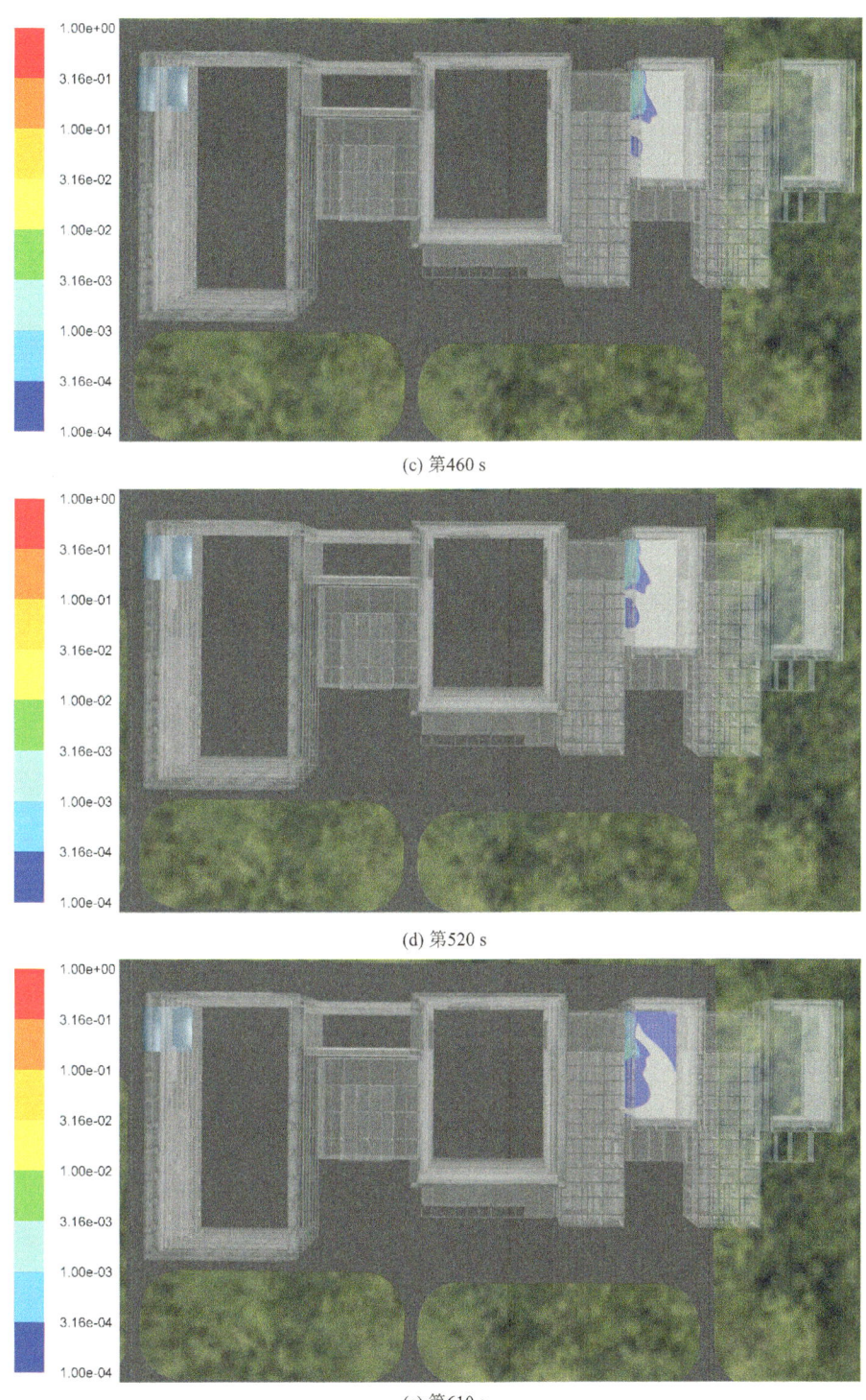

(c) 第460 s

(d) 第520 s

(e) 第610 s

图 3 - 83 偏二甲肼的质量浓度达到其 10 min 应急暴露极限的覆盖区域($Z=1$ m 平面)(续)

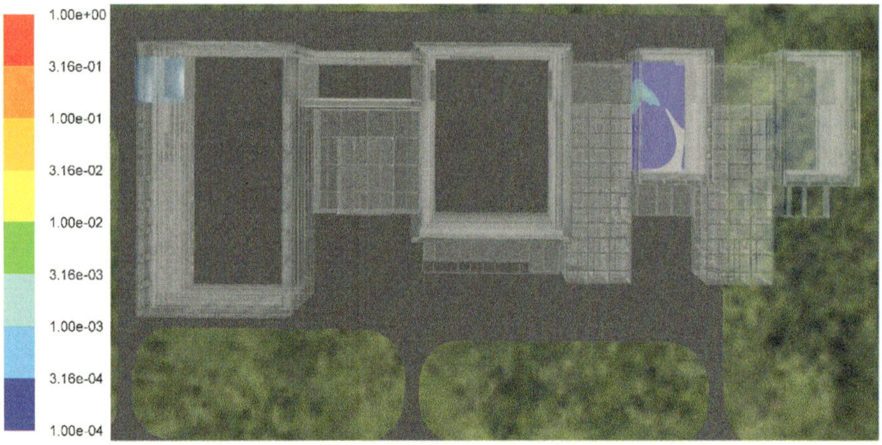

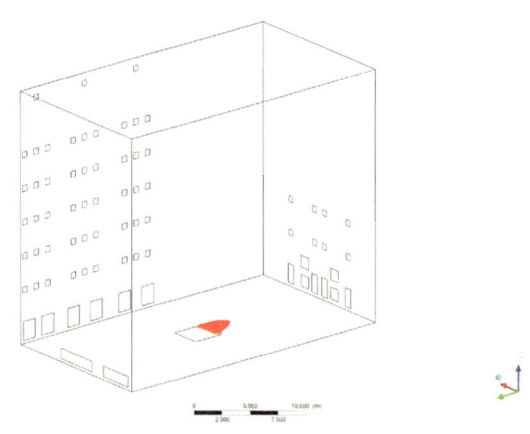

(f) 第710 s

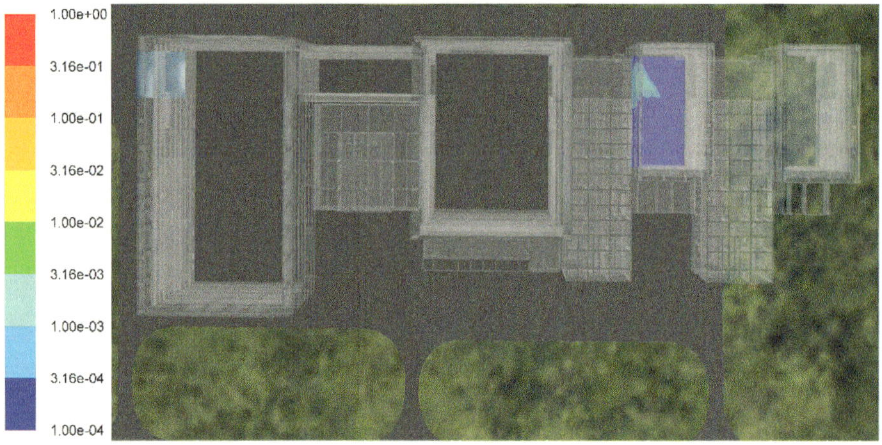

(g) 第750 s

图 3-83 偏二甲肼的质量浓度达到其 10 min 应急暴露极限的覆盖区域($Z=1$ m 平面)(续)

扩散 550 s 房间内达到偏二甲肼爆炸极限的区域如图 3-84 所示。偏二甲肼蒸发

图 3-84 扩散 550 s 房间内达到偏二甲肼爆炸极限的区域

液面的质量流量随时间的变化曲线如图 3-85 所示。房间内偏二甲肼的平均体积分数随时间的变化曲线如图 3-86 所示。

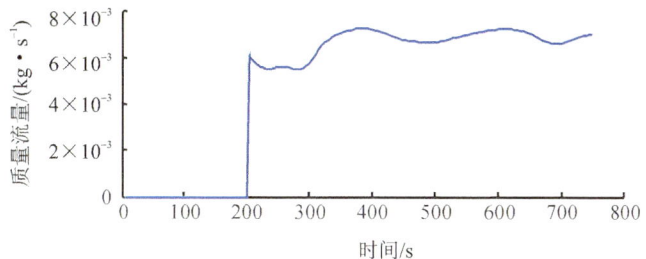

图 3-85　偏二甲肼蒸发液面的质量流量随时间的变化曲线

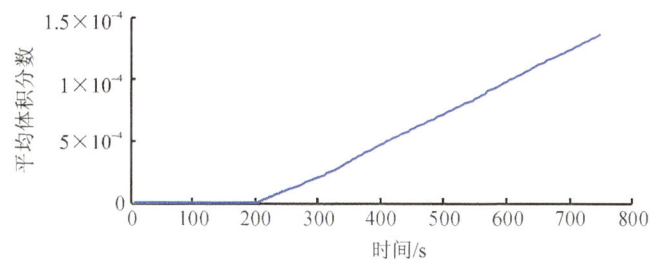

图 3-86　房间内偏二甲肼的平均体积分数随时间的变化曲线

2）偏二甲肼在 AE 工况下的扩散过程

图 3-87、图 3-88 给出 02♯场区 21♯建筑 2102 房间内的偏二甲肼在 AE 工况下的扩散过程。简述如下：扩散开始时，在事故送排风的强流下，偏二甲肼朝北墙扩散；18 s 时，偏二甲肼到达北墙；42 s 时，流场基本稳定。

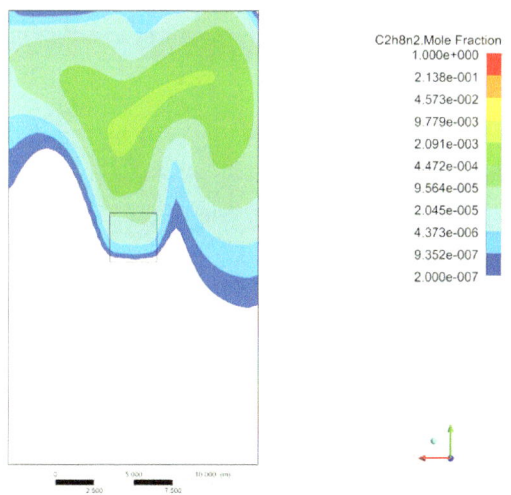

图 3-87　扩散 18 s 达到偏二甲肼的作业场所最高允许质量浓度的区域($Z=1$ m 平面)

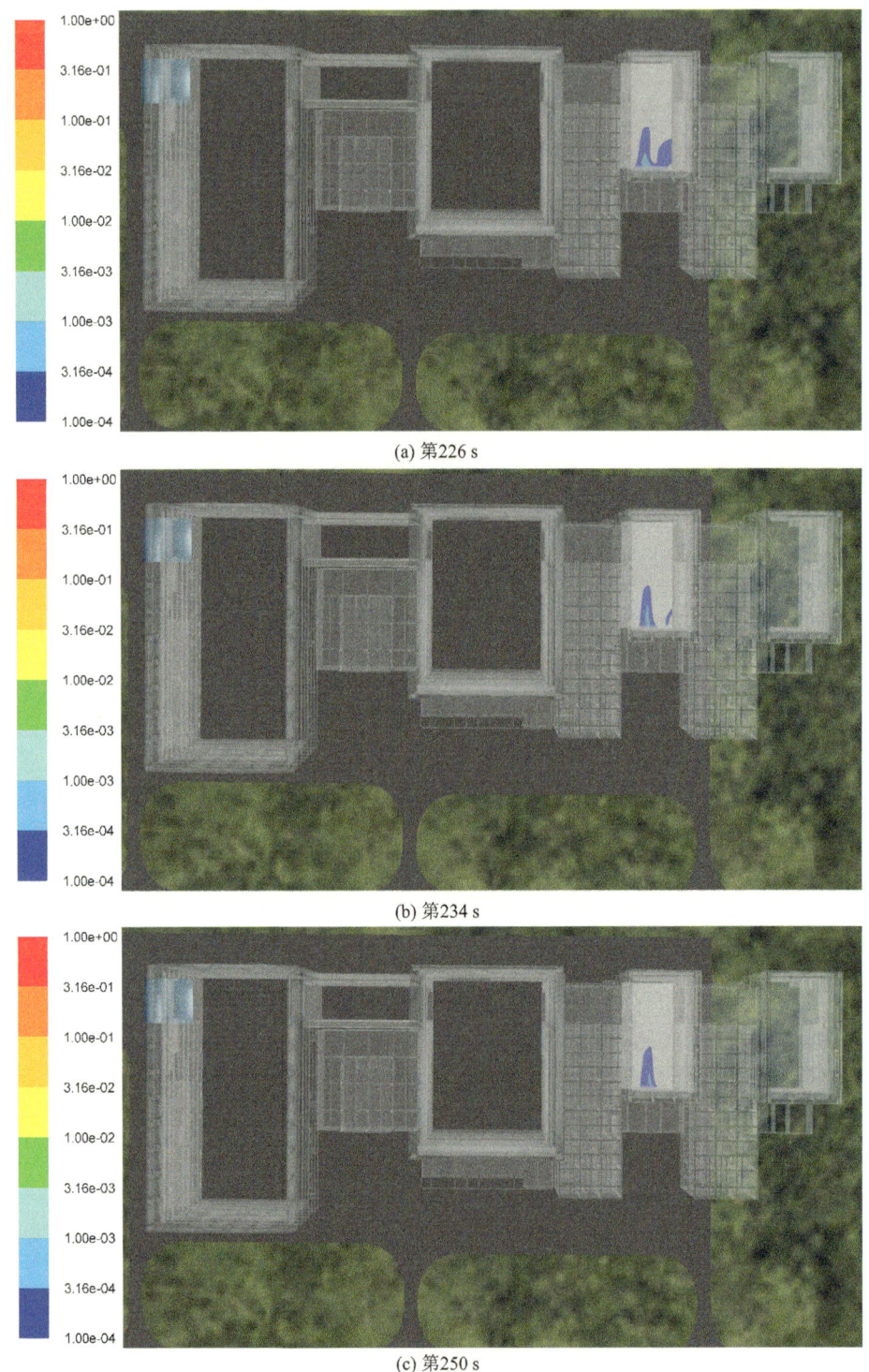

(a) 第226 s

(b) 第234 s

(c) 第250 s

图 3 - 88　偏二甲肼的质量浓度达到其 10 min 应急暴露极限的覆盖区域($Z=1$ m 平面)

扩散 200 s 房间内达到偏二甲肼爆炸极限的区域如图 3-89 所示。

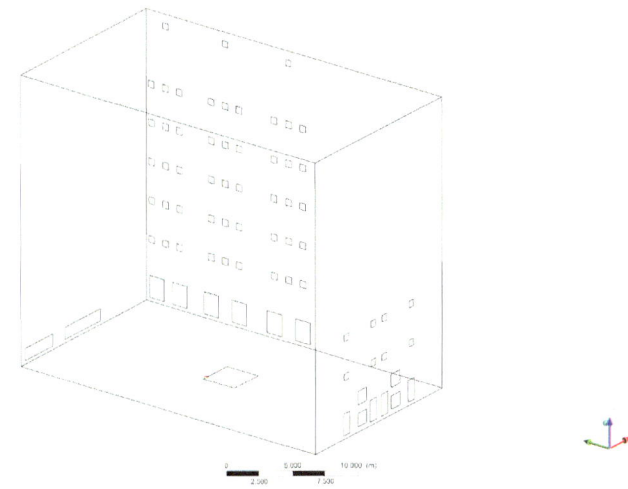

图 3-89　扩散 200 s 房间内达到偏二甲肼爆炸极限的区域

3) 偏二甲肼在 Normal 工况与 AE 工况下的扩散过程的对比

在 Normal 工况与 AE 工况下,偏二甲肼蒸发液面的质量流量随时间的变化曲线的对比如图 3-90 所示,房间内偏二甲肼的平均体积分数随时间的变化曲线的对比如图 3-91 所示。可以看出,开启事故排风之后,由于液面风速大大增加,因此偏二甲肼蒸发液面的质量流量大幅增加,但事故排风排出了大部分偏二甲肼,故房间内偏二甲肼的平均体积分数较低。

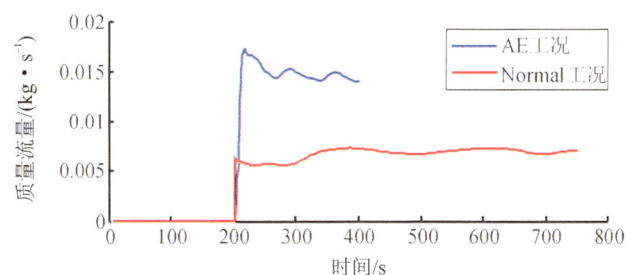

图 3-90　偏二甲肼蒸发液面的质量流量随时间的变化曲线的对比(Normal 工况与 AE 工况)

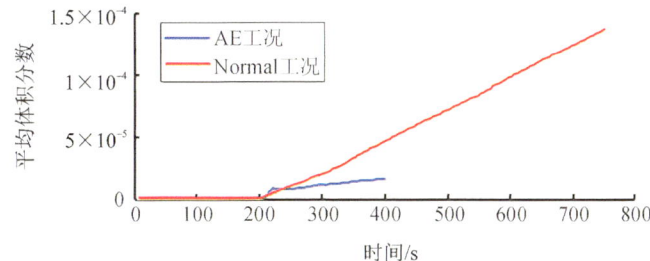

图 3-91　房间内偏二甲肼的平均体积分数随时间的变化曲线的对比(Normal 工况与 AE 工况)

4）偏二甲肼在 NoAC 工况下的扩散过程

不开启空调，从泄漏开始就开启事故排风，泄漏 10 min 之后关闭泄漏源，观察事故排风的效果。泄漏 20 s 时房间内偏二甲肼的体积分数分布如图 3 - 92(a)所示，偏二甲肼被吹至北墙排风口。泄漏 600 s 时房间内偏二甲肼的体积分数分布如图 3 - 92(b)所示，偏二甲肼覆盖区域基本稳定。可以看出，偏二甲肼基本上仅分布在很小的区域，且风口能及时排出偏二甲肼。在关闭泄漏源之后，约 20 s 即可排尽偏二甲肼，如图 3 - 92(c)所示。泄漏 600 s 房间内达到偏二甲肼爆炸极限的区域如图 3 - 93 所示。

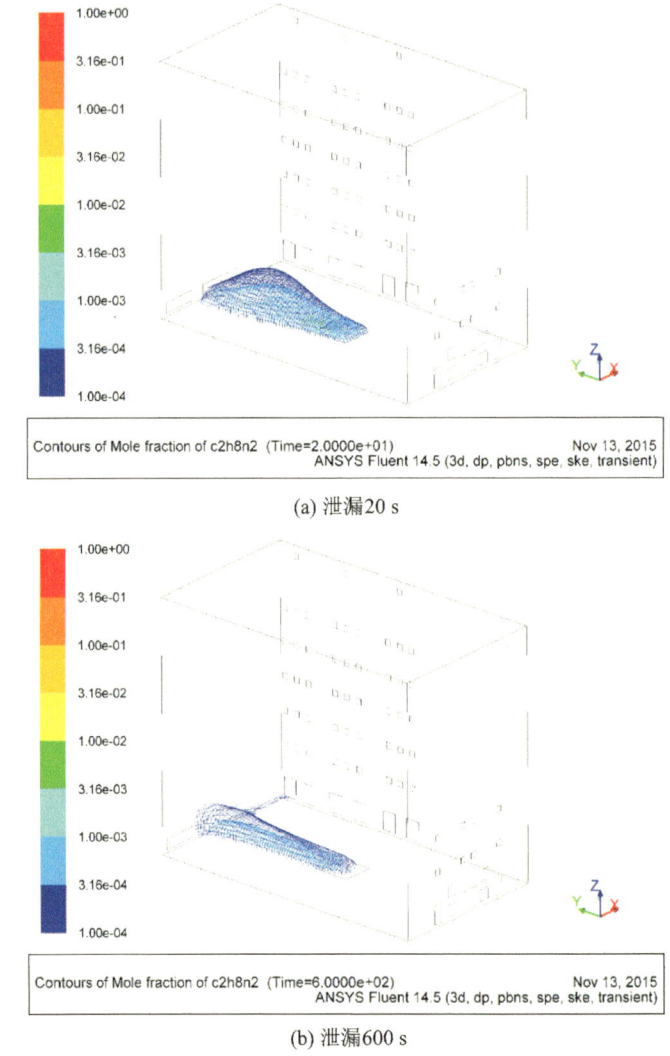

图 3 - 92　房间内偏二甲肼的体积分数分布

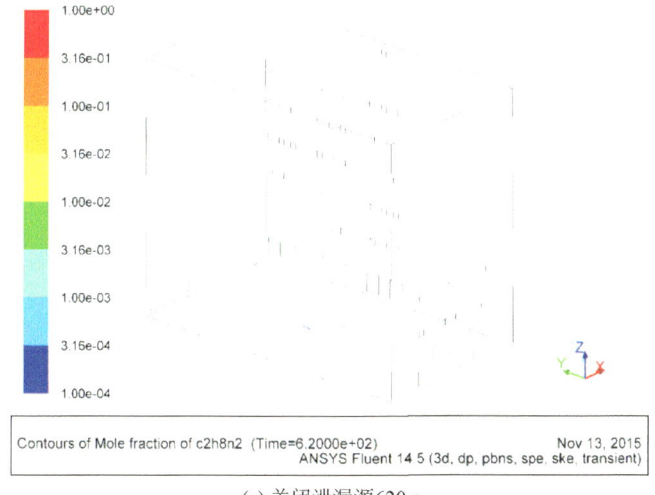

Contours of Mole fraction of c2h8n2 (Time=6.2000e+02)
ANSYS Fluent 14.5 (3d, dp, pbns, spe, ske, transient)
Nov 13, 2015

(c) 关闭泄漏源620 s

图 3 - 92　房间内偏二甲肼的体积分数分布(续)

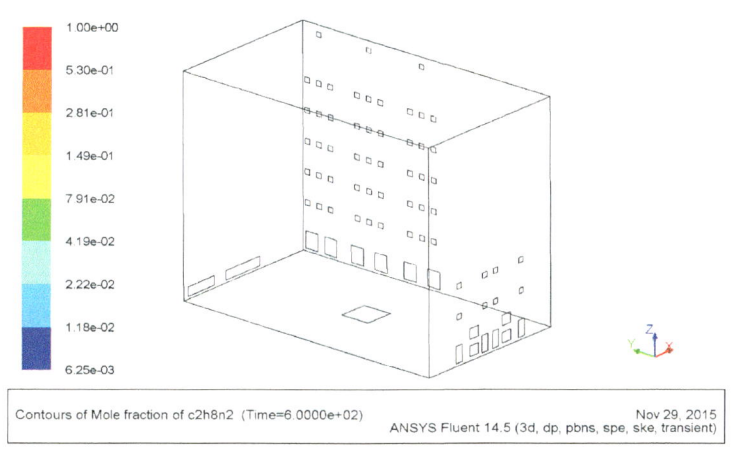

Contours of Mole fraction of c2h8n2 (Time=6.0000e+02)
ANSYS Fluent 14.5 (3d, dp, pbns, spe, ske, transient)
Nov 29, 2015

图 3 - 93　泄漏 600 s 房间内达到偏二甲肼爆炸极限的区域

　　偏二甲肼蒸发液面的质量流量随时间的变化曲线如图 3 - 94 所示,房间内偏二甲肼的平均体积分数随时间的变化曲线如图 3 - 95 所示。

　　5) 安全分析与防护建议

　　2102 房间发生偏二甲肼泄漏后,在报警系统未发生作用、空调系统持续工作、事故排风没有开启的情况下,偏二甲肼将先扩散到东南角然后逐渐蔓延,500 s 时 $Z=1$ m 平面的偏二甲肼的质量浓度将基本上全部达到其 10 min 应急暴露极限。房间内人员应从北侧疏散门尽快撤离。

　　2102 房间发生偏二甲肼泄漏后,如果立即开启空调系统的新风系统,同时开启事故排风,则偏二甲肼主要集中在房间北侧的污染源与事故排风口之间。房间内人员应

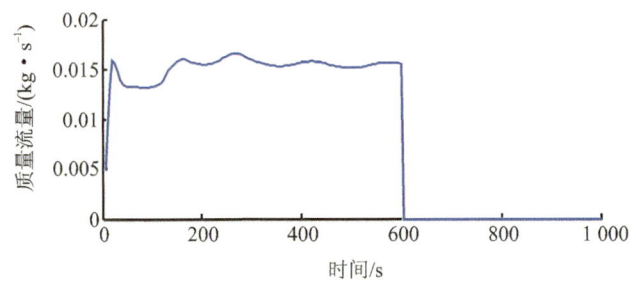

图 3-94　监测的偏二甲肼蒸发液面的质量流量随时间的变化曲线

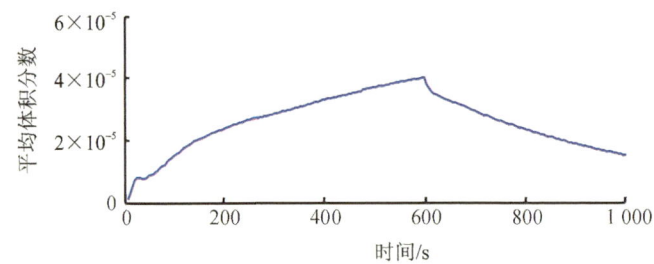

图 3-95　房间内偏二甲肼的平均体积分数随时间的变化曲线

从南侧疏散门撤离。

2102 房间发生偏二甲肼泄漏后,如果立刻关闭空调系统,同时开启事故排风,则偏二甲肼集中在房间北侧的污染源与事故排风口之间,且偏二甲肼的分布范围比以上两种情况下的分布范围要小。房间内人员应从南侧疏散门撤离。假设污染源在 10 min 后得到控制,约 20 s 可以排尽偏二甲肼。

上述 3 种情况下,在偏二甲肼扩散过程中,达到其爆炸极限的区域均局限在污染源附近很小的范围内,空调系统和事故排风系统内的偏二甲肼的质量浓度不会达到爆炸极限。

综上,2102 房间发生偏二甲肼泄漏后,应尽快关闭空调系统、打开事故排风,人员从南侧疏散门撤离。应急处理人员应着防护服从南侧疏散门进入房间,并尽量在污染源南侧(上风向)处理事故。事故处理完毕后,事故排风应至少继续工作 1 min。

(2) 二氧化氮的扩散过程

1)二氧化氮在 Normal 工况下的扩散过程

图 3-96、图 3-97 给出 02♯场区 21♯建筑 2102 房间内的二氧化氮在 Normal 工况下的扩散过程。该扩散过程与偏二甲肼在 Normal 工况下的扩散过程基本一致,但是扩散得更快。简述如下:扩散开始时,二氧化氮沿地面朝房间东南角方向扩散;32 s 时,二氧化氮到达东南角,之后沿东侧墙壁向上扩散;90 s 时,二氧化氮从东侧墙壁翻转,并跌落;170 s 时,二氧化氮跌落至地面,$Z=1$ m 平面的二氧化氮的质量浓度基本上全部达到其 10 min 应急暴露极限值。

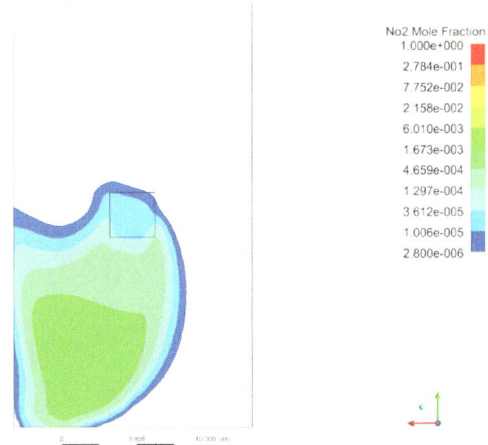

图 3 – 96　扩散 32 s 达到二氧化氮的作业场所最高允许质量浓度的区域($Z=1$ m 平面)

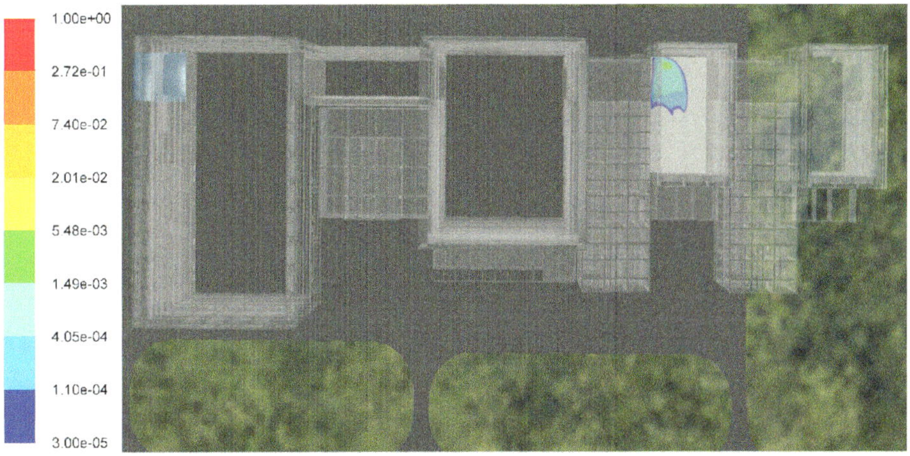

(a) 第235 s

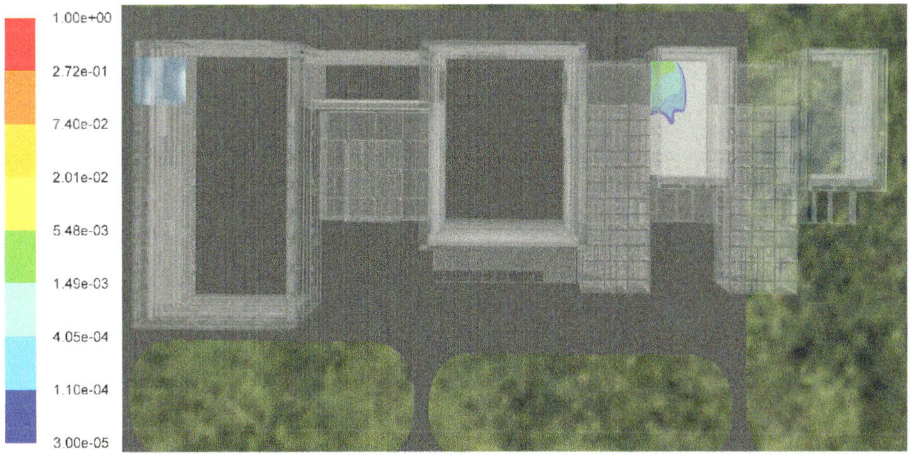

(b) 第255 s

图 3 – 97　二氧化氮的质量浓度达到其 10 min 应急暴露极限的覆盖区域($Z=1$ min)

161

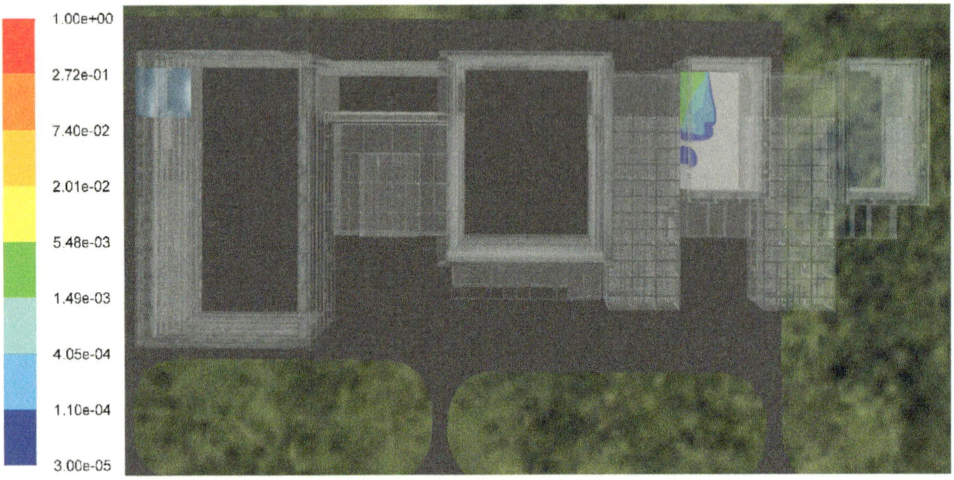

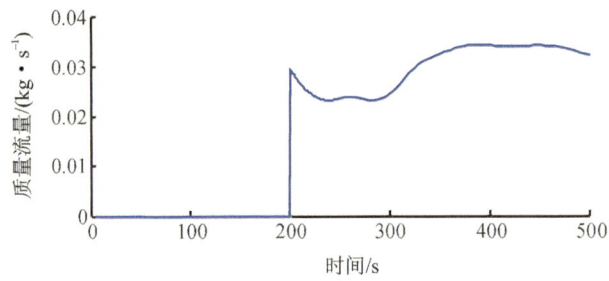

(c) 第290 s

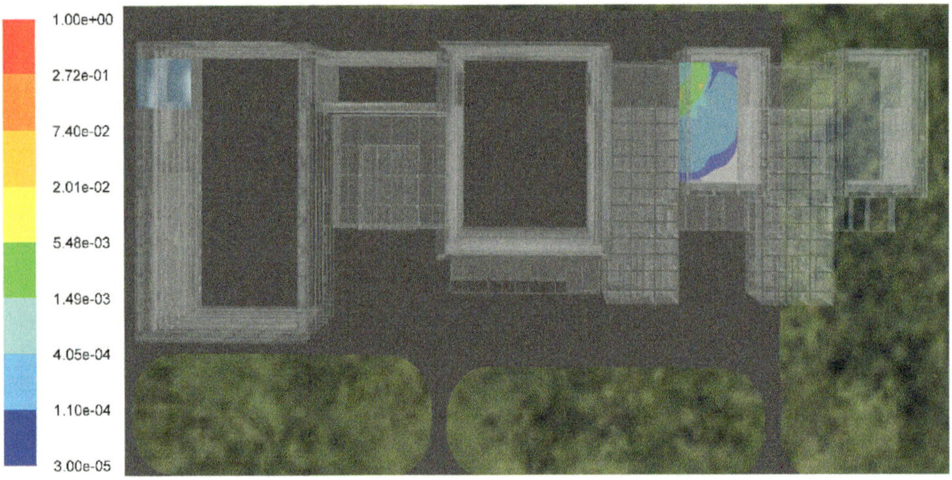

(d) 第370 s

图 3 - 97   二氧化氮的质量浓度达到其 10 min 应急暴露极限的覆盖区域($Z=1$ min)(续)

二氧化氮蒸发液面的质量流量随时间的变化曲线如图 3 - 98 所示,房间内二氧化氮的平均体积分数随时间的变化曲线如图 3 - 99 所示。

图 3 - 98   二氧化氮蒸发液面的质量流量随时间的变化曲线

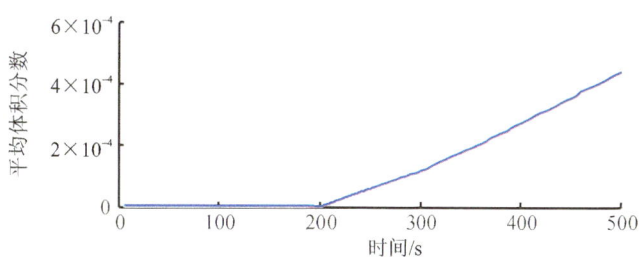

图 3 - 99　房间内二氧化氮的平均体积分数随时间的变化曲线

2）二氧化氮在 AE 工况下的扩散过程

图 3 - 100、图 3 - 101 给出 02♯场区 21♯建筑 2102 房间内的二氧化氮在 AE 工况下的扩散过程。简述如下：扩散开始时，在事故送排风的强流下，二氧化氮朝北墙扩散；22 s 时，二氧化氮到达北墙，并沿墙向上扩散；37 s 时，二氧化氮扩散至房顶，并向南墙翻转；75 s 时，二氧化氮开始大幅向地面跌落；145 s 时，$Z=1$ m 平面的二氧化氮的质量浓度基本上完全达到其 10 min 应急暴露极限值。

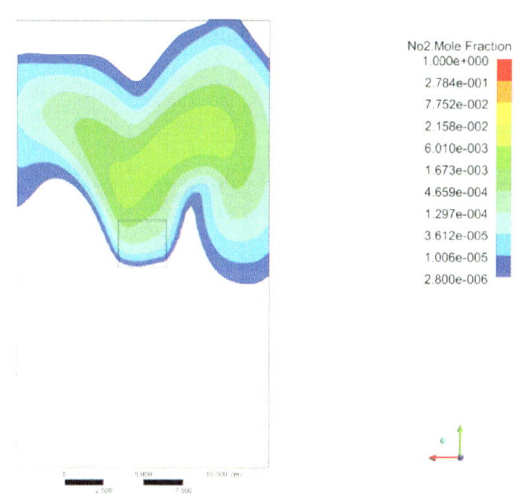

图 3 - 100　扩散 15 s 达到二氧化氮的作业场所最高允许质量浓度的区域($Z=1$ m 平面)

3）二氧化氮在 Normal 工况与 AE 工况下的扩散过程的对比

图 3 - 102、图 3 - 103 给出在 Normal 工况与 AE 工况下，二氧化氮蒸发液面的质量流量随时间的变化曲线、房间内二氧化氮的平均体积分数随时间的变化曲线的对比。可以看出，开启事故排风增大了液面风速，导致二氧化氮蒸发液面的质量流量大大增加，但是事故排风的排污效果明显，房间内二氧化氮的平均体积分数降低。

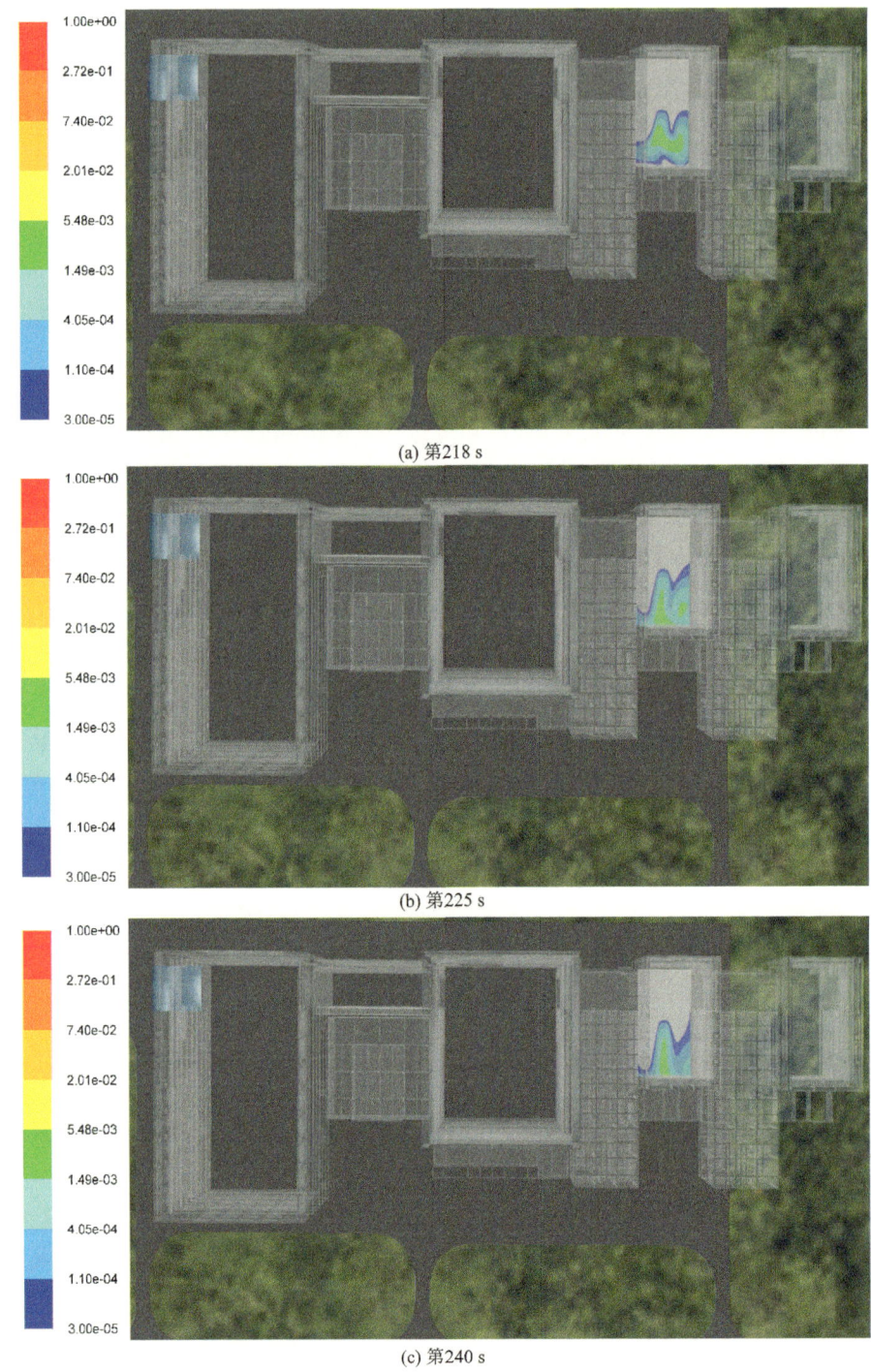

(a) 第218 s

(b) 第225 s

(c) 第240 s

图 3-101 二氧化氮的质量浓度达到其 10 min 应急暴露极限的覆盖区域($Z=1$ m 平面)

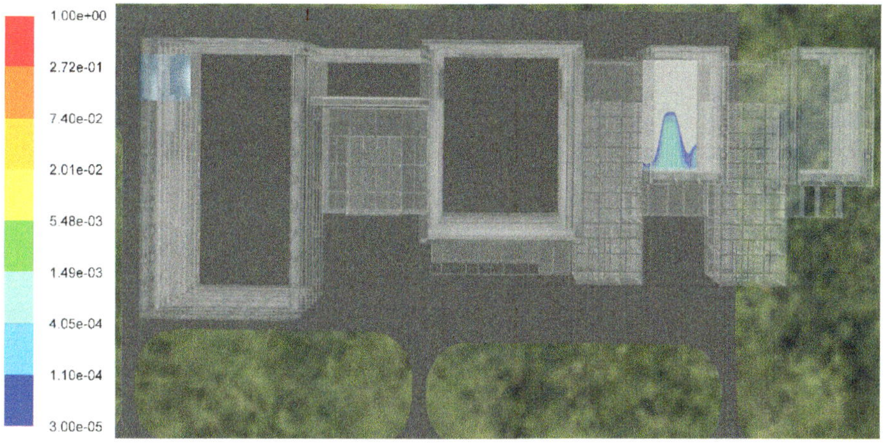
1.00e+00
2.72e-01
7.40e-02
2.01e-02
5.48e-03
1.49e-03
4.05e-04
1.10e-04
3.00e-05

(d) 第275 s

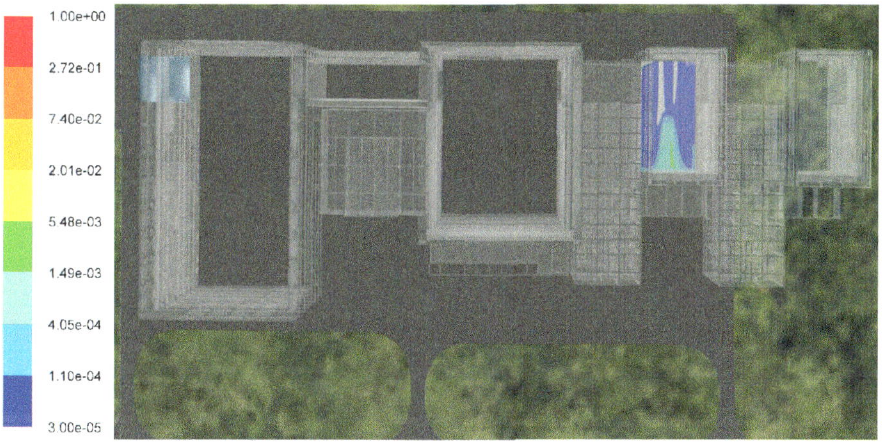
1.00e+00
2.72e-01
7.40e-02
2.01e-02
5.48e-03
1.49e-03
4.05e-04
1.10e-04
3.00e-05

(e) 第345 s

图 3-101　二氧化氮的质量浓度达到其 10 min 应急暴露极限的覆盖区域(Z=1 m 平面)(续)

AE工况
Normal工况
质量流量/(kg·s⁻¹)
0.1
0.05
0
0
100
200
300
400
500
时间/s

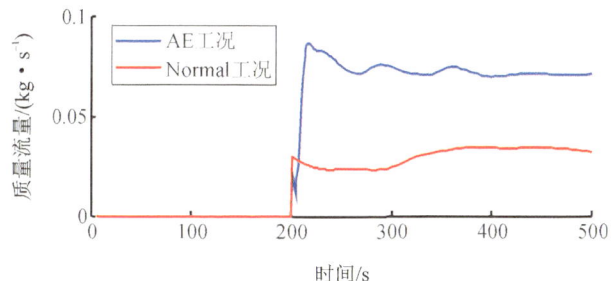

图 3-102　二氧化氮蒸发液面的质量流量随时间的变化曲线的对比(Normal 工况与 AE 工况)

4）二氧化氮在 NoAC 工况下的扩散过程

不开启空调，从泄漏开始就开启事故排风，泄漏 10 min 之后关闭泄漏源。20 s 时房间内二氧化氮的体积分数分布如图 3-104(a)所示，二氧化氮到达北墙，且不断集聚，并沿墙向上扩散。90 s 时房间内二氧化氮的体积分数分布如图 3-104(b)所示，二氧化氮从北墙上方翻转，到达南墙。135 s 时房间内二氧化氮的体积分数分布如

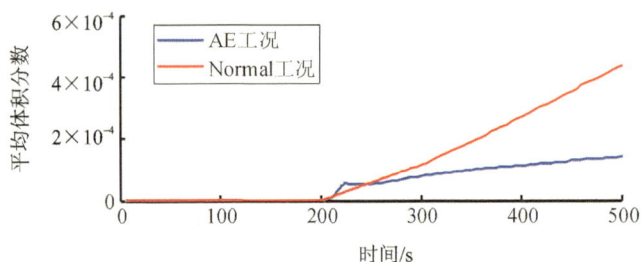

图 3 - 103   房间内二氧化氮的平均体积分数随时间的变化曲线的对比(Normal 工况与 AE 工况)

图 3 - 104(c)所示,房间内基本充满二氧化氮。可以看出,二氧化氮在 NoAC 工况下的扩散过程与偏二甲肼很不相同,排风口不能及时排出二氧化氮。在泄漏的 600 s 时间内,二氧化氮在房间内不断集聚,在 600 s 时,整个房间内的二氧化氮的体积分数均在 1.1×10^{-4} 以上,如图 3 - 104(d)所示。关闭泄漏源之后,排风口排污效果较差,需要经过 1 070 s 才能基本排尽二氧化氮,如图 3 - 104(e)所示。

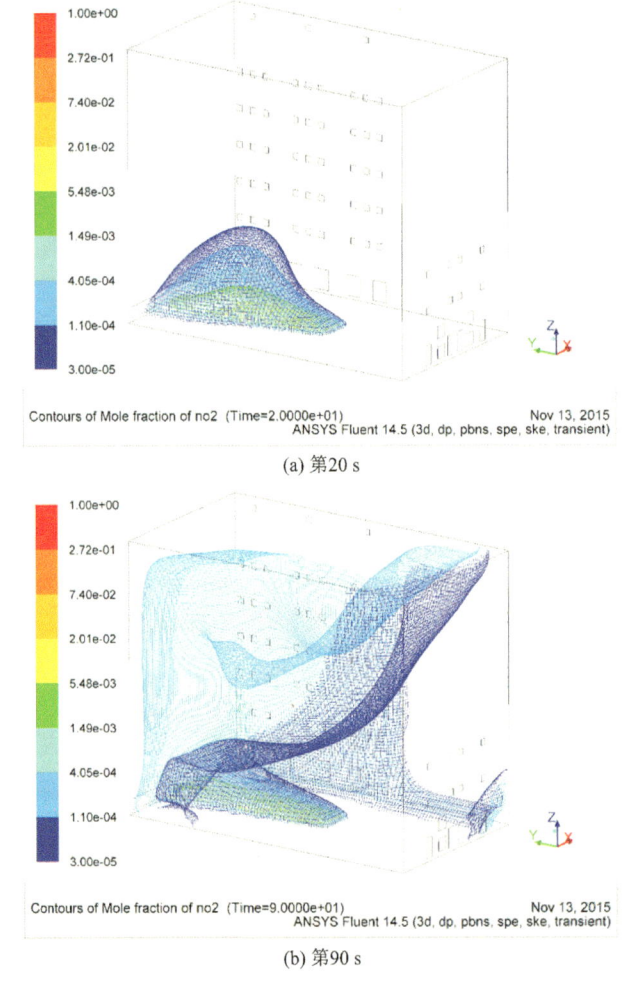

(a) 第20 s

(b) 第90 s

图 3 - 104   房间内二氧化氮的体积分数分布

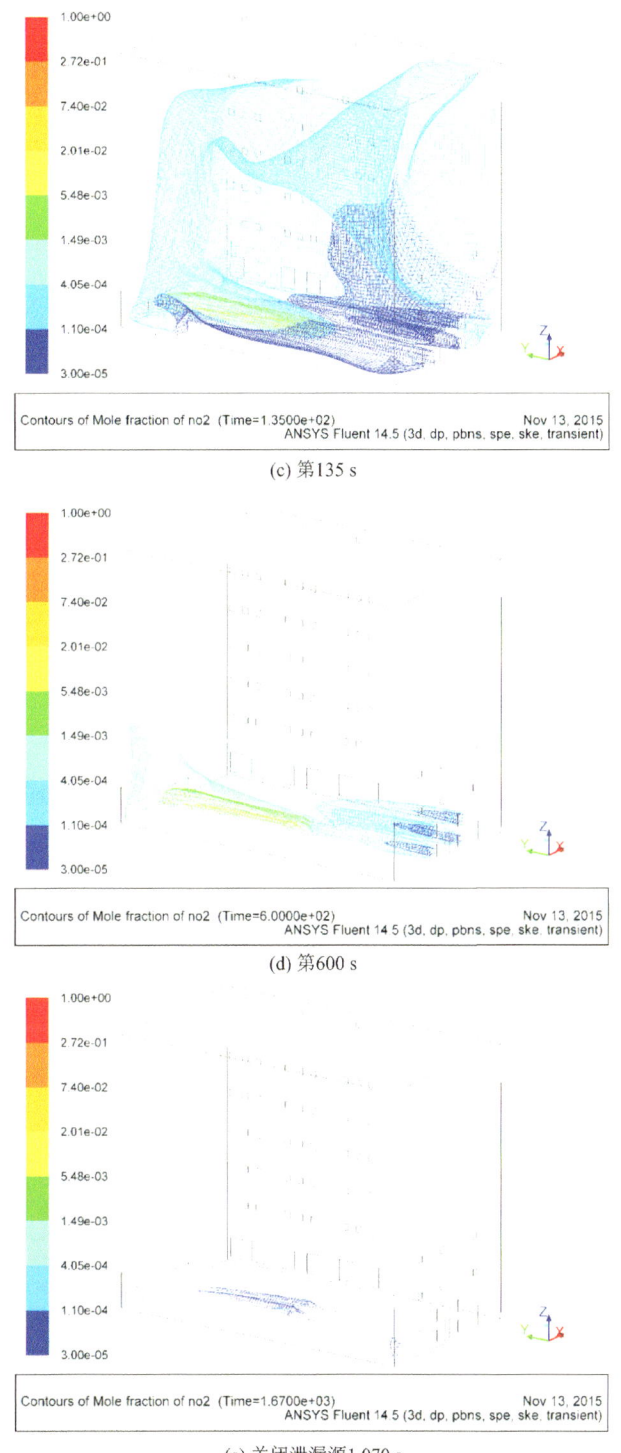

(c) 第135 s

(d) 第600 s

(e) 关闭泄漏源1 070 s

图 3 - 104　房间内二氧化氮的体积分数分布(续)

二氧化氮蒸发液面的质量流量随时间的变化曲线如图 3 - 105 所示。房间内二氧化氮的平均体积分数随时间的变化曲线如图 3 - 106 所示。

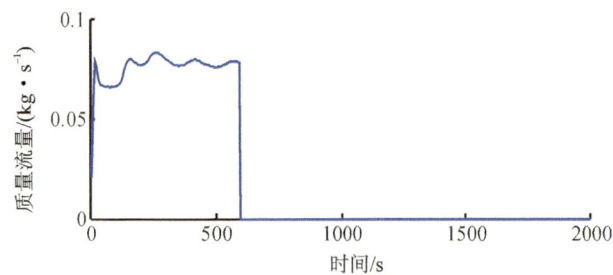

图 3 - 105　监测的二氧化氮蒸发液面的质量流量随时间的变化曲线

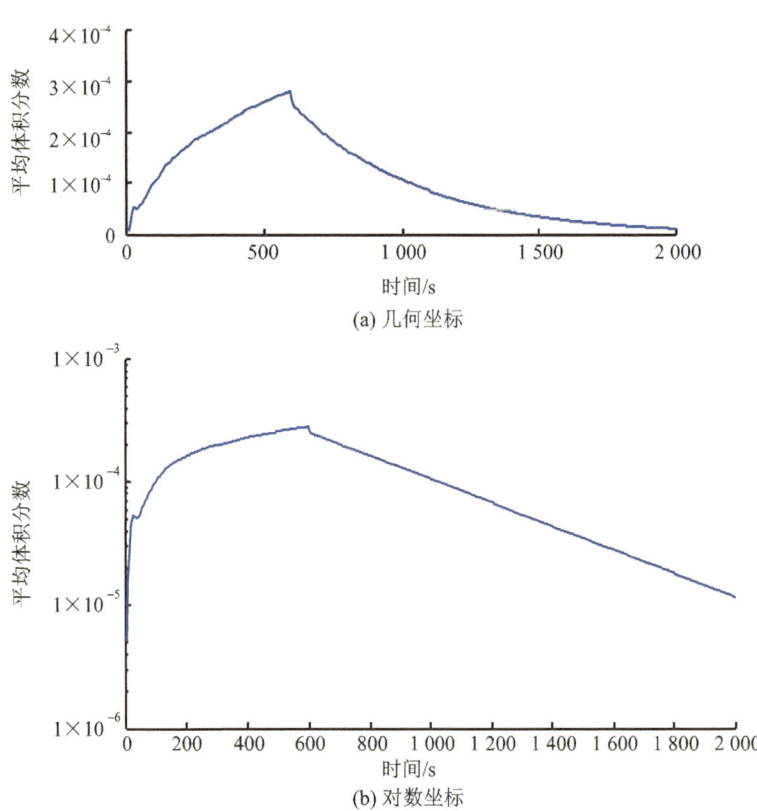

(a) 几何坐标

(b) 对数坐标

图 3 - 106　房间内二氧化氮的平均体积分数随时间表的变化曲线

5）安全分析与防护建议

2102 房间发生二氧化氮泄漏后,在报警系统未发生作用、空调系统持续工作、事故排风没有开启的情况下,二氧化氮将先扩散到东南角,然后逐渐蔓延,170 s 时 $Z=1$ m 平面的二氧化氮的质量浓度将基本上全部达到其 10 min 应急暴露极限。房间内人员应从北侧疏散门尽快撤离。

2102 房间发生二氧化氮泄漏后,如果立即开启空调系统的新风系统,同时开启事故排风,则二氧化氮先是在约 1 min 后集聚在房间北侧的污染源与事故排风口之间,随后会在北墙上发生翻转,继而在 2.5 min 后充满整个房间。房间北侧二氧化氮的质量浓度高于南侧。房间内人员应从南侧疏散门尽快撤离。

2102 房间发生二氧化氮泄漏后,如果立刻关闭空调系统,同时开启事故排风,则二氧化氮先是集聚在房间北侧的污染源与事故排风口之间,且不断向上扩展,约 2 min 后整个房间充满二氧化氮且其质量浓度不断上升。房间内人员应从南侧疏散门撤离。假设污染源在 10 min 后得到控制,约 18 min 后可以排尽二氧化氮。

综上,2102 房间发生二氧化氮泄漏后,应尽快关闭空调系统,但不宜立即开启事故排风,以免扩大二氧化氮的扩散范围。人员从南侧疏散门撤离。应急处理人员着防护服从南侧疏散门进入房间,并尽快处理事故。截断污染源后再打开排风机。

2. 2103 房间内污染物的扩散过程

给定房间参数如下:房间顶部有一个送风口,尺寸为 480 mm×480 mm,送风量为 3 500 m³/h(均为新风)。房间下部有一个排风口,尺寸为 850 mm×550 mm,正常情况下排风量为 2 155 m³/h,事故情况下排风量为(2155+5629)m³/h。房间内设一台空调,风量为 3 000 m³/h。

计算污染物偏二甲肼在两种工况下的扩散过程。两种工况为:一是污染物泄漏后没有开启事故排风,所有的回风(含有毒气体)都被重新送回到房间内,即 Normal 工况;二是污染物泄漏后开启空调和事故排风,空调回风全部排走,送风内不含有毒气体,即 AE 工况。

(1)偏二甲肼在 Normal 工况下的扩散过程

图 3 - 107 给出 02♯场区 21♯建筑 2103 房间内的偏二甲肼在 Normal 工况下的扩散过程。简述如下:扩散开始时,偏二甲肼朝房间西南角扩散;20 s 时,偏二甲肼从西南角翻转,朝东墙扩散,随后沿东墙、北墙扩散;70 s 时,$Z=1$ m 平面的偏二甲肼的质量浓度基本上全部达到其 10 min 应急暴露极限值。

偏二甲肼蒸发液面的质量流量随时间的变化曲线如图 3 - 108 所示,房间内偏二甲肼的平均体积分数随时间的变化曲线如图 3 - 109 所示。

(2)偏二甲肼在 AE 工况下的扩散过程

图 3 - 110 给出 02♯场区 21♯建筑 2103 房间内的偏二甲肼在 AE 工况下的扩散过程。简述如下:扩散开始时,偏二甲肼朝房间南墙扩散;10 s 时,偏二甲肼从南墙翻转;45 s 时,$Z=1$ m 平面的偏二甲肼的质量浓度基本上完全达到其 10 min 应急暴露极限值。

(3)偏二甲肼在 Normal 工况与 AE 工况下的扩散过程的对比

从图 3 - 111、图 3 - 112 可以看出,开启事故排风(送、排风量增大)导致偏二甲肼液面的风速增大,进而导致其蒸发液面的质量流量大大增加,房间内偏二甲肼的平均体积分数升高。

(4)安全分析与防护建议

2103 房间发生偏二甲肼泄漏后,在空调系统继续工作、事故排风没有开启的情况下,偏二甲肼将先向房间西南角扩散,然后逐渐蔓延,70 s 时 $Z=1$ m 平面的偏二甲肼

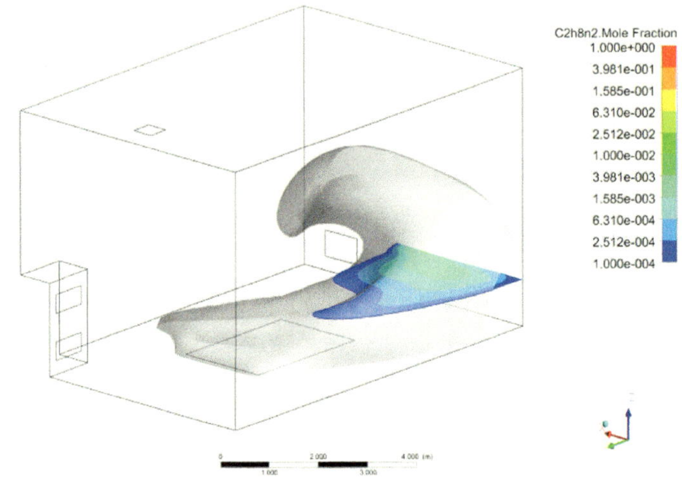

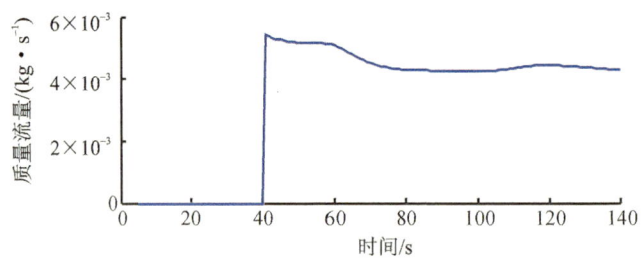

(a) 扩散20 s

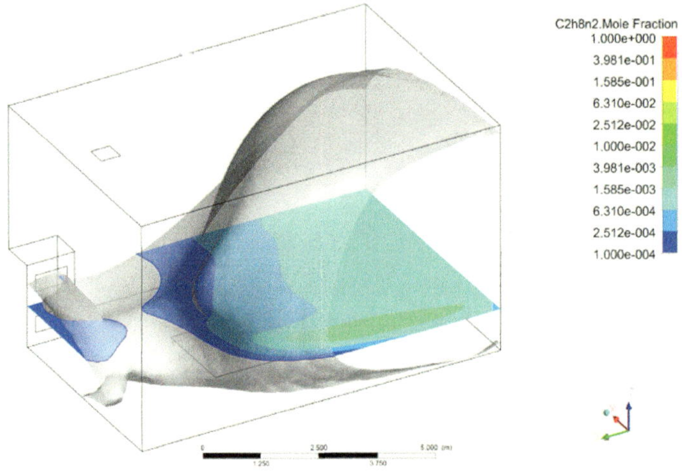

(b) 扩散70 s

图 3 - 107　偏二甲肼的质量浓度达到其 10 min 应急暴露极限的覆盖区域 ($Z = 1$ m 平面)

图 3 - 108　偏二甲肼蒸发液面的质量流量随时间的变化曲线

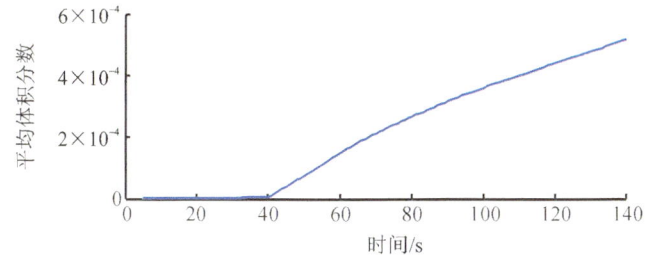

图 3 - 109　房间内偏二甲肼的室平均体积分数随时间的变化曲线

(a) 第55 s

(a) 第90 s

图 3 - 110　偏二甲肼的质量浓度达到其 10 min 应急暴露极限的覆盖区域($Z=1$ m 平面)

的质量浓度将基本上全部达到其 10 min 应急暴露极限。工作人员应从北侧尽快疏散。

2103 房间发生偏二甲肼泄漏后,如果立刻关闭空调系统,同时开启事故排风,则偏

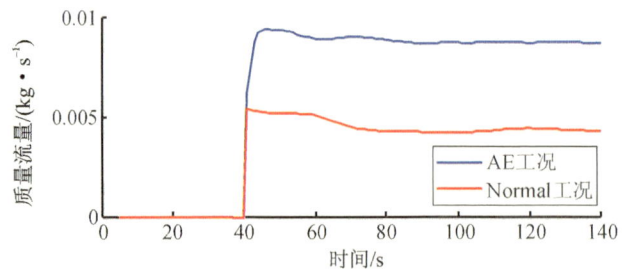

图 3-111　偏二甲肼蒸发液面的质量流量随时间的变化曲线的对比（Normal 工况与 AE 工况）

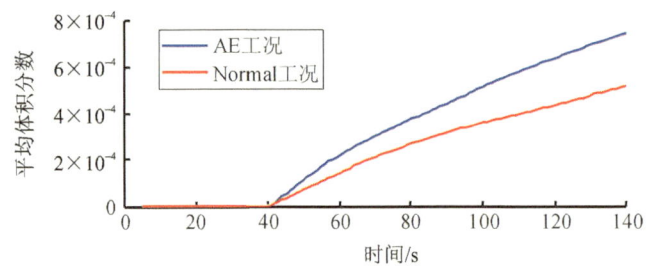

图 3-112　房间内偏二甲肼的平均体积分数随时间的变化曲线的对比（Normal 工况与 AE 工况）

二甲肼将先向房间南侧扩散，然后逐渐蔓延，扩散速度高于不开启事故排风的情况。工作人员应从北侧尽快疏散。

　　综上，2103 房间发生偏二甲肼泄漏后，应尽快关闭空调系统，但不宜立即开启事故排风，以免扩大偏二甲肼的扩散范围。工作人员应从北侧尽快疏散。应急处理人员着防护服从北侧进入房间，并尽快处理事故。截断污染源后再打开排风机。

3. 2104 房间内污染物的扩散过程

　　给定房间参数如下：房间顶部有一个送风口，尺寸为 480 mm×480 mm，送风量为 3 000 m³/h（均为新风）。房间下部有一个排风口，尺寸为 850 mm×550 mm，正常情况下排风量为 2 155 m³/h，事故情况下排风量为（2155＋5629）m³/h。房间内设一台空调，风量为 3 000 m³/h。

　　计算二氧化氮在两种工况下的扩散过程。两种工况为：一是污染物泄漏后没有开启事故排风，所有的回风（含有毒气体）都被重新送回到房间内，即 Normal 工况；二是污染物泄漏后开启空调和事故排风，空调回风全部排走，送风内不含有毒气体，即 AE 工况。

（1）二氧化氮在 Normal 工况下的扩散过程

　　图 3-113 给出 02♯场区 21♯建筑 2104 房间内的二氧化氮在 Normal 工况下的扩散过程。此过程与 2103 房间内的偏二甲肼在 Normal 工况下的扩散过程类似，但扩散得更快。简述如下：扩散开始时，大部分二氧化氮朝房间东南角扩散，小部分二氧化氮朝北墙扩散；5 s 时，二氧化氮从东南角向上扩散；23 s 时，$Z=1$ m 平面的二氧化氮的质量浓度基本上全部达到其 10 min 应急暴露极限值。

　　二氧化氮蒸发液面的质量流量随时间的变化曲线如图 3-114 所示，房间内二氧化氮的平均体积分数随时间的变化曲线如图 3-115 所示。

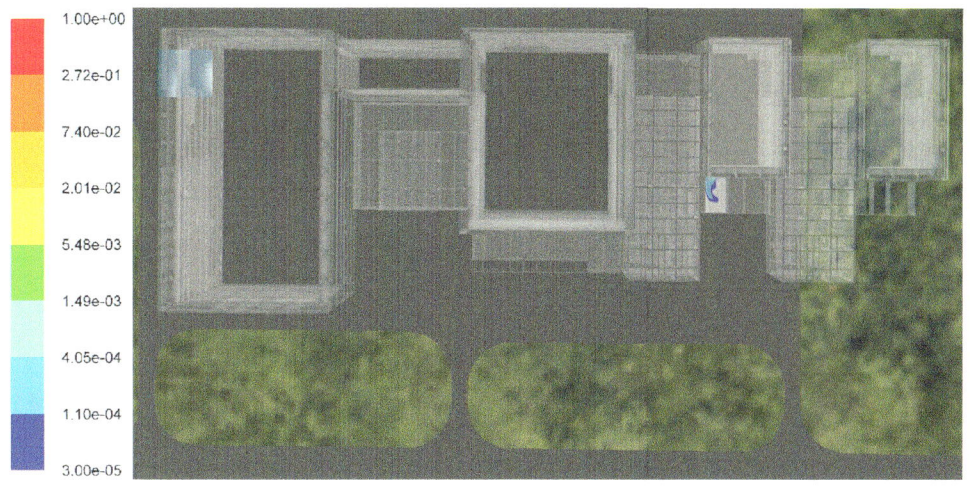

(a) 第48 s

(b) 第66 s

图 3 - 113 二氧化氮的质量浓度达到其 10 min 应急暴露极限的覆盖区域($Z=1$ m 平面)

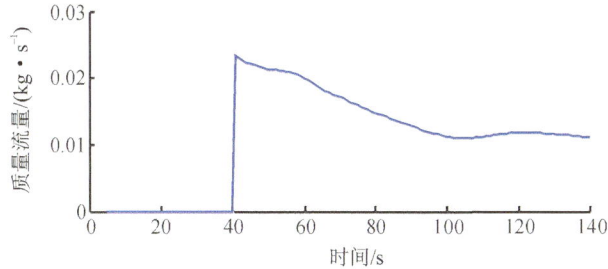

图 3 - 114 二氧化氮蒸发液面的质量流量随时间的变化曲线

(2) 二氧化氮在 AE 工况下的扩散过程

图 3 - 116 给出 02♯场区 21♯建筑 2104 房间内的二氧化氮在 AE 工况下的扩散过程。简述如下:扩散开始时,大部分二氧化氮朝房间南墙、东西墙扩散;5 s 时,二氧化

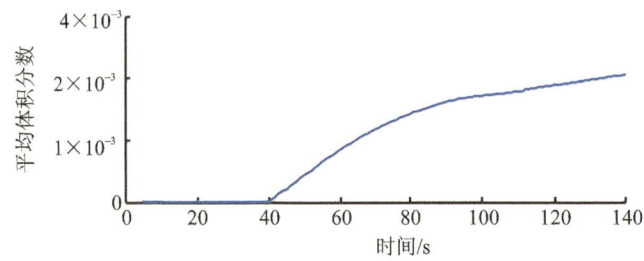

图 3-115 房间内二氧化氮的平均体积分数随时间的变化曲线

氮到达南墙,并沿墙向上扩散,然后整体从房间南部朝北部扩散;40 s 时,$Z=1$ m 平面的二氧化氮的质量浓度基本上全部达到其 10 min 应急暴露极限值。

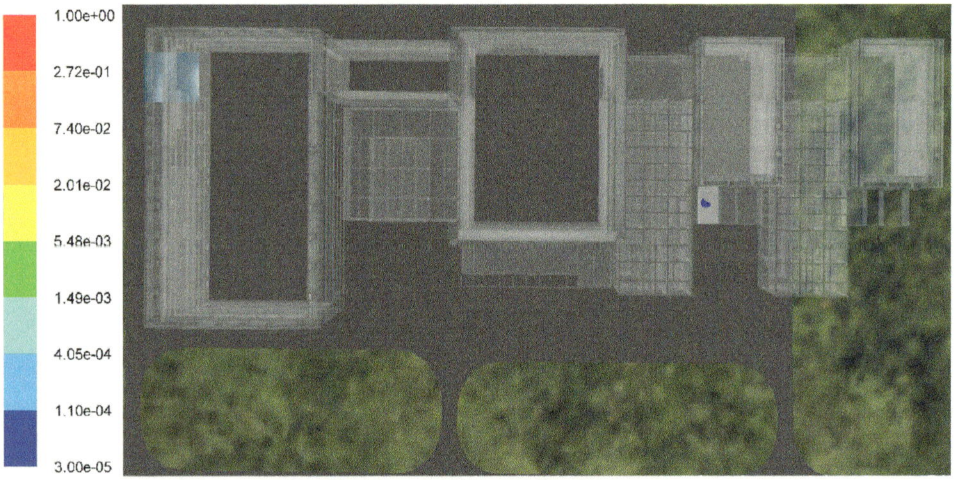

(a) 第46 s

(b) 第81 s

图 3-116 二氧化氮的质量浓度达到其 10 min 应急暴露极限的覆盖区域($Z=1$ m平面)

(3) 二氧化氮在 Normal 工况与 AE 工况下的扩散过程的对比

从图 3-117、图 3-118 可以看出,开启事故排风时,排风口风速的增大导致二氧化氮液面的风速增大,进而导致二氧化氮蒸发液面的质量流量增大。但是排风口排出的二氧化氮也增加,使得房间内二氧化氮的平均体积分数与未开启事故排风时差别不大。

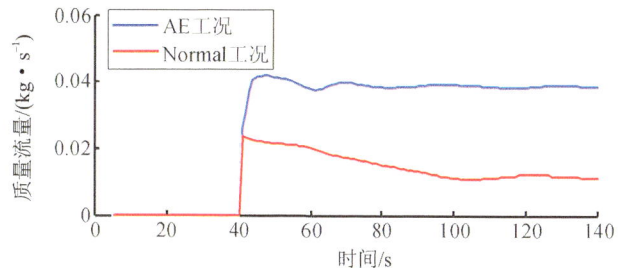

图 3-117　二氧化氮蒸发液面的质量流量随时间的变化曲线的对比(Normal 工况与 AE 工况)

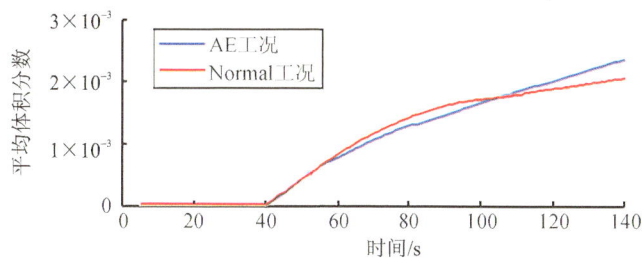

图 3-118　房间内二氧化氮的平均体积分数随时间的变化曲线的对比(Normal 工况与 AE 工况)

(4) 安全分析与防护建议

2104 房间发生二氧化氮泄漏后,在空调系统继续工作、事故排风没有开启的情况下,二氧化氮将先向房间东南侧扩散,然后逐渐蔓延,约 23 s 时 $Z=1$ m 平面的二氧化氮的质量浓度将基本上全部达到其 10 min 暴露极限。工作人员应从北侧尽快疏散。

2104 房间发生二氧化氮泄漏后,如果立刻关闭空调系统,同时开启事故排风,则二氧化氮将先向房间南侧扩散,然后逐渐蔓延,扩散速度低于不开启事故排风的情况。工作人员应从北侧尽快疏散。

综上,2104 房间发生二氧化氮泄漏后,应尽快关闭空调系统、开启事故排风,工作人员应从北侧尽快疏散。应急处理人员着防护服从北侧进入房间,并尽量在污染源北侧处理事故。

4. 2101 房间内污染物的扩散过程

给定房间参数如下:房间送风量为 607 822 m³/h,其中,新风量为 139 707 m³/h,回风量为 468 115 m³/h。房间内正压为 10 Pa。

北侧墙上有事故排风机,两侧的排风量分别为 97 886×2 m³/h,中间两个的排风量分别为 97 886×3 m³/h(排风口尺寸为 4.5 m×1.5 m、平均风速为 12.084 7 m/s),正常情况下均不开启。

南侧墙上有事故送风机和自循环过滤系统两部分:事故送风机共 6 台,每台的送风量为 80 300 m³/h(送风口半径为 0.625 m,平均风速为 18.176 7 m/s),正常情况下不开启;自循环过滤系统有 10 套,每套包括下边一个回风口和上边两个送风口,每个回风口的风量为 3 000 m³/h,每个送风口的风量为 1 500 m³/h、半径为 0.315 m,平均风速为 1.336 7 m/s。自循环过滤系统就是从房间内抽空气,过滤掉尘埃(不考虑能过滤有毒气体)后再送回房间内。

东侧墙下侧有 8 个回风口,单个风口的回风量为 29 250 m³/h、尺寸为 1.4 m×1.8 m、平均风速为 3.224 2 m/s;中部有 105 个送风口,单个风口的送风量为 3 000 m³/h、半径为 0.315 m、平均风速为 2.673 4 m/s;上部还有 5 个回风口,其具体参数待定(暂不考虑)。相应比例的新风与 8 个回风口的回风混合后通过这 105 个送风口进入房间内。

西侧墙上风口的布置与东侧墙相似,但是其下侧设有 10 个回风口,单个风口的回风量为 23 400 m³/h、尺寸为 1.4 m×1.8 m、平均风速为 2.579 4 m/s。东侧和西侧的两套送回风系统是独立的,两者的回风和送风都是独立的。

分别计算偏二甲肼和二氧化氮在 3 种工况下的扩散过程。3 种工况为:一是污染物泄漏后没有开启事故排风,所有的回风(含有毒气体)都被重新送回到房间内,即 Normal 工况;二是污染物泄漏后开启空调和事故排风,空调回风全部排走,送风内不含有毒气体,即 AE 工况;三是污染物泄漏后关闭空调,仅开启事故排风,即 NoAC 工况。

(1) 偏二甲肼的扩散过程

1) 偏二甲肼在 Normal 工况下的扩散过程

图 3 - 119、图 3 - 120 给出 02♯场区 21♯建筑 2101 房间未开启事故排风时偏二甲肼在 Normal 工况下的扩散过程。简述如下:扩散开始时,偏二甲肼沿地面呈伞状朝南墙方向扩散;70 s 时,偏二甲肼到达南墙,并不断集聚,之后开始在南墙的东西墙角之间来回摆动;350 s 时,聚团摆动至东南墙角;550 s 时,聚团又摆动至西南墙角;650 s 时,聚团又摆回至东南墙角;1 050 s 时,聚团又摆回至西南墙角;聚团在摆动过程中不断增大,1 750 s 时,基本覆盖房间南侧空间;1 950 s 时,房间南侧的 $Z=1$ m 平面的偏二甲肼的质量浓度基本上全部达到其 10 min 应急暴露极限值。

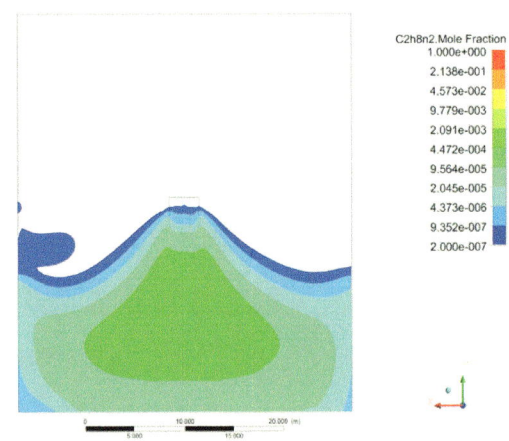

图 3 - 119 扩散 70 s 达到偏二甲肼的作业场所最高允许质量浓度的区域($Z=1$ m 平面)

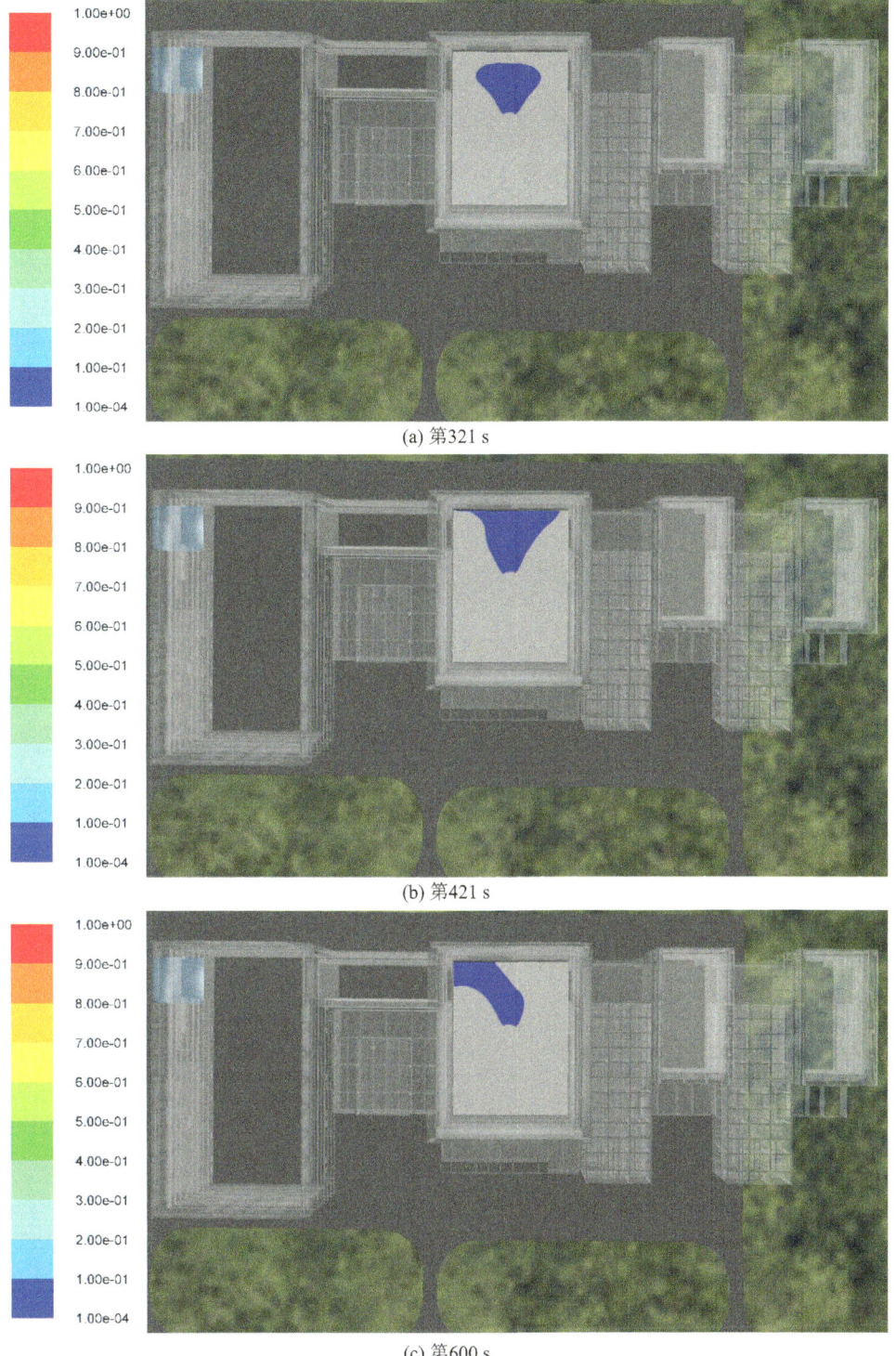

(a) 第321 s

(b) 第421 s

(c) 第600 s

图 3 - 120　偏二甲肼的质量浓度达到其 10 min 应急暴露极限的覆盖区域($Z=1$ m 平面)

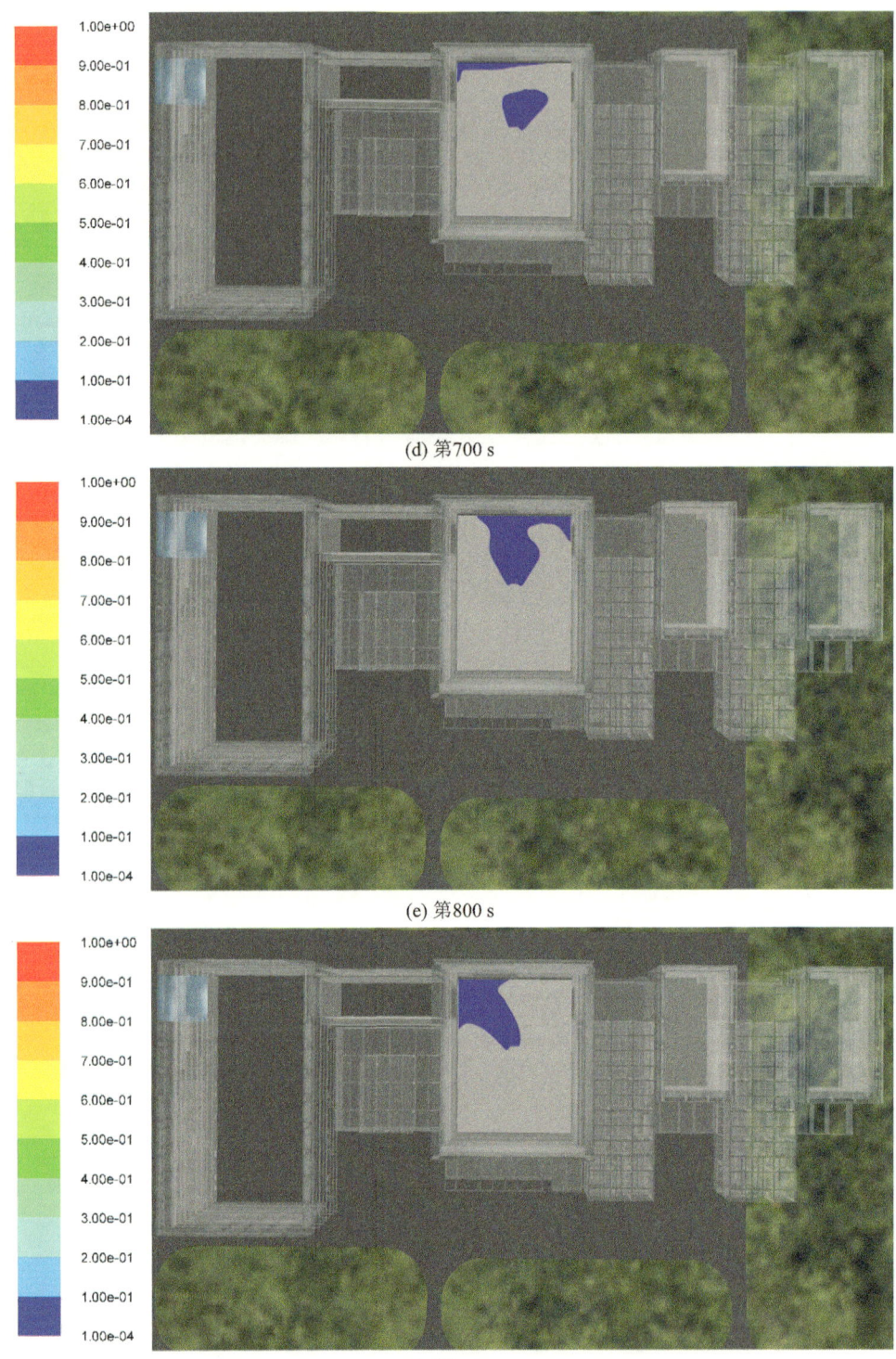

(d) 第700 s

(e) 第800 s

(f) 第900 s

图 3-120　偏二甲肼的质量浓度达到其 10 min 应急暴露极限的覆盖区域($Z=1$ m 平面)(续)

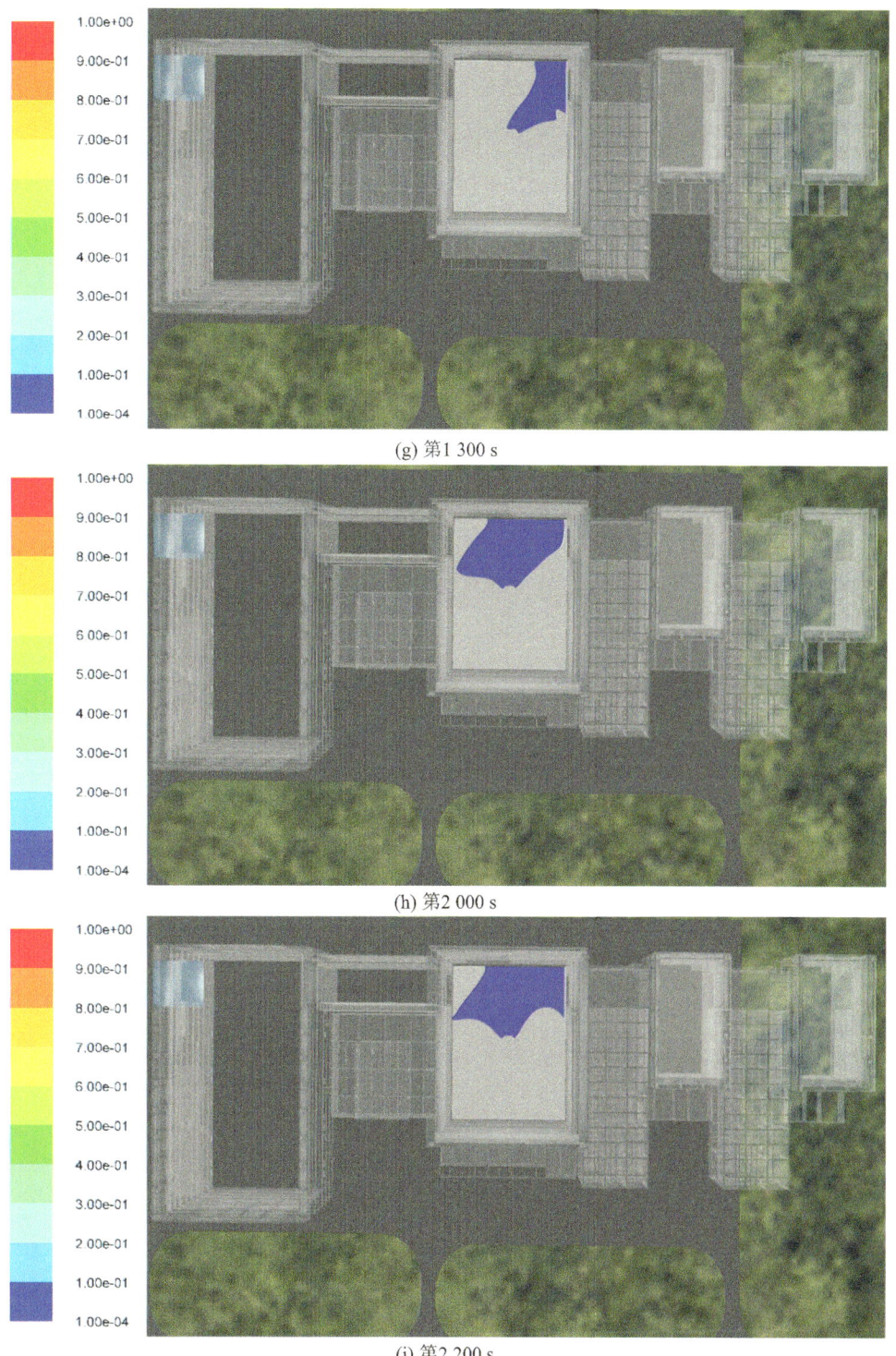

(g) 第 1 300 s

(h) 第 2 000 s

(i) 第 2 200 s

图 3－120　偏二甲肼的质量浓度达到其 10 min 应急暴露极限的覆盖区域($Z=1$ m 平面)(续)

泄漏 1 950 s 房间内达到偏二甲肼爆炸极限的区域如图 3 - 121 所示。偏二甲肼蒸发液面的质量流量随时间的变化曲线如图 3 - 122 所示。房间内偏二甲肼的平均体积分数随时间的变化曲线如图 3 - 123 所示。

图 3 - 121　泄漏 1 950 s 房间内达到偏二甲肼爆炸极限的区域

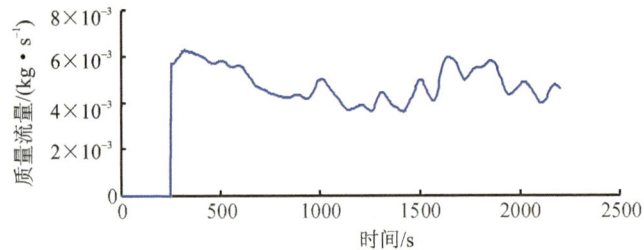

图 3 - 122　偏二甲肼蒸发液面的质量流量随时间的变化曲线

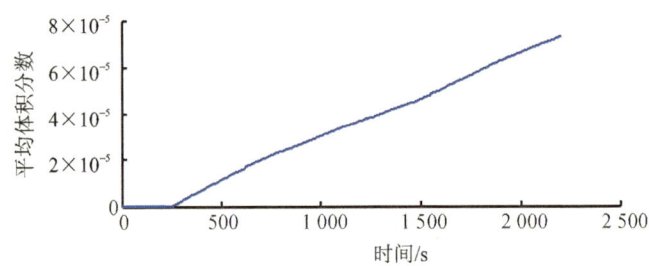

图 3 - 123　房间内偏二甲肼的平均体积分数随时间的变化曲线

2) 偏二甲肼在 AE 工况下的扩散过程

图 3 - 124、图 3 - 125 给出 02♯场区 21♯建筑 2101 房间内的偏二甲肼在 AE 工况下的扩散过程。简述如下:扩散开始时,偏二甲肼沿地面呈直线状朝北墙方向扩散;13 s 时,偏二甲肼到达北墙;计算至 100 s,偏二甲肼分布基本保持稳定不变。

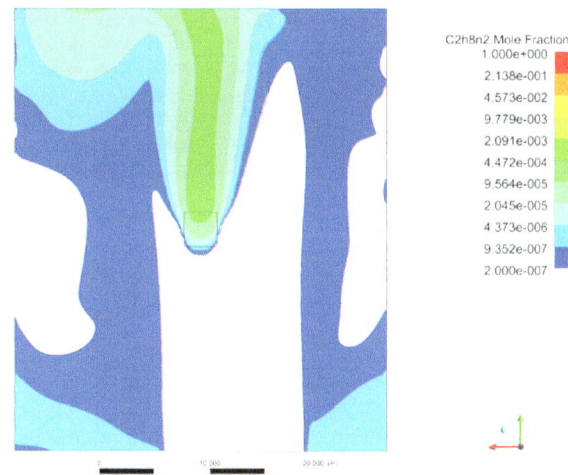

图 3 - 124　扩散 13 s 达到偏二甲肼的作业场所最高允许质量浓度的区域($Z=1$ m 平面)

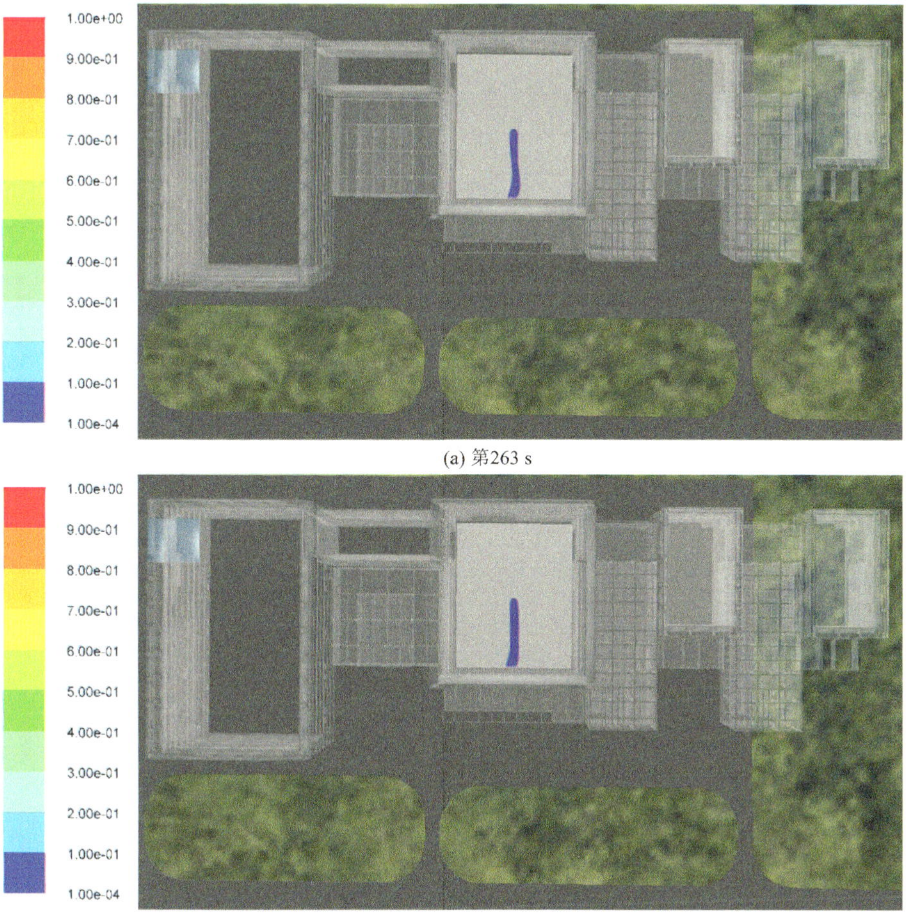

(a) 第263 s

(b) 第350 s

图 3 - 125　偏二甲肼的质量浓度达到其 10 min 应急暴露极限的覆盖区域($Z=1$ m 平面)

扩散 100 s 房间内达到偏二甲肼爆炸极限的区域如图 3 - 126 所示。

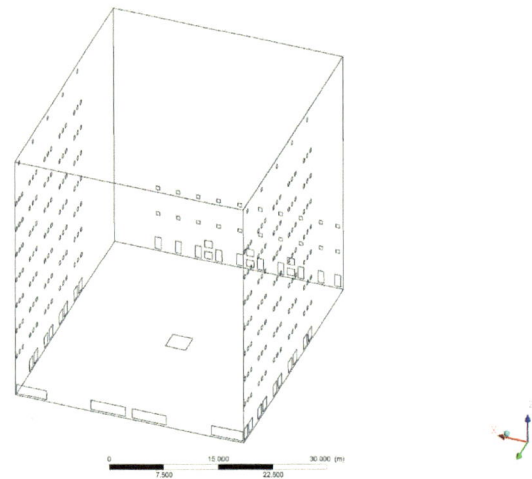

图 3 - 126　扩散 100 s 房间内达到偏二甲肼爆炸极限的区域

3）偏二甲肼在 Normal 工况与 AE 工况下的扩散过程的对比

图 3 - 127、图 3 - 128 给出在 Normal 工况和 AE 工况下,偏二甲肼蒸发液面的质量流量随时间的变化曲线、房间内偏二甲肼的平均体积分数随时间的变化曲线的对比。可以看出,开启事故排风时,液面风速的增大导致蒸发液面的质量流量大大增加。

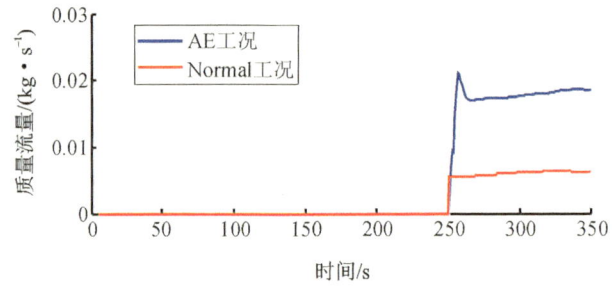

图 3 - 127　偏二甲肼蒸发液面的质量流量随时间的变化曲线的对比(Normal 工况与 AE 工况)

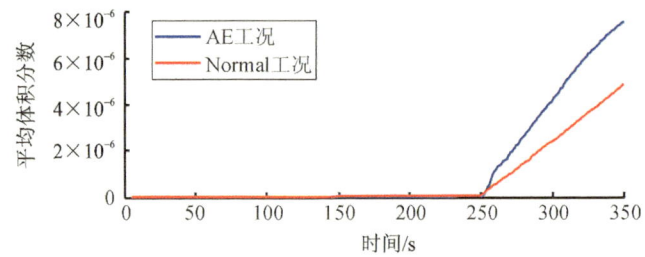

图 3 - 128　房间内偏二甲肼平均体积分数随时间的变化曲线的对比(Normal 工况与 AE 工况)

4) 偏二甲肼在 NoAC 工况下的扩散过程

不开启空调,从泄漏开始就开启事故排风,泄漏 10 min 之后关闭泄漏源,观察事故排风的效果。15 s 时房间内偏二甲肼的体积分数分布如图 3 − 129(a)所示,偏二甲肼到达北墙,覆盖区域基本稳定。600 s 时房间内偏二甲肼的体积分数分布如图 3 − 129(b)所示,偏二甲肼覆盖区域稳定。可以看出,偏二甲肼基本上仅分布在很小的区域,排风口能及时排出偏二甲肼。在关闭泄漏源之后,约 20 s 即可排尽偏二甲肼,如图 3 − 129(c)所示。

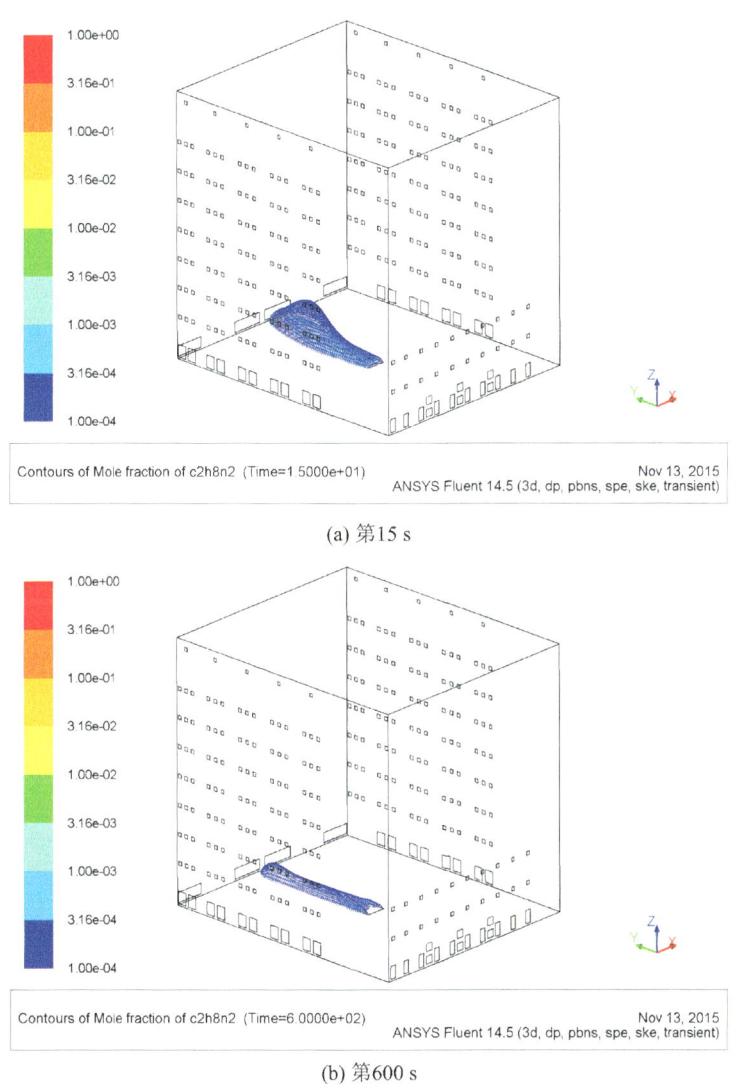

(a) 第15 s

(b) 第600 s

图 3 − 129　房间内偏二甲肼的体积分数分布

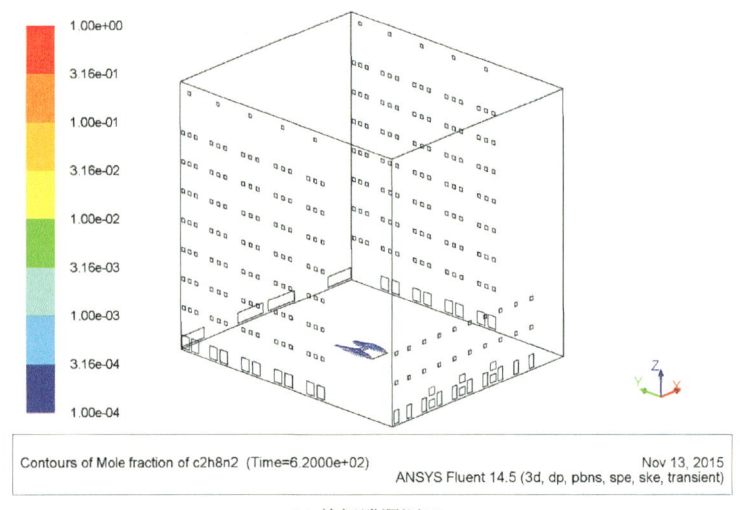

(c) 关闭泄漏源20 s

图 3 - 129 房间内偏二甲肼的体积分数分布(续)

偏二甲肼蒸发液面的质量流量随时间的变化曲线如图 3 - 130 所示,房间内偏二甲肼的平均体积分数随时间的变化曲线,如图 3 - 131 所示。

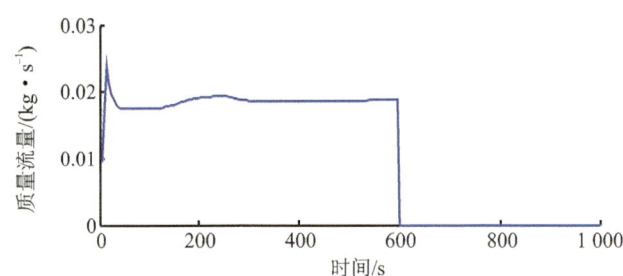

图 3 - 130 偏二甲肼蒸发液面的质量流量随时间的变化曲线

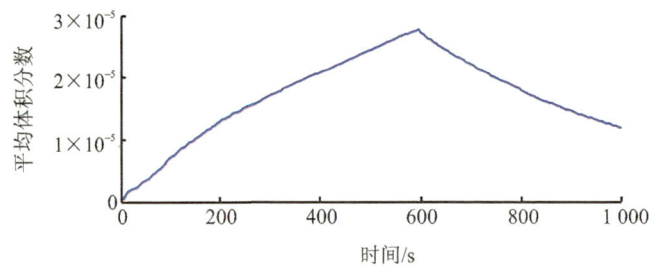

图 3 - 131 房间内偏二甲肼的平均体积分数随时间的变化曲线

5) 安全分析与防护建议

2101 房间发生偏二甲肼泄漏后,在报警系统未发生作用、空调系统持续工作、事故排风没有开启的情况下,偏二甲肼将先扩散到南墙然后逐渐在房间南侧空间蔓延,

1 950 s 时房间南侧的 $Z=1$ m 平面的偏二甲肼的质量浓度将基本上全部达到其 10 min 暴露极限。房间内人员应从北侧疏散门尽快撤离。

2101 房间发生偏二甲肼泄漏后,如果立即开启空调系统的新风系统,同时开启事故排风,则偏二甲肼主要集中在房间北侧的污染源与事故排风口之间,房间内人员应从南侧疏散门撤离。

2101 房间发生偏二甲肼泄漏后,如果立刻关闭空调系统,同时开启事故排风,则偏二甲肼集中在房间北侧的污染源与事故排风口之间,且偏二甲肼的分布范围比以上两种情况下的分布范围要小。房间内人员应从南侧疏散门撤离。假设污染源在 10 min 后得到控制,约 20 s 可以排尽偏二甲肼。

上述 3 种情况下,在偏二甲肼扩散过程中,达到其爆炸极限的区域均局限在污染源附近很小的范围内,空调系统和事故排风系统内的偏二甲肼的质量浓度不会达到爆炸极限。

综上,2101 房间发生偏二甲肼泄漏后,应尽快关闭空调系统、打开事故排风,人员从南侧疏散门撤离。应急处理人员应着防护服从南侧疏散门进入房间,并尽量在污染源南侧(上风向)处理事故。事故处理完毕后,事故排风应至少继续工作 1 min。

(2) 二氧化氮的扩散过程

1) 二氧化氮在 Normal 工况下的扩散过程

图 3 - 132、图 3 - 133 给出 02♯场区 21♯建筑 2101 房间未开启事故排风时二氧化氮在 Normal 工况下的扩散过程。此过程与偏二甲肼在 Normal 工况下的扩散过程基本一致,但扩散速度更快。简述如下:扩散开始时,二氧化氮沿地面呈伞状朝南墙方向扩散;50 s 时,二氧化氮到达南墙,并不断集聚;150 s 时,二氧化氮充满房间南侧下半部分空间;350 s 时,二氧化氮充满房间南侧空间,然后向房间北侧空间扩散;550 s 时, $Z=1$ m 平面的二氧化氮的质量浓度基本上全部达到其 10 min 应急暴露极限值。

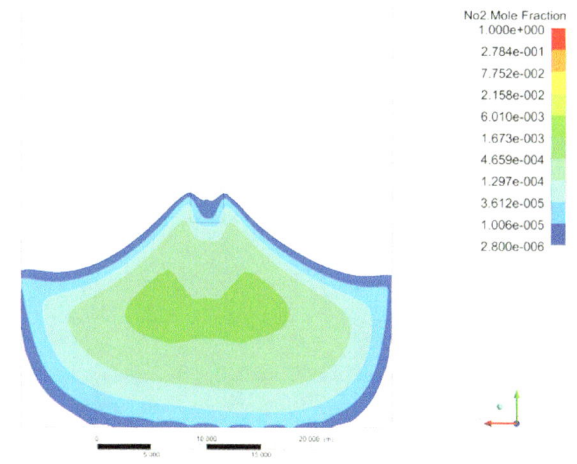

图 3 - 132 扩散 50 s 达到二氧化氮的作业场所最高允许质量浓度的区域($Z=1$ m 平面)

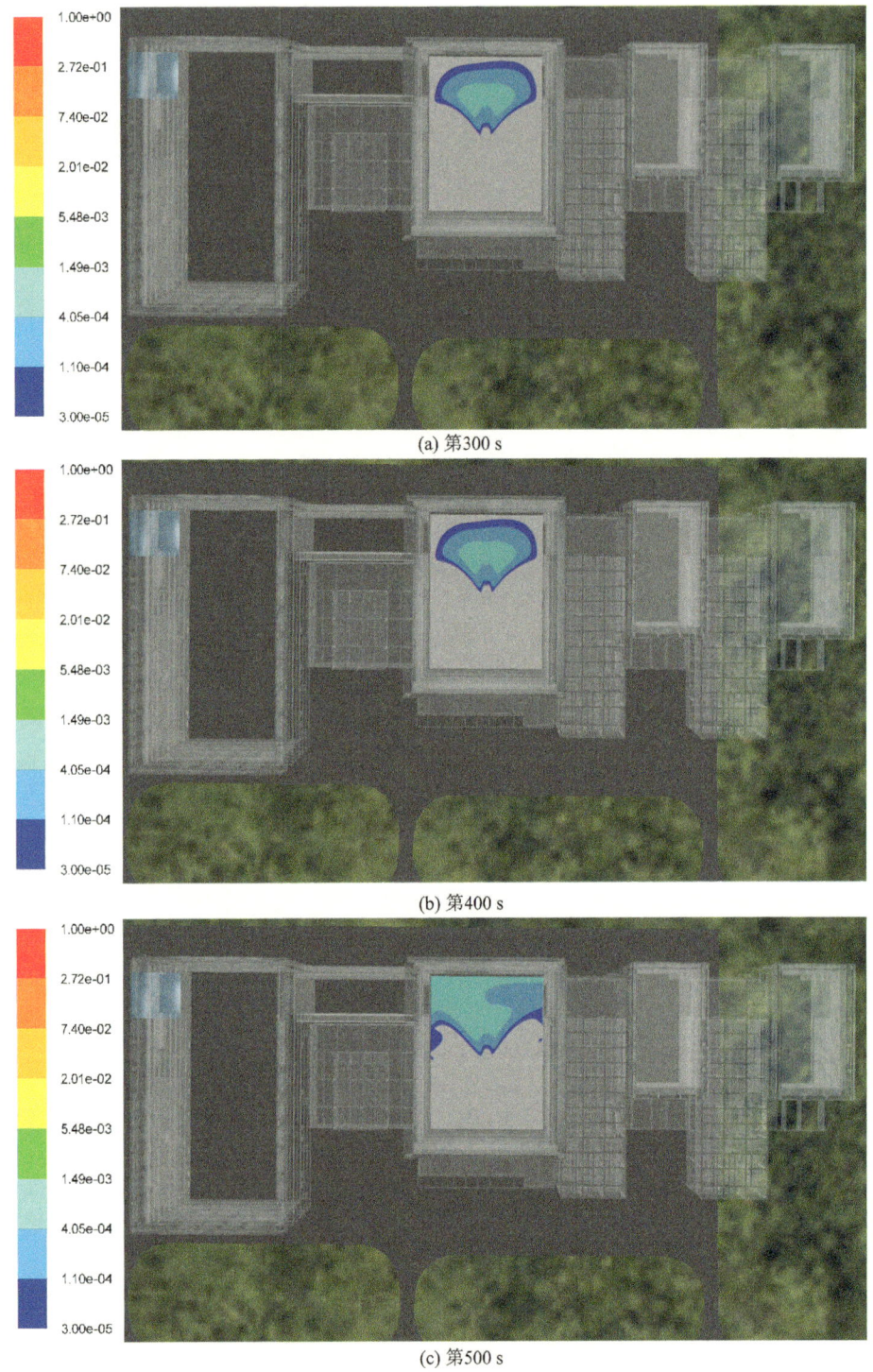

(a) 第300 s

(b) 第400 s

(c) 第500 s

图 3－133　二氧化氮的质量浓度达到其 10 min 应急暴露极限的覆盖区域($Z＝1$ m 平面)

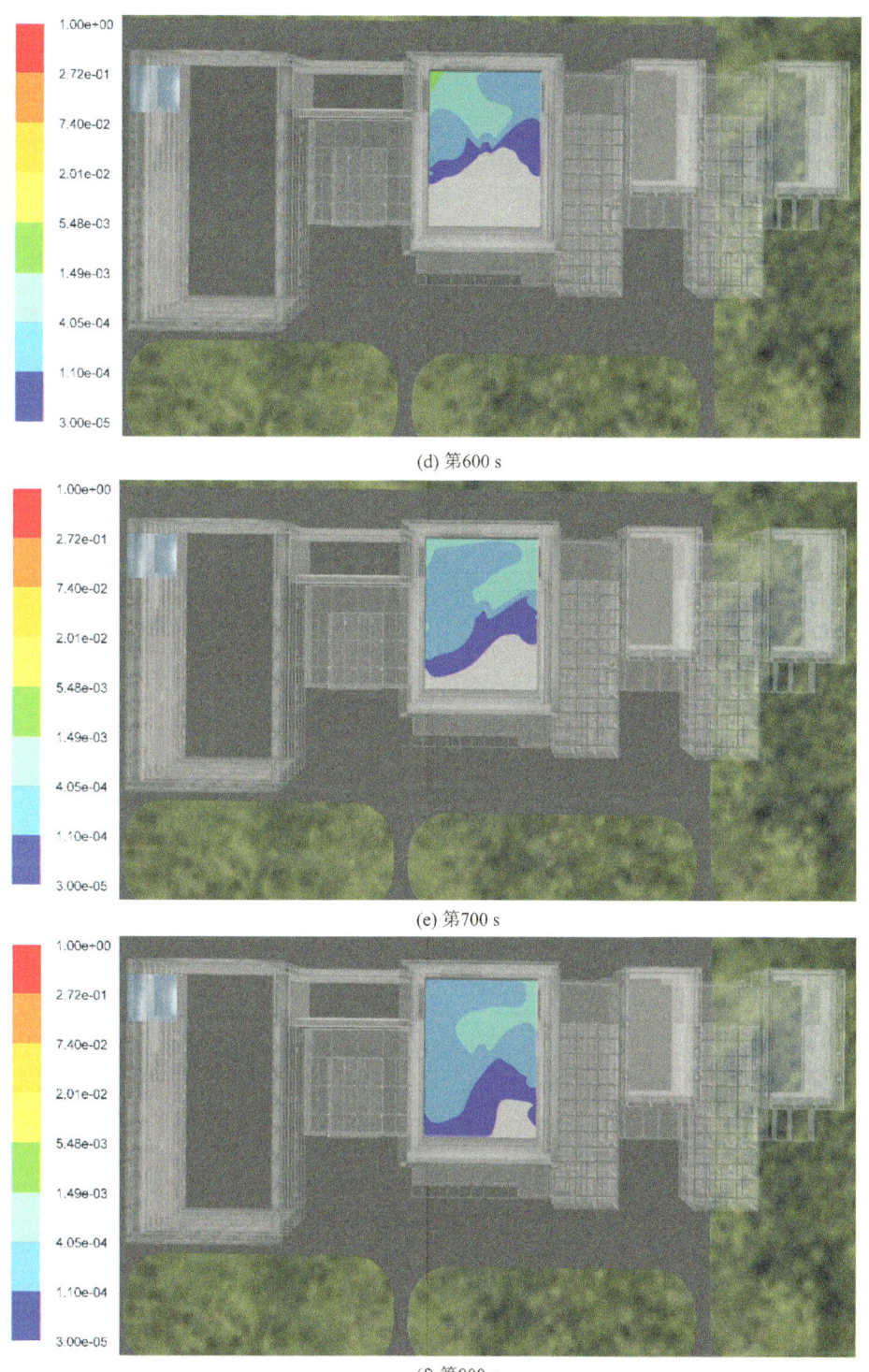

(d) 第600 s

(e) 第700 s

(f) 第800 s

图 3 - 133 二氧化氮的质量浓度达到其 10 min 应急暴露极限的覆盖区域($Z=$ 1 m 平面)(续)

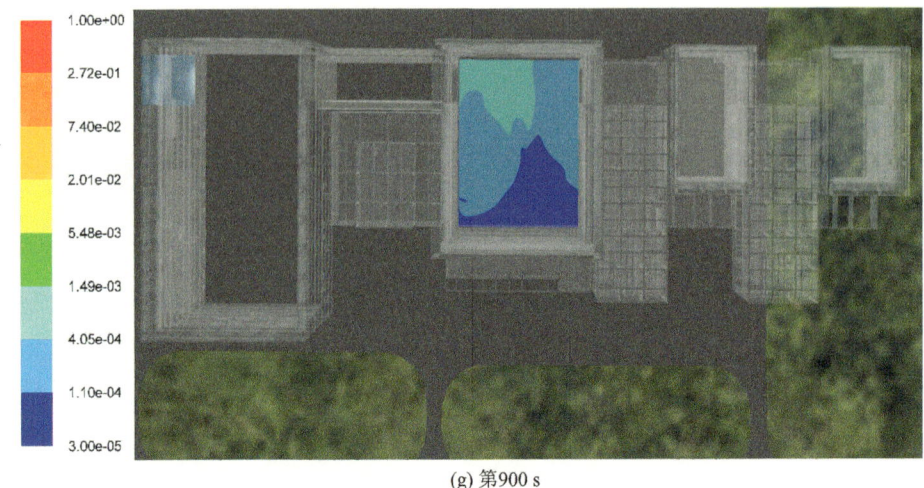

(g) 第900 s

图 3 - 133　二氧化氮的质量浓度达到其 10 min 应急暴露极限的覆盖区域($Z=1$ m 平面)(续)

二氧化氮蒸发液面的质量流量随时间的变化曲线如图 3 - 134 所示,房间内二氧化氮的平均体积分数随时间的变化曲线如图 3 - 135 所示。

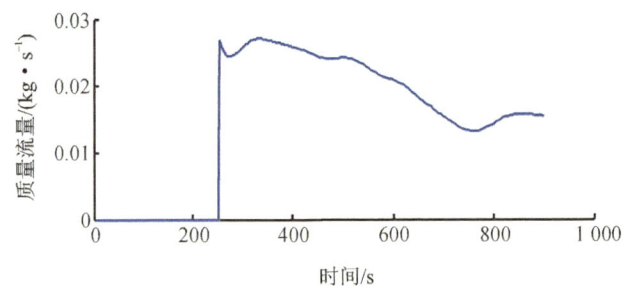

图 3 - 134　二氧化氮蒸发液面的质量流量随时间的变化曲线

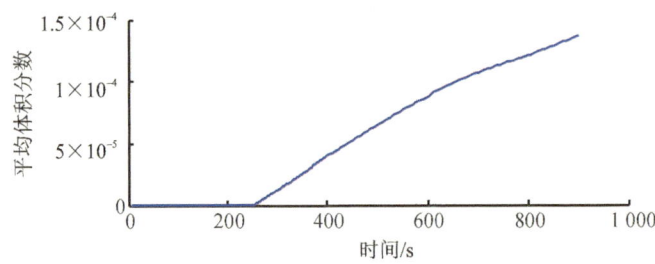

图 3 - 135　房间内二氧化氮的平均体积分数随时间的变化曲线

2) 二氧化氮在 AE 工况下的扩散过程

图 3 - 136、图 3 - 137 给出 02♯场区 21♯建筑 2101 房间开启事故排风时二氧化氮在 AE 工况下的扩散过程。简述如下:扩散开始时,二氧化氮呈伞泡状朝北墙方向扩散;8 s 时,二氧化氮到达北墙,并不断集聚;30s 时,聚团沿北墙向上扩散至屋顶;50 s 时,聚团开始从北墙顶端向地面翻转;80 s 时,聚团基本跌落至地面;180 s 时,$Z=1$ m 平面的二氧化氮的质量浓度基本上全部达到其 10 min 应急暴露极限值。

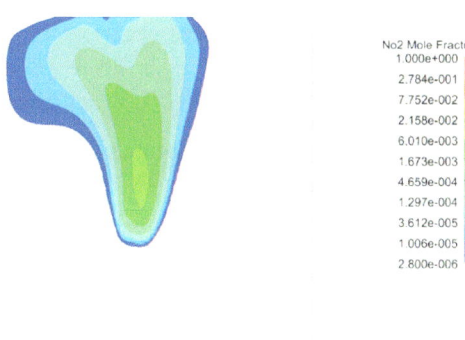

图 3 - 136　扩散 8 s 达到二氧化氮的作业场所最高允许质量浓度的区域（$Z=1$ m 平面）

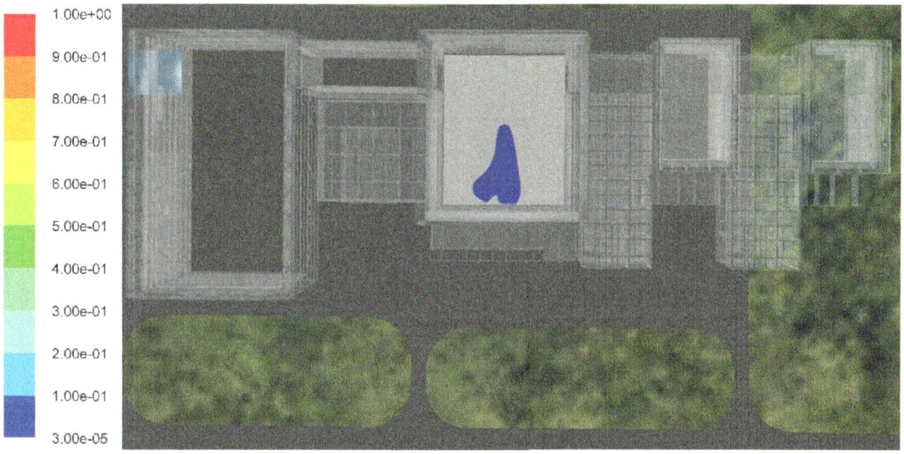

(a) 第258 s

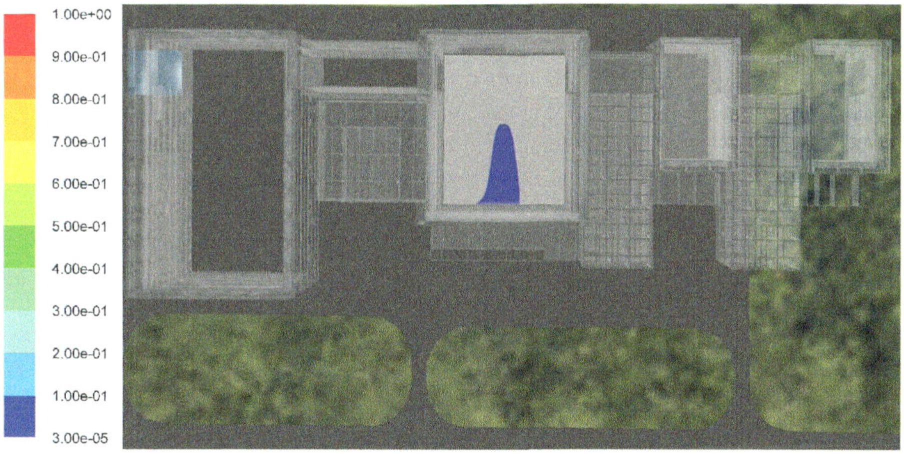

(b) 第280 s

图 3 - 137　二氧化氮的质量浓度达到其 10 min 应急暴露极限的覆盖区域（$Z=1$ m 平面）

189

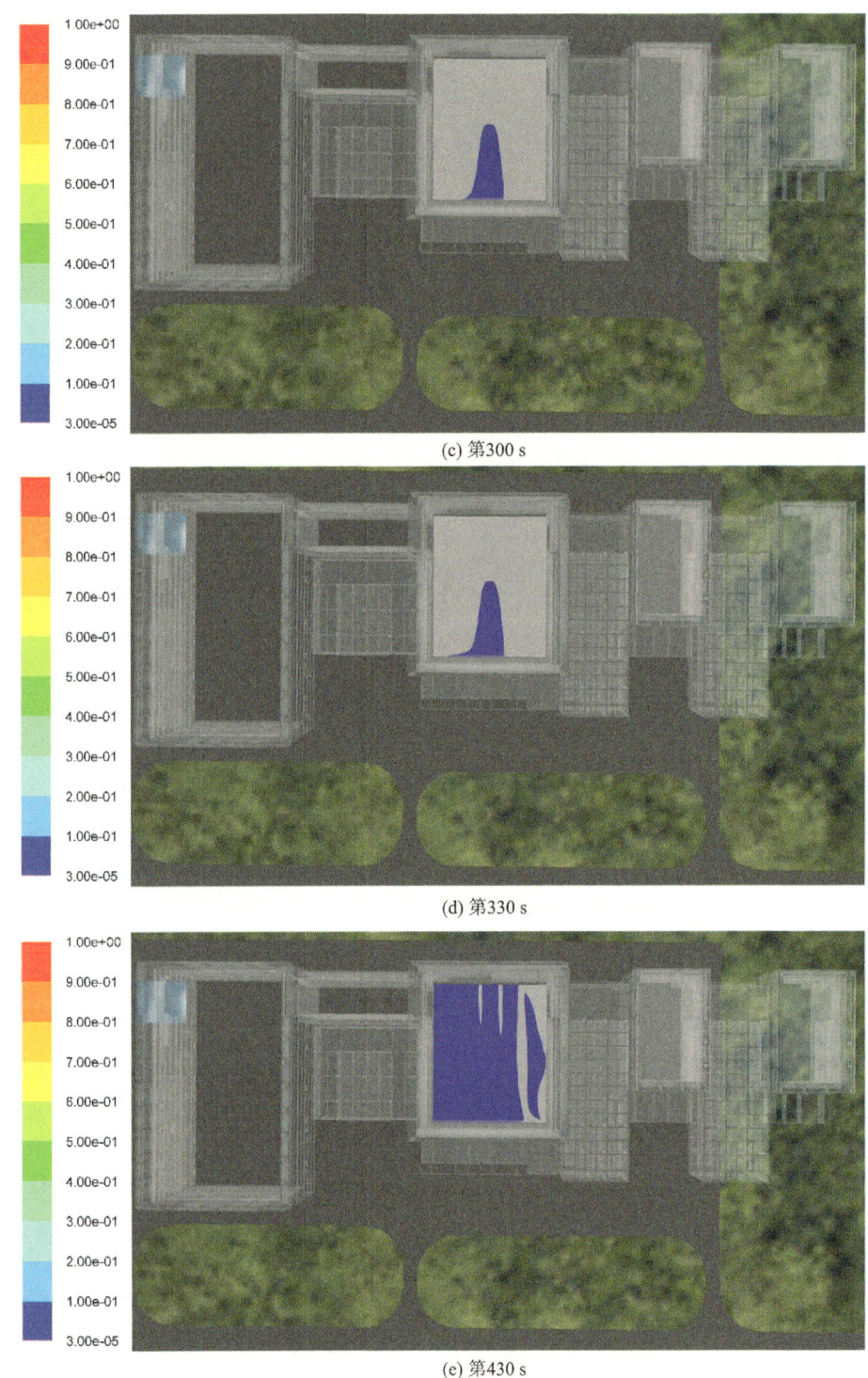

(c) 第300 s

(d) 第330 s

(e) 第430 s

图 3-137 二氧化氮的质量浓度达到其 10 min 应急暴露极限的覆盖区域（$Z=1$ m 平面）（续）

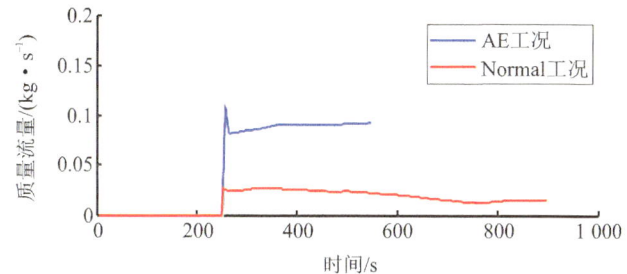

(f) 第550 s

图 3 - 137 二氧化氮的质量浓度达到其 **10 min** 应急暴露极限的覆盖区域($Z = 1$ m 平面)(续)

3) 二氧化氮在 Normal 工况与 AE 工况下的扩散过程的对比

图 3 - 138、图 3 - 139 给出在 Normal 工况与 AE 工况下,二氧化氮蒸发液面的质量流量随时间的变化曲线、房间内二氧化氮的平均体积分数随时间的变化曲线的对比。可以看出,开启事故排风时,液面风速的增大导致蒸发液面的质量流量大大增加,但由于排污作用,房间内二氧化氮的平均体积分数逐渐趋于稳定。

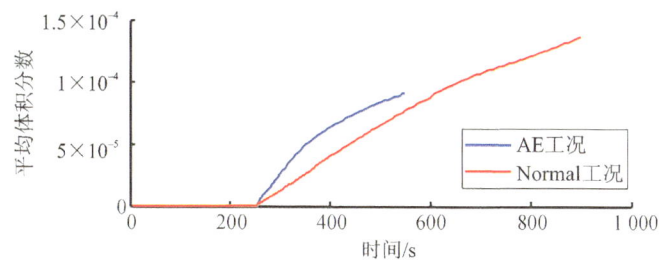

图 3 - 138 二氧化氮蒸发液面的质量流量随时间的变化曲线的对比(Normal 工况与 AE 工况)

图 3 - 139 房间内二氧化氮的平均体积分数随时间的变化曲线的对比(Normal 工况与 AE 工况)

4) 二氧化氮在 NoAC 工况下的扩散过程

不开启空调,从泄漏开始就开启事故排风,泄漏 10 min 之后关闭泄漏源。15 s 时房间内二氧化氮的体积分数分布如图 3 - 140(a)所示,二氧化氮到达北墙,不断集聚并

发射场特种操作安全防护技术导论

向上扩散,且偏向一侧。120 s 时房间内二氧化氮的体积分数分布如图 3-140(b)所示,二氧化氮从北墙翻转后,从房间上部往下部跌落,基本充满整个房间。可以看出,二氧化氮在 NoAC 工况下的扩散过程与偏二甲肼很不相同,排风口不能及时排出二氧化氮。在泄漏的 600 s 时间内,二氧化氮在房间内不断集聚,在 600 s 时,整个房间内的二氧化氮的体积分数均在 1.1×10^{-4} 以上,如图 3-140(c)所示。关闭泄漏源之后,排风口排污效果较差,需要经过 1 050 s 才能基本排尽二氧化氮,如图 3-140(d)所示。

二氧化氮蒸发液面的质量流量随时间的变化曲线如图 3-141 所示,房间内二氧化氮的平均体积分数随时间的变化曲线如图 3-142 所示。

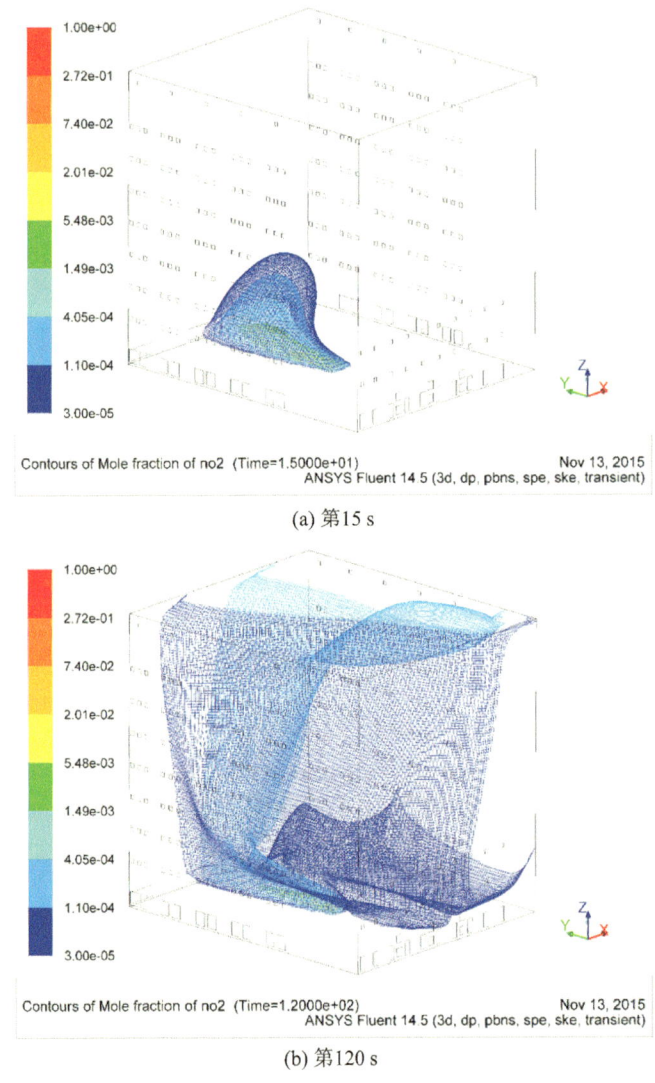

(a) 第15 s

(b) 第120 s

图 3-140　房间内二氧化氮的体积分数分布

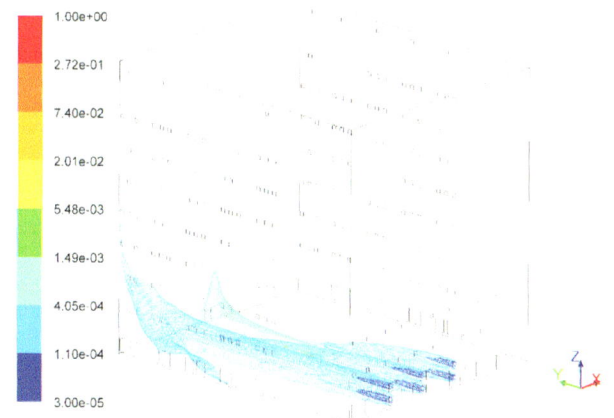

Contours of Mole fraction of no2　(Time=6.0000e+02)　Nov 13, 2015
ANSYS Fluent 14.5 (3d, dp, pbns, spe, ske, transient)

(c) 第600 s

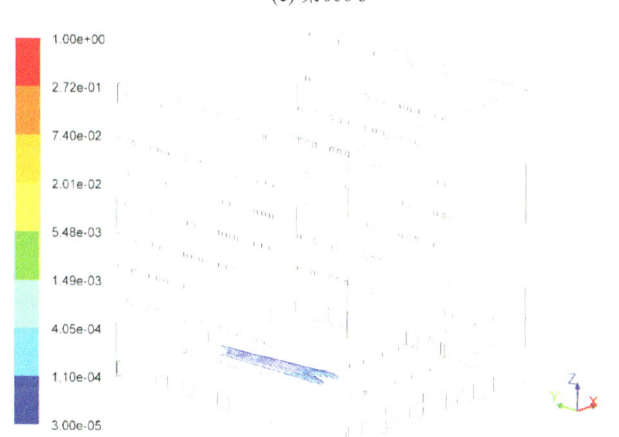

Contours of Mole fraction of no2　(Time=1.6500e+03)　Nov 13, 2015
ANSYS Fluent 14.5 (3d, dp, pbns, spe, ske, transient)

(d) 第1 650 s

图 3 - 140　房间内二氧化氮的体积分数分布(续)

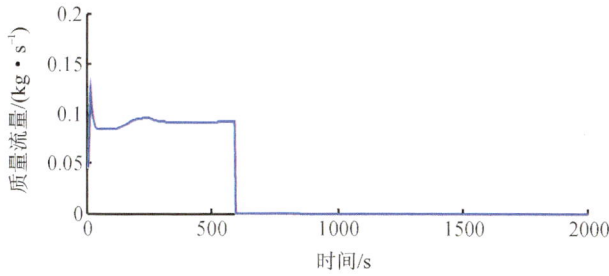

图 3 - 141　二氧化氮蒸发液面的质量流量随时间的变化曲线

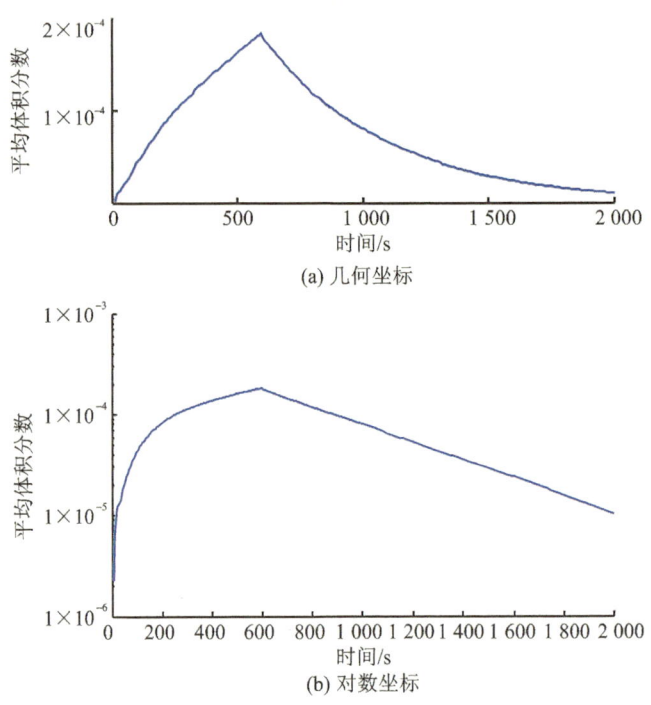

(a) 几何坐标

(b) 对数坐标

图 3-142　房间内二氧化氮的平均体积分数随时间的变化曲线

5. 2105 房间内污染物的扩散过程

给定房间参数如下:房间顶部有一个送风口,尺寸为 480 mm×480 mm,送风量为 3 000 m³/h(均为新风)。房间下部有一个排风口,尺寸为 850 mm×550 mm,正常情况下排风量为 2 155 m³/h,事故情况下排风量为(2 155+5 629)m³/h。房间内设一台空调,风量为 3 000 m³/h。

计算偏二甲肼在两种工况下的扩散过程。两种工况为:一是污染物泄漏后没有开启事故排风,所有的回风(含有毒气体)都被重新送回到房间内,即 Normal 工况;二是污染物泄漏后开启空调和事故排风,空调回风全部排走,送风内不含有毒气体,即 AE 工况。

(1) 偏二甲肼在 Normal 工况下的扩散过程

图 3-143 给出 02♯场区 21♯建筑 2105 房间内的偏二甲肼在 Normal 工况下的扩散过程,基本上与 2103 房间内的偏二甲肼在 Normal 工况下的扩散过程一致,在扩散 70 s 后,$Z=1$ m 平面的偏二甲肼的质量浓度基本上全部达到其 10 min 应急暴露极限值。

偏二甲肼蒸发液面的质量流量随时间的变化曲线如图 3-144 所示,房间内偏二甲肼的平均体积分数随时间的变化曲线如图 3-145 所示。

(2) 偏二甲肼在 AE 工况下的扩散过程

图 3-146 给出 02♯场区 21♯建筑 2105 房间内的偏二甲肼在 AE 工况下的扩散

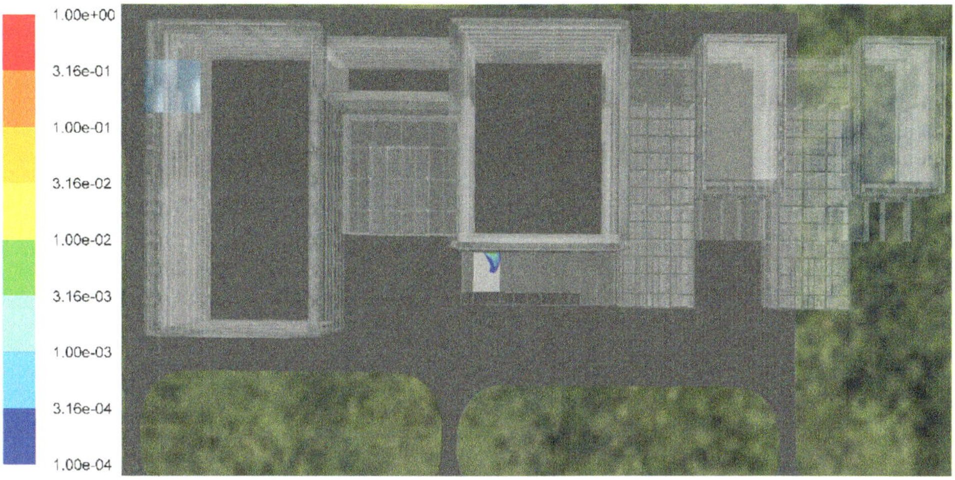

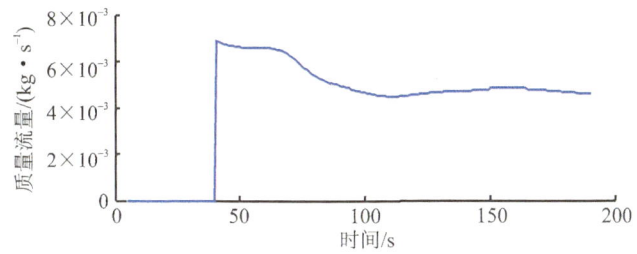

(a) 第61 s

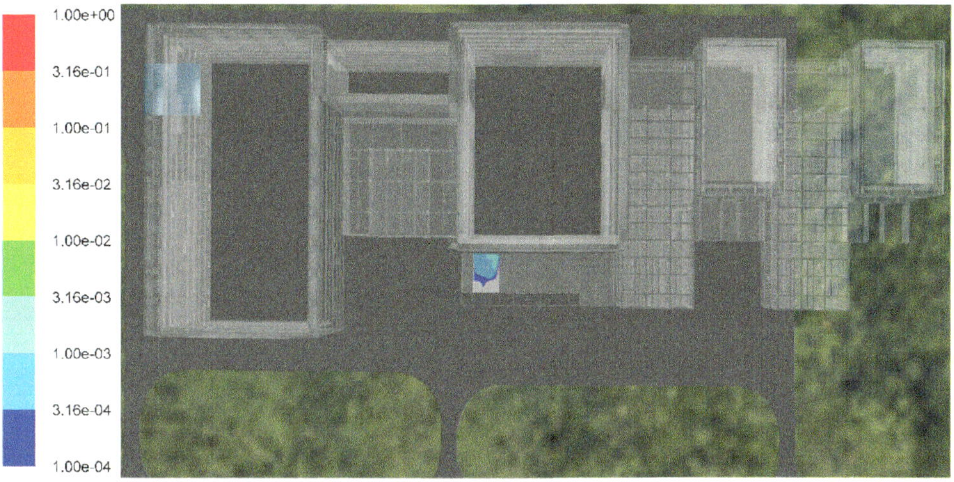

(b) 第111 s

图 3 - 143　偏二甲肼的质量浓度达到其 10 min 应急暴露极限的覆盖区域($Z=1$ m 平面)

图 3 - 144　偏二甲肼蒸发液面的质量流量随时间的变化曲线

过程,基本上与 2103 房间内的偏二甲肼在 AE 工况下的扩散过程一致。在扩散 45 s 后,$Z=1$ m 平面的偏二甲肼的质量浓度基本上全部达到其 10 min 应急暴露极限值。

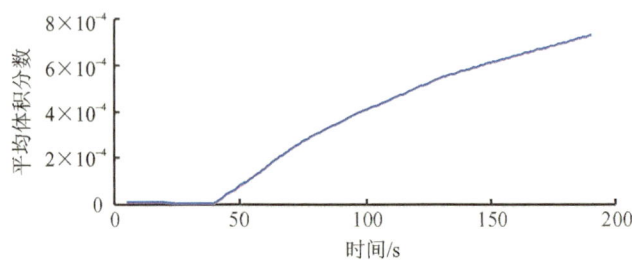

图 3-145　房间内偏二甲肼的平均体积分数随时间的变化曲线

(a) 第51 s

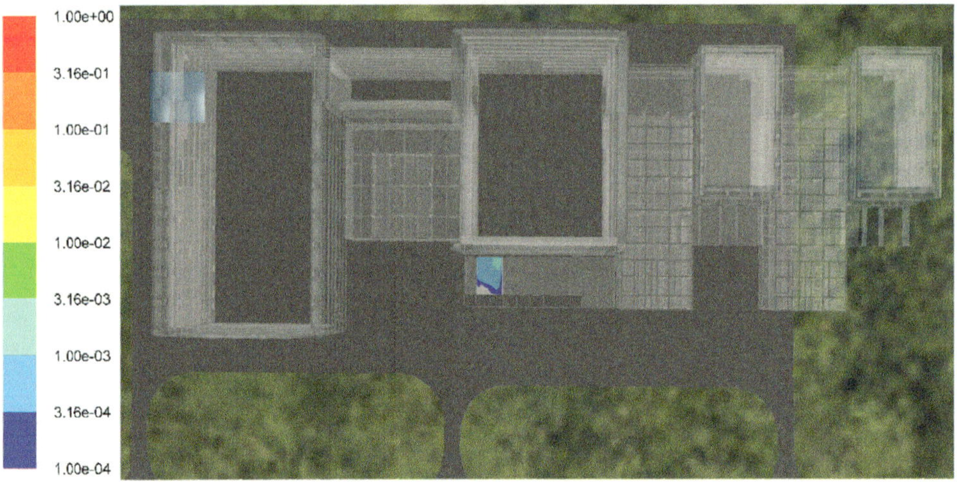

(b) 第96 s

图 3-146　偏二甲肼的质量浓度达到其 10 min 应急暴露极限的覆盖区域($Z=1$ m 平面)

(3) 偏二甲肼在 Normal 工况与 AE 工况下的扩散过程的对比

从图 3 - 147、图 3 - 148 可以看出,开启事故排风(增大送、排风量)使得偏二甲肼液面的风速增大,进而导致蒸发液面的质量流量增大,而且排污效果较差,房间内偏二甲肼的平均体积分数高于未开启事故排风时。

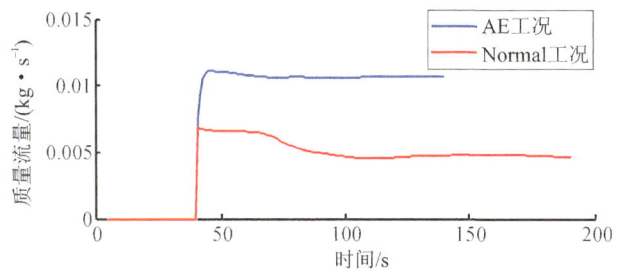

图 3 - 147　偏二甲肼蒸发液面的质量流量随时间的变化曲线的对比(AE 工况与 Normal 工况)

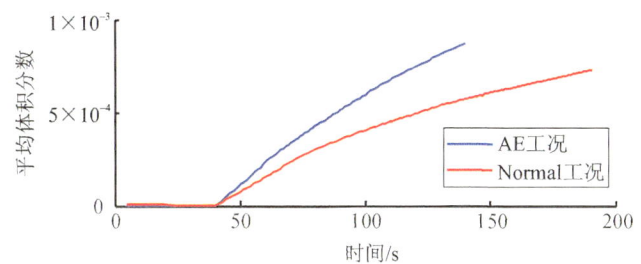

图 3 - 148　房间内偏二甲肼的平均体积分数随时间的变化曲线的对比(AE 工况与 Normal 工况)

6. 2106 房间内污染物的扩散过程

给出房间参数如下:房间顶部有一个送风口,尺寸为 480 mm×480 mm,送风量为 3 000 m³/h(均为新风)。房间下部有一个排风口,尺寸为 850 mm×550 mm,正常情况下排风量为 2 155 m³/h,事故情况下排风量为(2 155+5 629) m³/h。房间内设一台空调,风量为 3 000 m³/h。

计算二氧化氮在两种工况下的扩散过程。两种工况为:一是污染物泄漏后没有开启事故排风,所有的回风(含有毒气体)都被重新送回到房间内,即 Normal 工况;二是污染物泄漏后开启空调和事故排风,空调回风全部排走,送风内不含有毒气体,即 AE 工况。

(1) 二氧化氮在 Normal 工况下的扩散过程

图 3 - 149 给出 02♯场区 21♯建筑 2106 房间内的二氧化氮在 Normal 工况下的扩散过程,基本上与 2104 房间(二者关于东西方向基本对称)内的二氧化氮在 Normal 工况下的扩散过程一致。在扩散 35 s 后,Z=1 m 平面的二氧化氮的质量浓度基本上全部达到其 10 min 应急暴露极限值。

二氧化氮蒸发液面的质量流量随时间的变化曲线如图 3 - 150 所示,房间内二氧化氮的平均体积分数随时间的变化曲线如图 3 - 151 所示。

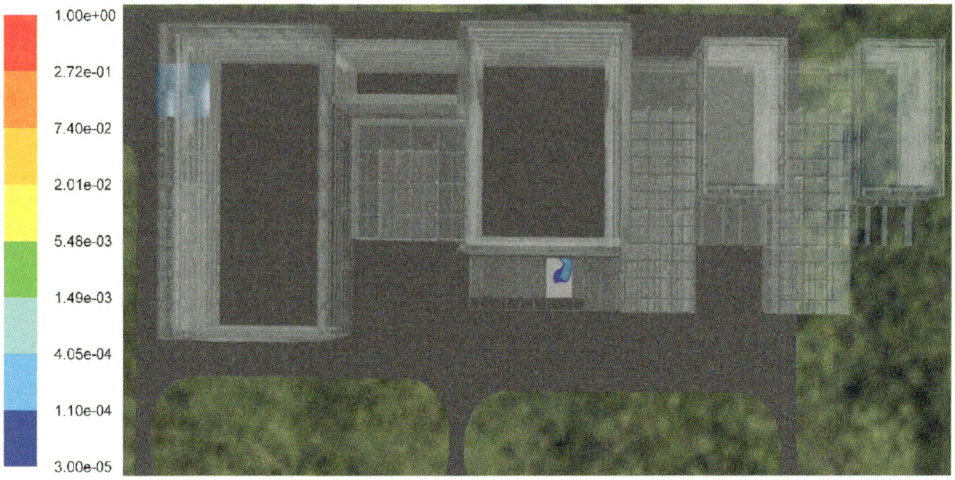

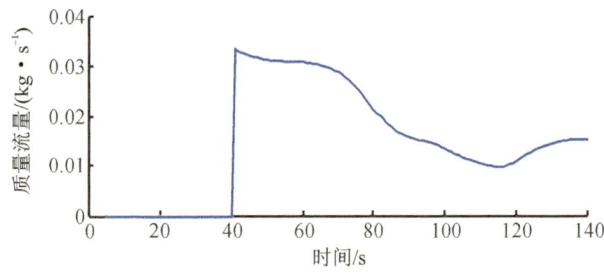

(a) 第46 s

(b) 第76 s

图 3 - 149　二氧化氮的质量浓度达到其 10 min 应急暴露极限的覆盖区域($Z=1$ m 平面)

图 3 - 150　二氧化氮蒸发液面的质量流量随时间的变化曲线

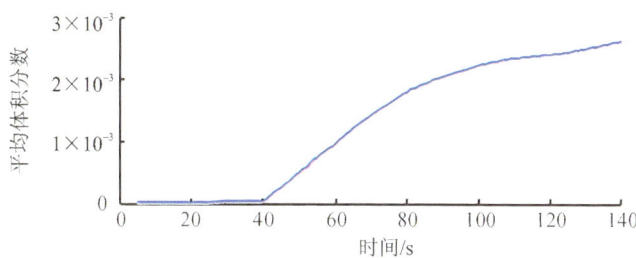

图 3 - 151   房间内二氧化氮的平均体积分数随时间的变化曲线

（2）二氧化氮在 AE 工况下的扩散过程

图 3 - 152 给出 02♯场区 21♯建筑 2106 房间内的二氧化氮在 AE 工况下的扩散

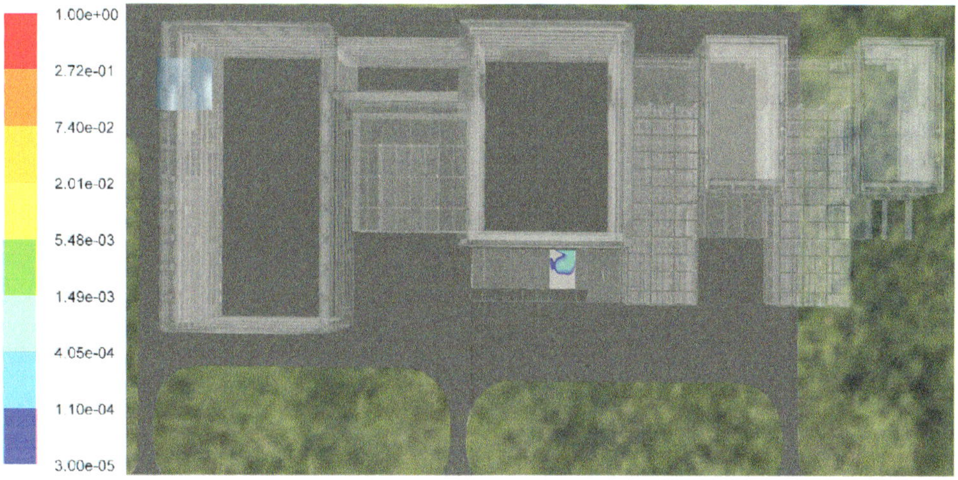

(a) 第46 s

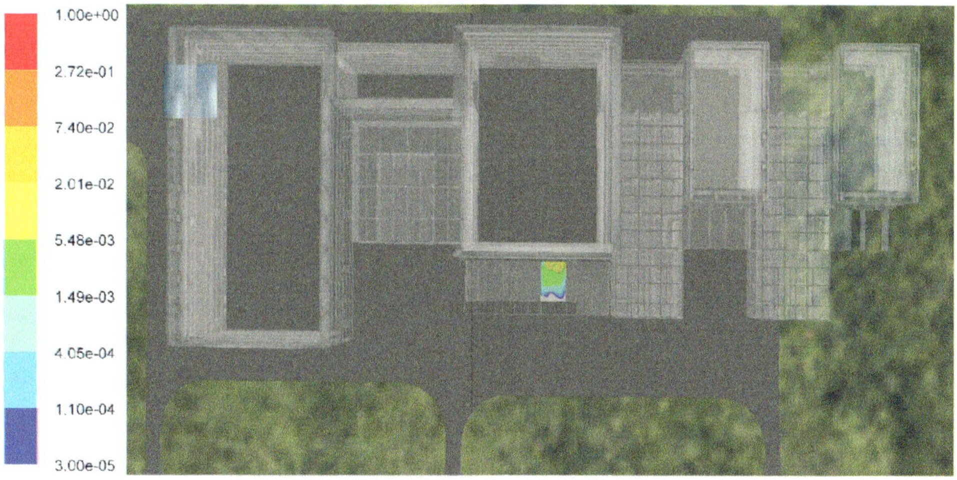

(b) 第71 s

图 3 - 152   二氧化氮的质量浓度达到其 10 min 应急暴露极限的覆盖区域(Z＝1 m 平面)

过程,基本上与 2104 房间(二者东西方向基本对称)内的二氧化氮在 AE 工况下的扩散过程一致。在扩散 30 s 后,$Z=1$ m 平面的二氧化氮的质量浓度基本上全部达到其 10 min 应急暴露极限值。

(3) 二氧化氮在 Norml 工况 AE 工况下的扩散过程的对比

从图 3-153、图 3-154 可以看出,开启事故排风(增大送、排风量)使得二氧化氮液面的风速增大,进而导致蒸发液面的质量流量增大,而且排污效果较差,房间内二氧化氮的平均体积分数高于未开启事故排风时。

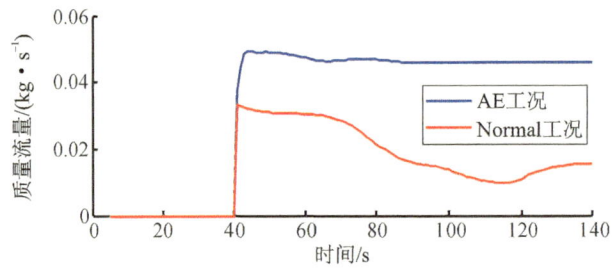

图 3-153　二氧化氮蒸发液面的质量流量随时间的变化曲线的对比(AE 工况与 Normal 工况)

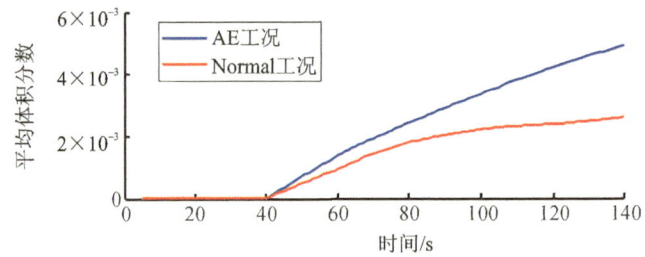

图 3-154　房间内二氧化氮的平均体积分数随时间的变曲线的对比(AE 工况与 Normal 工况)

3.3.5　02♯场区 22♯建筑内的泄漏事故仿真分析

0 s 时污染物从台阶上方开始泄漏,开启顶部排风。泄漏 600 s 后关闭泄漏源,继续排风,观察排污过程。

图 3-155 给出 100 s 在有、无隔板情况下房间东西方向对称面上的流场速度分布,两者整体上相似,10 m 高台上的蒸发液面处的速度低于 0.1 m/s。有隔板时,顶部排风口处的速度较高,其余地方的速度均较低,特别是隔板上、下方,速度低于 0.05 m/s。

1. 活动平台闭合状态下污染物的扩散过程

(1) 偏二甲肼的扩散过程

由于隔板的作用,泄漏源液面的风速较低,蒸发液面的质量流量很低,在泄漏 600 s 之后,偏二甲肼也仅分布在泄漏源周围很小的一片区域,如图 3-156(a)、3-157(a)所示。关闭泄漏源后大约 100 s 即可排尽偏二甲肼,如图 3-156(b)、3-157(b)所示。

Contours of Velocity Magnitude (m/s) (Time=1.0000e+02)

Nov 25, 2015
ANSYS Fluent 14.5 (3d, dp, pbns, spe, ske, transient)

(a) 有隔板

Contours of Velocity Magnitude (m/s) (Time=1.0000e+02)

Nov 29, 2015
ANSYS Fluent 14.5 (3d, dp, pbns, spe, ske, transient)

(b) 无隔板

图 3-155　房间东西方向对称面上的流场速度分布

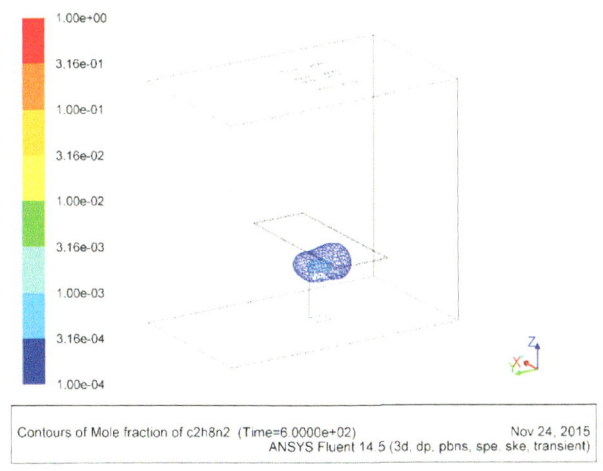

Contours of Mole fraction of c2h8n2 (Time=6.0000e+02)

Nov 24, 2015
ANSYS Fluent 14.5 (3d, dp, pbns, spe, ske, transient)

(a) 第600 s

图 3-156　房间内偏二甲肼的体积分数分布

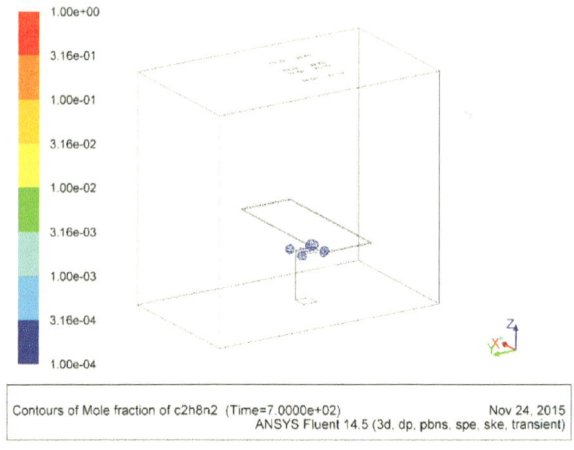

Contours of Mole fraction of c2h8n2 (Time=7.0000e+02)　　　Nov 24, 2015
ANSYS Fluent 14.5 (3d, dp, pbns, spe, ske, transient)

(b) 关闭泄漏源100 s

图 3 - 156　房间内偏二甲肼的体积分数分布(续)

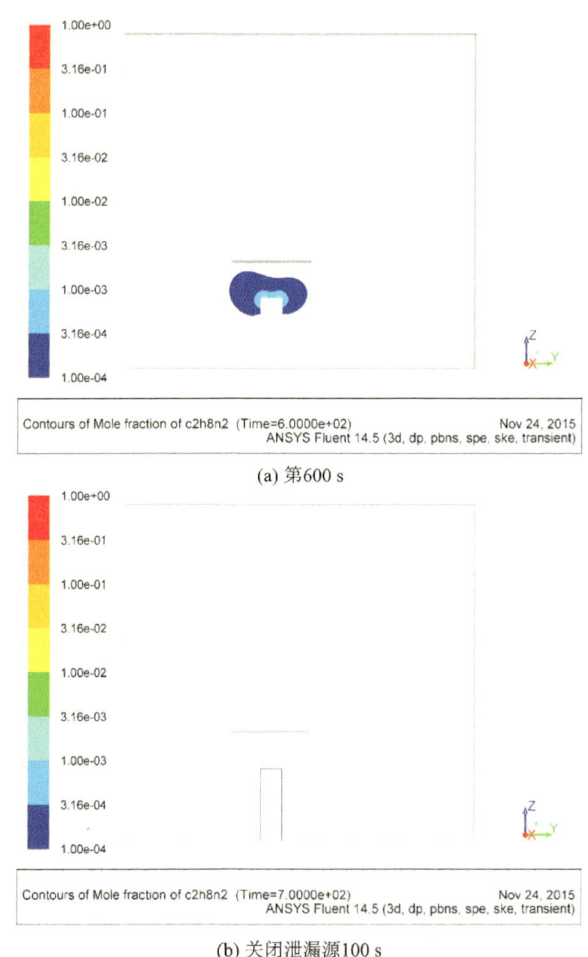

Contours of Mole fraction of c2h8n2 (Time=6.0000e+02)　　　Nov 24, 2015
ANSYS Fluent 14.5 (3d, dp, pbns, spe, ske, transient)

(a) 第600 s

Contours of Mole fraction of c2h8n2 (Time=7.0000e+02)　　　Nov 24, 2015
ANSYS Fluent 14.5 (3d, dp, pbns, spe, ske, transient)

(b) 关闭泄漏源100 s

图 3 - 157　偏二甲肼的体积分数分布(关于 X 轴的对称面)

偏二甲肼蒸发液面的质量流量随时间的变化曲线如图 3－158 所示,房间内偏二甲肼的平均体积分数随时间的变化曲线如图 3－159 所示。

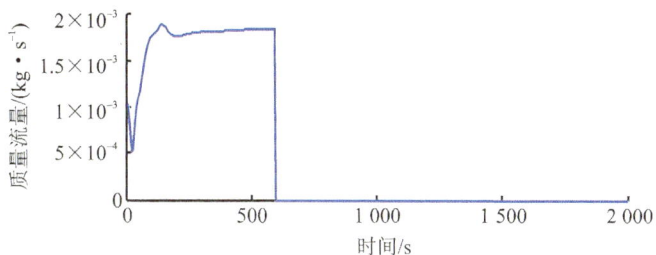

图 3－158　偏二甲肼蒸发液面的质量流量随时间的变化曲线

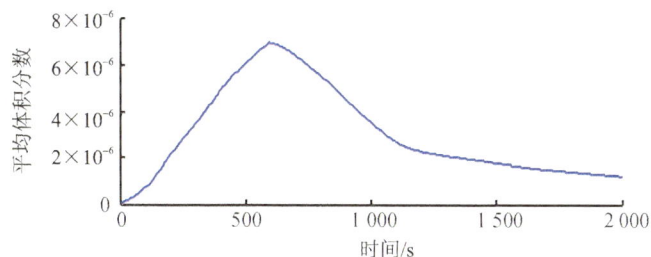

图 3－159　房间内偏二甲肼的平均体积分数随时间的变化曲线

600 s 房间内到达到偏二甲肼爆炸极限的区域如图 3－160 所示,可以看出,整个房间内偏二甲肼的质量浓度基本上都未达到其爆炸极限。

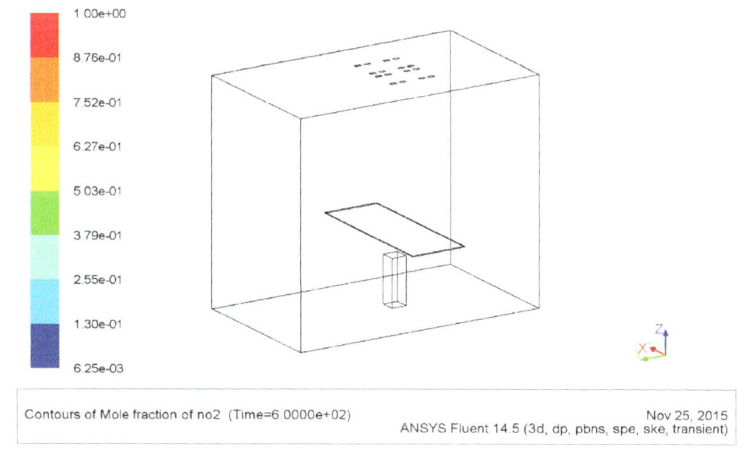

图 3－160　第 600 s 时房间内达到偏二甲肼爆炸极限的区域

（2）二氧化氮的扩散过程

100 s时,二氧化氮从台阶上的泄漏源落向地面,如图3-161(a)所示。400 s时,二氧化氮在地面集聚的同时,部分二氧化氮被气流带向房间顶部排风口,如图3-161(b)所示。600 s时二氧化氮的体积分数分布如图3-161(c)、图3-162所示。1 000 s时,二氧化氮逐渐被气流带至房间顶部排风口,如图3-161(d)所示。1 700 s时,大部分二氧化氮排尽,仅隔板上方仍被二氧化氮占据,如图3-161(e)所示。2 500 s时,房间内二氧化氮基本排尽,如图3-161(f)所示。

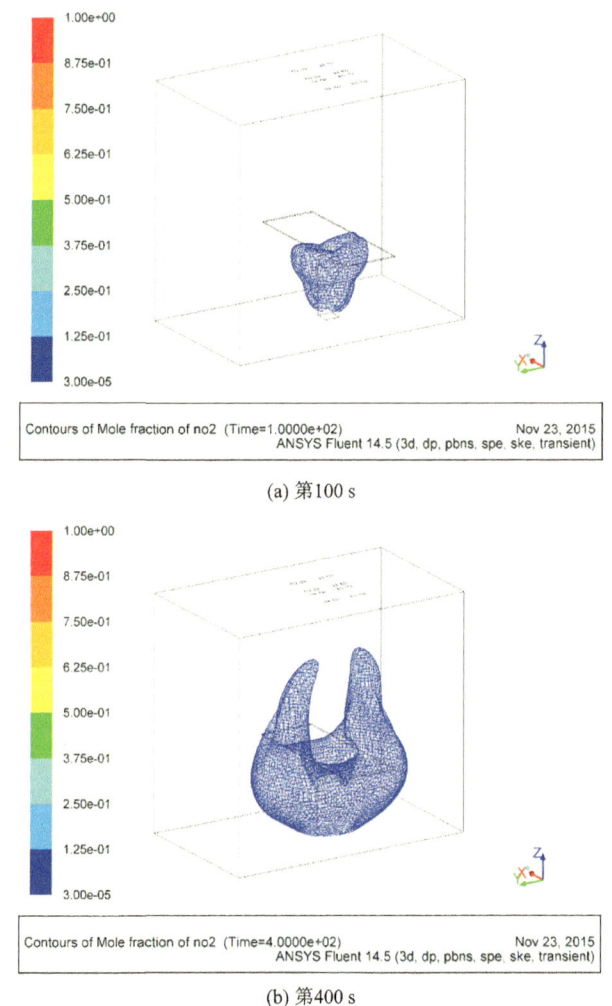

(a) 第100 s

(b) 第400 s

图3-161　房间内二氧化氮的体积分数分布

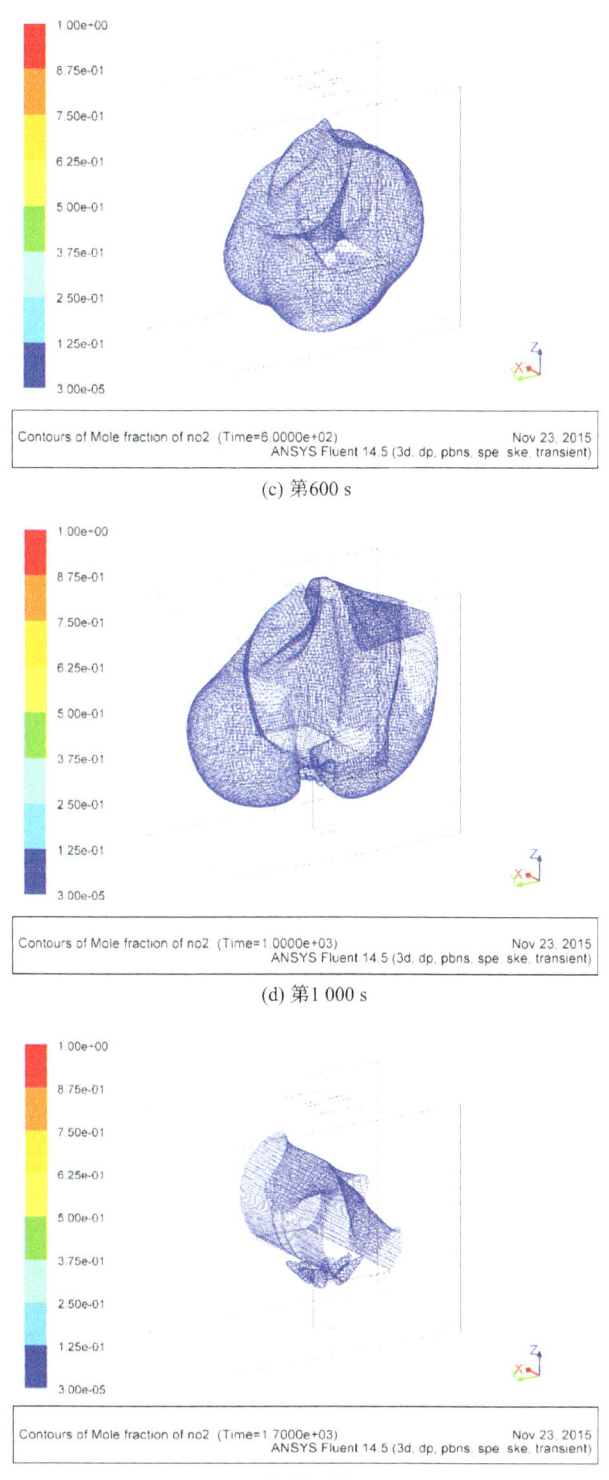

(c) 第600 s

(d) 第1 000 s

(e) 第1 700 s

图 3 - 161　房间内二氧化氮的体积分数分布(续)

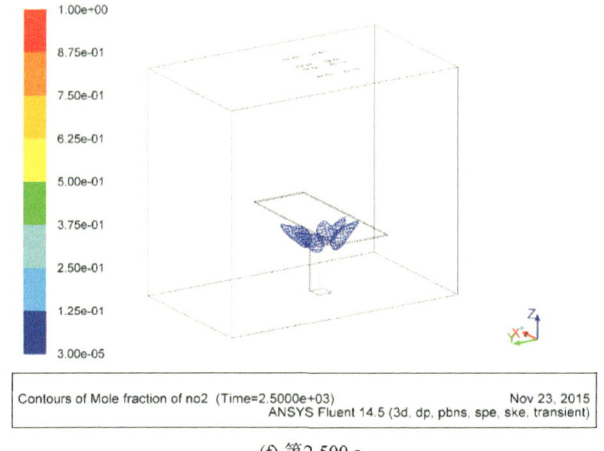

(f) 第2 500 s

图 3 - 161　房间内二氧化氮的体积分数分布(续)

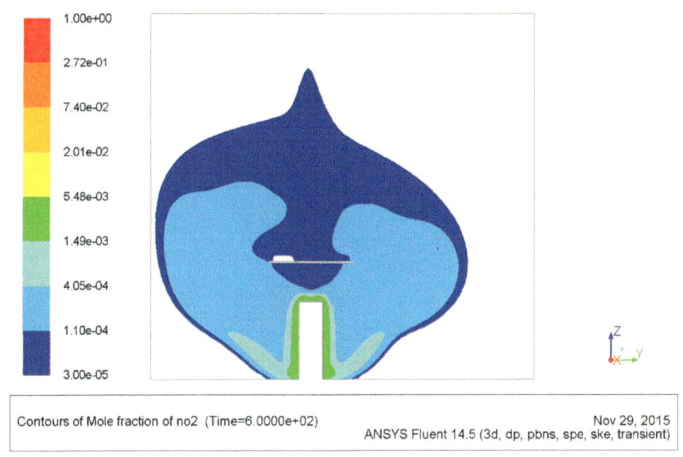

图 3 - 162　第 600 s 时二氧化氮的体积分数分布(关于 X 轴的对称面)

二氧化氮蒸发液面的质量流量随时间的变化曲线如图 3 - 163 所示,房间内二氧化氮的平均体积分数随时间的变化曲线如图 3 - 164 所示。

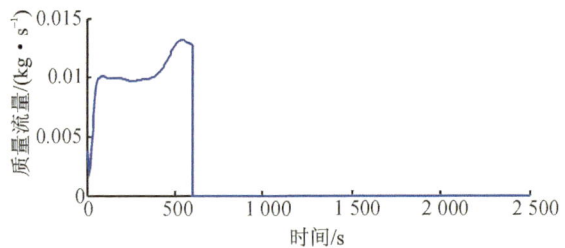

图 3 - 163　二氧化氮蒸发液面的质量流量随时间的变化曲线

2. 活动平台打开状态下污染物的扩散过程

(1) 偏二甲肼的扩散过程

600 s 时,偏二甲肼的体积分数分布如图 3 - 165(a)、图 3 - 166(a)所示。关闭泄漏

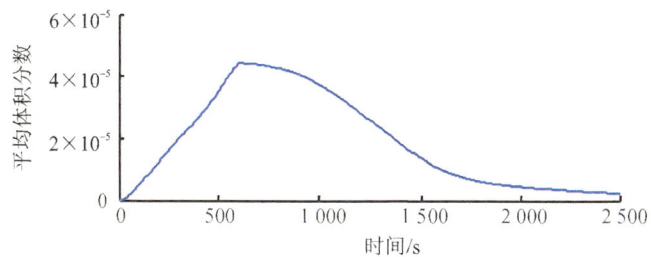

图 3 - 164 房间内二氧化氮的平均体积分数随时间的变化曲线

源 100 s 后,偏二甲肼基本排尽,如图 3 - 165(b)、图 3 - 166(b)所示。

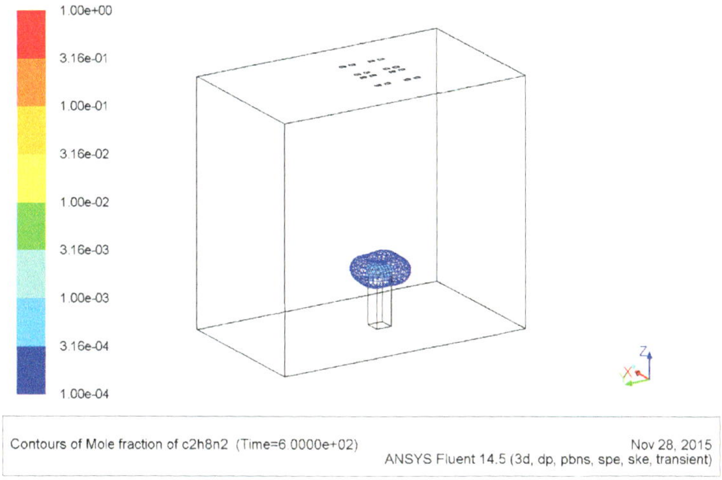

(a) 第600 s

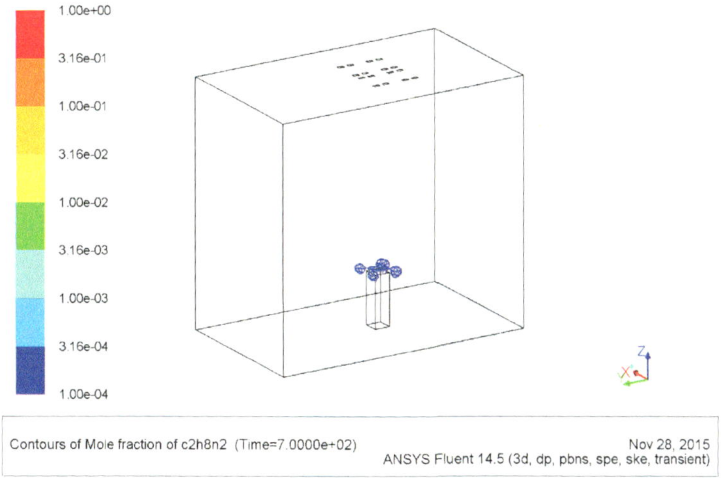

(b) 关闭泄漏源100 s

图 3 - 165 房间内偏二甲肼的体积分数分布

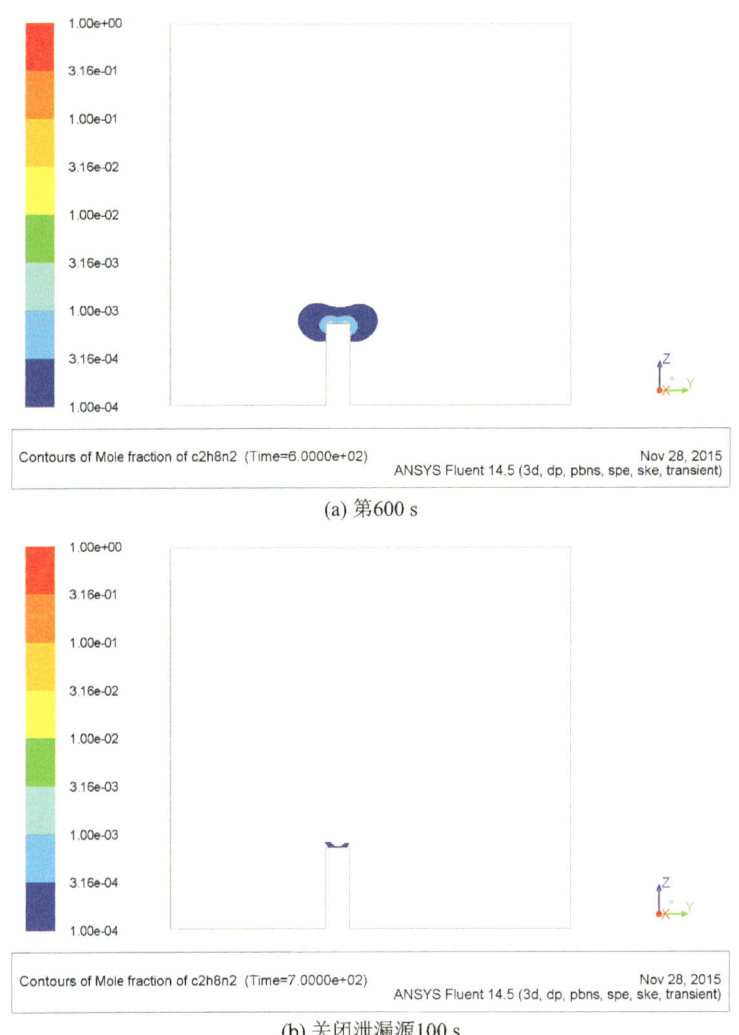

(a) 第600 s

(b) 关闭泄漏源100 s

图 3 - 166　偏二甲肼的体积分数分布(关于 X 轴的对称面)

(2) 二氧化氮的扩散过程

600 s 时,二氧化氮的体积分数分布如图 3 - 167(a)、3 - 168(a)所示。2 000 s 时,二氧化氮的体积分数分布如图 3 - 167(b)、3 - 168(b)所示,二氧化氮基本排尽。

3. 有、无隔板情况下污染物扩散过程的对比

(1) 有、无隔板情况下偏二甲肼扩散过程的对比

图 3 - 169 给出有、无隔板两种情况下,偏二甲肼蒸发液面的质量流量随时间的变化曲线的对比,两者基本相同,说明隔板对蒸发影响很小。

图 3 - 170 给出房间内偏二甲肼的平均体积分数随时间的变化曲线的对比。可以看出,600 s 时两种情况下房间内偏二甲肼的总量基本相等,再次说明隔板对蒸发过程

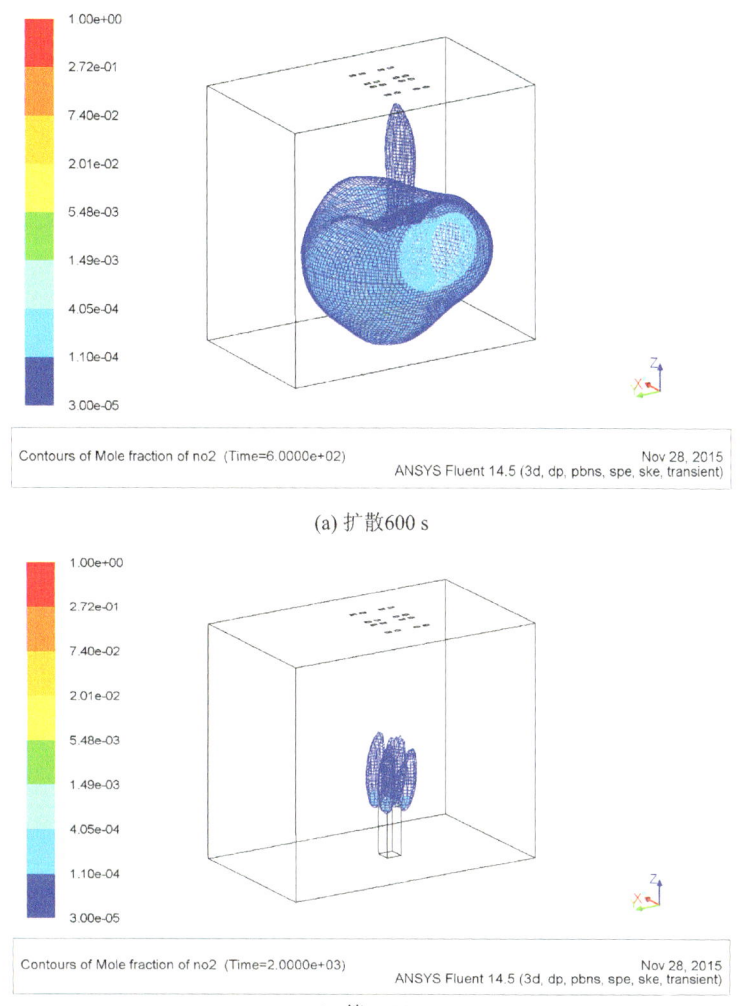

(a) 扩散600 s

(b) 第2 000 s

图 3 - 167　房间内二氧化氮的体积分数分布

基本无影响。但是关闭泄漏源之后,在没有隔板的情况下,房间内偏二甲肼的平均体积分数下降得更快,说明此时排污更快。

(2) 有、无隔板情况下二氧化氮扩散过程的对比

图 3 - 171 给出有、无隔板两种情况下,二氧化氮蒸发液面的质量流量随时间的变化曲线的对比,两者基本相同,说明隔板对蒸发影响很小。

图 3 - 172 给出房间内二氧化氮的平均体积分数随时间的变化曲线的对比。可以看出,600 s 时两种情况下房间内二氧化氮的总量基本相等,再次说明隔板对蒸发过程基本无影响。但是关闭泄漏源之后,在没有隔板的情况下,房间内二氧化氮的平均体积分数下降得更快,说明此时排污更快。

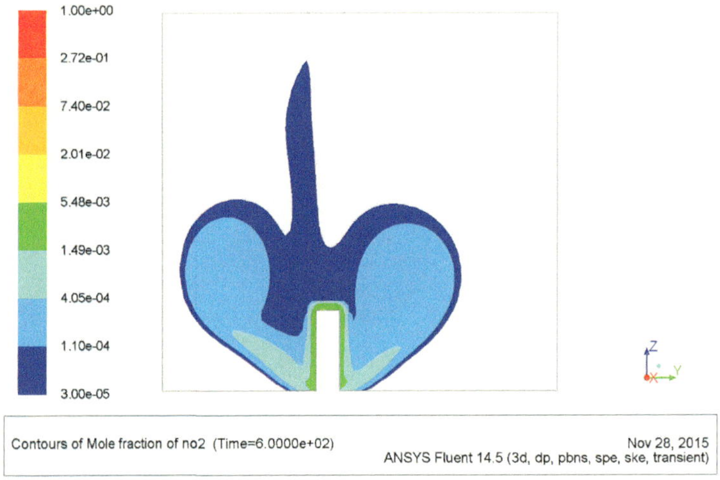

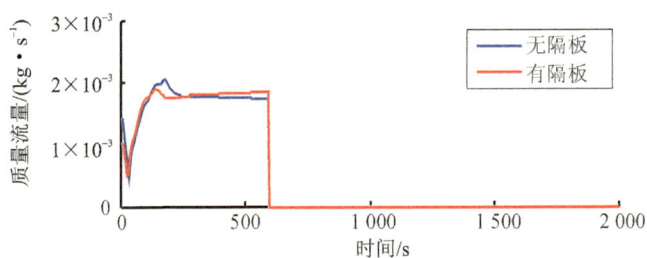

（a）扩散600 s

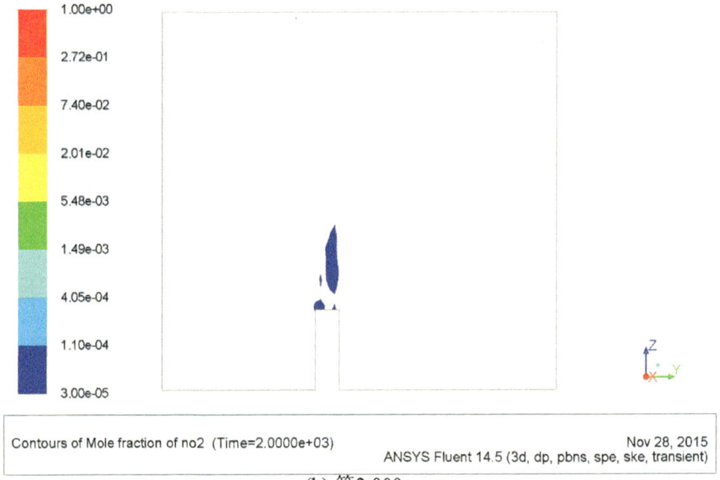

（b）第2 000 s

图 3-168　二氧化氮的体积分数分布（关于 X 轴的对称面）

图 3-169　偏二甲肼蒸发液面的质量流量随时间的变化曲线的对比（有、无隔板）

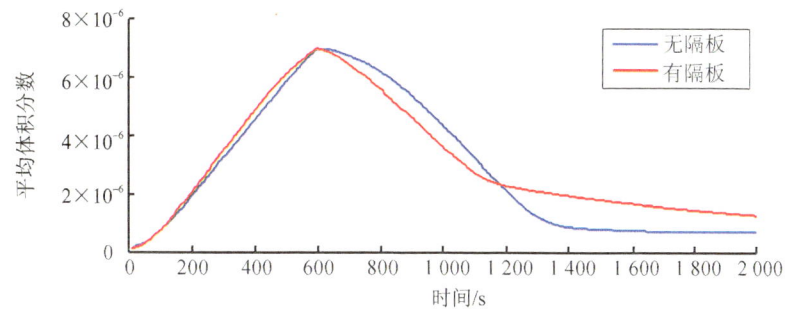

图 3-170　房间内偏二甲肼的平均体积分数随时间的变化曲线的对比(有、无隔板)

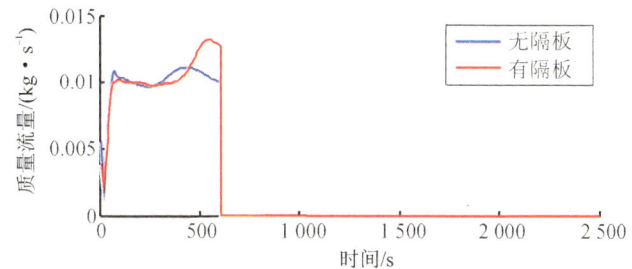

图 3-171　二氧化氮蒸发液面的质量流量随时间的变化曲线的对比(有、无隔板)

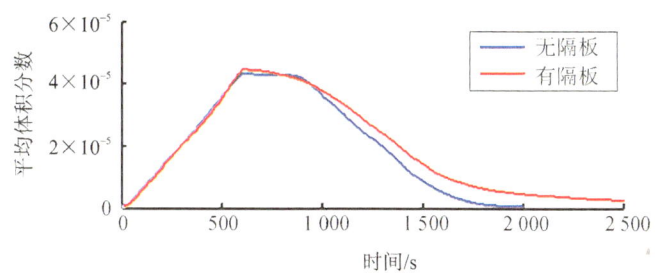

图 3-172　房间内二氧化氮的平均体积分数随时间的变化曲线的对比(有、无隔板)

3.3.6　总　结

主要针对未开启事故排风(Normal 工况)、开启事故排风(AE 工况)、关闭空调仅开启事故排风(NoAC 工况)3 种工况,对 01♯、02♯场区建筑的多个房间内的污染物(偏二甲肼和二氧化氮)的扩散过程进行仿真,通过对扩散过程、排污过程进行分析,可以得出以下结论:

结论一:对于相同的房间,若送、排风口相同、流场基本一致,则二氧化氮与偏二甲肼的扩散过程基本一致;但由于二氧化氮更轻,以及相同温度下二氧化氮的蒸发速率更大,因此二氧化氮的扩散速度更快,充满整个房间的时间更短。

结论二:对于小房间,通常只有单个送、排风口,且流场基本稳定,污染物蒸发液面的质量流量也基本稳定;而大房间通常有多个送、排风口,流场难以稳定,污染物蒸发液面的质量流量波动也较大。

结论三:开启事故排风的效果不一定好,这与房间的风口设计有关。通常情况下,开启事故排风,送、排风量会增加,可能导致污染物蒸发液面的质量流量大大增加。如果排风口设计不当,则排污效果不好,可能导致房间内污染物充满得更快。例如 02♯场区 21♯建筑 2103 房间、02♯场区 21♯建筑 2105 房间、02♯场区 21♯建筑 2106 房间、02♯场区 21♯建筑 2101 房间(二氧化氮)。

结论四:对于部分房间,开启事故排风对偏二甲肼的排污效果较好,对二氧化氮的排污效果却不好或者一般。例如 01♯场区 11♯建筑 1101 房间、02♯场区 21♯建筑 2101 房间、02♯场区 21♯建筑 2102 房间。

结论五:02♯场区 22♯建筑的风量较小,且隔板降低了污染物液面的风速,使得污染物蒸发液面的质量流量较低,蒸发 600 s 后,房间内污染物体积分数仍然较低。在 600 s 关闭泄漏源之后,偏二甲肼大约 100 s 即可排尽,二氧化氮则排出得较慢,约需要 1 900 s 才能基本排尽。

结论六:计算了各个房间的排污过程。对于风口排污效果不好的房间,排污过程比蒸发扩散过程要缓慢得多,而且越到排污后期愈加缓慢(房间内平均体积分数的对数与时间近似线性关系),例如 01♯场区 11♯建筑 1102 房间、01♯场区 11♯建筑 1103 房间、02♯场区 21♯建筑 2104 房间。

结论七:偏二甲肼的排污过程明显比二氧化氮的排污过程更快。这主要是由于二氧化氮的中毒标准比二氧化氮更低,且对于相同的蒸发时间,二氧化氮的蒸发量更大。另外,偏二甲肼较重,通常集聚在地面,离排风口较近,较容易排出;而二氧化氮较轻,通常分布在整个房间,离排风口较远,较难排出。

结论八:观察了达到偏二甲肼爆炸极限的区域。在所计算的蒸发时间内(大房间约 10 min,小房间约 5 min),达到其爆炸极限的区域很小,仅在泄漏源附近局部区域(一个网格尺度内,约 0.5 m)。

结论九:观察了大房间内达到偏二甲肼、二氧化氮的工作场所最高允许质量浓度的区域,大部分房间区域基本上约在污染物扩散 10 s 时达到这个质量浓度。可以推测,小房间因尺寸更小,大部分房间区域达到此质量浓度的时间更短。可以认为,一旦发生污染物泄漏,整个房间基本上会立即达到其工作场所最高允许质量浓度,需要采取相应的应对措施。

参考文献

[1] 唐海,任保国. RTG 研制过程中的辐射防护研究[J]. 电源技术,2018(6):868-870.

[2] 张延磊,冯伟,易旺民,等. 基于"嫦娥三号"放射性载荷的总装防护设计与实施[J]. 航天器环境工程,2015,32(6):674-679.

[3] 陈媛媛,任保国,刘锐,等. 嫦娥三号同位素热源环境辐射场分布研究[J]. 电源技术,2016,40(9):1818-1819,1825.

[4] 中国核工业总公司. 核设施辐射屏蔽设计一般原则:EJ/T 789-1993.[S],1993.

[5] 北京市质量技术监督局. 放射性物品库风险等级和安全防范要求:DB11/412-2018.[S],2018.

[6] 国家环境保护总局. 辐射环境监测技术规范:HJ/T61-2001,[S]. 北京:中国环境科学出版社,2001.

[7] 张恩来. 高超声速内外流中的三维激波相互作用[D]. 合肥:中国科学技术大学,2019.

[8] 张社荣,孔源,王高辉. 水下和空中爆炸时混凝土重力坝动态响应对比分析[J]. 振动与冲击,2014,33(17):47-54.

[9] 李伟建,郑晴. 爆炸冲击载荷作用下混凝土墙动态响应分析[J]. 计算机仿真,2016(2):27-31.

[10] 谢超. 混凝土砌块墙体的爆炸效应分析[D]. 西安:长安大学,2012.

[11] 孙建运. 爆炸冲击荷载作用下钢骨混凝土柱性能研究[D]. 上海:同济大学,2006.

[12] 夏奎. 地下建筑结构内部爆炸荷载取值与抗内部爆炸设计方法探讨[D]. 重庆:重庆大学,2009.

[13] 李朝. 基于 ANSYS/LS-DYNA 软件的配筋砌块墙体爆炸数值模拟[D]. 哈尔滨:哈尔滨工业大学,2007.

[14] 杨鑫,石少卿,程鹏飞,等. 爆炸冲击波在空气中传播规律的经验公式对比及数值模拟[J]. 四川建筑,2007,27(5):71-73.

[15] 杨鑫,石少卿,程鹏飞. 空气中 TNT 爆炸冲击波超压峰值的预测及数值模拟[J]. 爆破,2008,25(1):15-18,31.

[16] BRODE, H L. Blast wave from a spherical charge[J]. Physics of fluids,1959,2(2):217.

[17] WU C, HAO H. Modeling of simultaneous ground shock and airblast pressure

on nearby structures from surface explosions[J]. International journal of impact engineering, 2005, 31(6):699-717.

[18] MANNING T A, LAWRENCE S L. Fragment acceleration modeling for pressurized tank burst[J]. Journal of spacecraft and rockets, 2017, 54(3):755-768.

[19] GEE K, MATHIAS D. Assessment of launch vehicle debris risk during ascent aborts[C] // IEEE. IEEE, 2008:70-73.

[20] BAKER W E, KULESZ J J, Ricker R E. Workbook for predicting pressure wave and fragment effect of exploding propellent tanks and gas storage vessels [R], 1977.

[21] BAKER W E, PARR V B, BESSEY R L, et al. Assembly and analysis of fragmentation data for liquid propellant vessels[R], 1974.

[22] TAYLOR D E, PRICE C F. Velocities of fragments from bursting gas reservoirs [J]. Journal of engineering for industry, 1971, 93(4): 981-985.

[23] LAWRENCE S, MATHIAS D L, GEE K, et al. Simulation assisted risk assessment: blast overpressure modeling[C]. //Proceedings-annual reliability and maintainability symposium, 2006.

[24] LIEPMANN H W, ROSHKO A. Elements of gasdynamics[M]. New York: Wiley, 1957.

[25] MATLAB vR2014a ode45 (online database), Mathworks, Natick, MA[EB/OL]. [2016-08-02]. http://www.mathworks.com/help/matlab/ref/ode45.html.

[26] MOSKOWITZ H. Blast effects resulting from fragmentation of an Atlas missile [J]. Journal of spacecraft & rockets, 2015, 3(5):707-714.

[27] PITTMAN J F. Blast and fragment hazards from bursting high pressure tanks [J]. Journal of biological chemistry, 1972.

[28] BAUM M R. The velocity of missiles generated by the disintegration of gas-pressurized vessels and pipes[J]. Journal of pressure vessel technology, 1984, 106(4):362-368.

[29] 郭涛, 张启威, 原景超. 密闭立方体爆炸冲击波数值模拟分析[J]. 电子技术应用, 2020, 46(4):57-60.

[30] 叶晓华. 军事爆破工程[M]. 北京:解放军出版社, 1999.

[31] 亨利奇. 爆炸动力学及其应用[M]. 熊建国, 译. 北京:科学出版社, 1987.

[32] 张守中. 爆炸基本原理[M]. 北京:国防工业出版社, 1988.

[33] 中华人民共和国国家质量监督检验检疫总局. 爆破安全规程:GB 6722——2003. [S]. 北京:中国标准出版社, 2004.

[34] DONDAPATI R S, RAO V V. Influence of mass flow rate on Turbulent Kinetic Energy (TKE) distribution in Cable-in-Conduit Conductors (CICCs) used for-

fusion grade magnets[J]. Fusion engineering & design, 2013, 88(5):341-349.

[35] CARRASCAL, M D PUIGCERVER M, PUIG P. Sensitivity of Gaussian plume model to dispersion specifications[J]. Theoretical and applied climatology, 1993, 48(2):147-157.

[36] 威尔特, 威克斯, 威尔逊等. 动量、热量和质量传递原理[M]. 马紫峰, 吴卫生, 等译. 北京:化学工业出版社, 2005.

[37] 黄智勇, 陈兴, 王煊军, 等. 四氧化二氮推进剂贮存条件下蒸发模型研究[J]. 化学推进剂与高分子材料, 2011(2):56-59, 63.

[38] 黄智勇, 陈兴, 平燕兵, 等. 贮存条件下偏二甲肼蒸发特性[J]. 导弹与航天运载技术, 2011(1):58-61.

策划编辑：刘　扬
封面设计：runsign 蓝正设计·赫健

发射场特种操作
安全防护技术导论

ISBN 978-7-5124-4098-2

北京航空航天大学出版社
微信公众号

定价：79.00元